基金项目：甘肃省重点学科计算机科学与技术

计算机网络技术解析与实践

普措才仁　单广荣　主编

科学出版社

北　京

内 容 简 介

《计算机网络技术解析与实践》的内容涵盖了计算机网络原理、组网技术、网络应用和网络攻防等几个方面,实践项目既包含了对网络原理的理解和运用,又融合了当今网络工程的某些主流技术,适应了基础与验证性、综合和设计性两种不同层次的要求。全书共 10 章,第 1 章介绍了计算机网络技术实践系统平台及其使用方法。第 2 章介绍了网络传输介质及其制作方法。第 3 章介绍了网络命令原理及其实践。第 4 章介绍了以太网组建及文件共享。第 5 章介绍了 H3C 交换机技术原理。第 6 章介绍了路由技术原理。第 7 章介绍了网络地址转换原理及方法。第 8 章介绍了网络编程原理。第 9 章介绍了入侵检测原理与入侵防御技术。第 10 章介绍了攻防系统。

本书可作为高等学校软件工程和计算机科学与技术本科专业、高职高专计算机及相关专业的辅导教材,也可作为全国计算机等级考试的辅导教材,还可供从事软件开发以及相关领域的工程技术人员参考使用。

图书在版编目(CIP)数据

计算机网络技术解析与实践 / 普措才仁,单广荣主编. —北京:科学出版社,2017.9

ISBN 978-7-03-053243-5

Ⅰ. ①计… Ⅱ. ①普… ②单… Ⅲ. ①计算机网络—研究 Ⅳ. ①TP393.08

中国版本图书馆 CIP 数据核字(2017)第 126126 号

责任编辑:于海云 / 责任校对:郭瑞芝
责任印制:吴兆东 / 封面设计:迷底书装

科学出版社 出版

北京东黄城根北街 16 号
邮政编码:100717
http://www.sciencep.com

北京九州迅驰传媒文化有限公司 印刷

科学出版社发行 各地新华书店经销

*

2017 年 9 月第 一 版 开本:787×1092 1/16
2018 年 5 月第二次印刷 印张:17 1/2
字数:400 000

定价:54.00 元
(如有印装质量问题,我社负责调换)

前　言

　　计算机网络是信息社会的基础，网络技术已经渗透到社会生活的各个方面，其在信息时代的地位和作用是毋庸赘述的。培养一大批既谙熟网络原理与技术，又具有综合应用和设计创新能力的计算机网络技术人才，是社会发展的迫切需要，也是高校相关专业的重要职责。针对计算机网络实验教学的需求，虽然近年来一些高校采用 H3C、Cisco、锐捷等厂商的设备搭建了网络实验环境，但大都停留在网络工程实践类实验层次，并没有解决网络协议等知识点的配套实验教学，容易使得学生仅会配置各种商用设备，而无法理解网络的内在原理，形成"会操作设备，不懂为什么"的局面，严重影响学生的能力培养与提高。

　　计算机网络技术的特点是理论性与实践性都很强，涉及的知识面较广，概念繁多，并且比较抽象，仅靠课堂教学，学生难以理解和掌握。在学习网络的一般性原理和技术的基础上，必须通过一定的实验训练，才能真正掌握其内在原理。然而，在课时有限的情况下如何组织计算机网络实验教学的内容和实验实施手段，使之既能配合课堂教学，加深对所学内容的理解，又能紧跟网络技术的发展，培养和提高学生的实际操作技能，却不是件容易的事。为了进一步提高学生计算机网络技术的综合应用和设计创新能力，西北民族大学数学与计算机科学学院联合西普科技于 2011 年共同建立了计算机网络与信息安全实验室。西普科技一直专注于实验教学系统，以专业、卓越、优质的服务博得了众多高校客户的信任。目前，全国已有超过 500 家单位在使用西普科技所提供的产品和服务。西普科技在与各大高校不断探讨的基础上，面向信息安全及相关专业提出了一套全面、系统、成熟的信息安全实验室解决方案。针对不同高校需求，先后在武汉大学、华中科技大学、深圳大学、沈阳工程学院及南京信息职业技术学院等进行了个性化的应用推广。

　　本书的内容涵盖网络原理、组网技术、网络应用和网络攻防等几个方面，实践项目既包含了对网络原理的理解和运用，又融合了当今网络工程的某些主流技术，适应了基础与验证性、综合和设计性两种不同层次的要求。

　　参加本书编写的人员有西北民族大学数学与计算机科学学院的普措才仁（负责全书统筹及策划，提纲撰写，撰写并且修改第 1、2 章）、单广荣（负责全书统筹），洪建超（负责撰写并且修改第 3～5 章）、赵彦（负责撰写并且修改第 6～10 章）。由普措才仁、洪建超、赵彦负责全书校对。作者均为多年从事计算机网络教学、科研的一线教师，有丰富的教学、实践经验，力求做到结构严谨、概念准确，内容组织合理，语言使用规范。

　　在本书的写作过程中，得到诸多专家和领导的热情支持与指导，在此一并表示衷心感谢。由于作者水平有限，加之时间仓促，书中不当之处在所难免，恳请同行和读者批评指正。

编　者

2017 年 3 月

目 录

第 1 章　计算机网络技术实践系统

本章介绍 3 个计算机网络实践系统：SimplePAD-NetRiver2000 实践平台、SimpleNPTS 网络协议实践教学系统和 SimpleNATS 计算机网络辅助教学系统。

1.1　SimplePAD-NetRiver2000 网络协议开发实验系统

针对计算机网络技术实践教学的需求，虽然近年来一些高校采用 H3C、Cisco、锐捷等厂商设备搭建了网络实践环境，但大都停留在网络工程实践类实验层次，并没有解决网络协议等知识点的配套实验教学，容易使得学生仅会配置各种商用设备，而无法理解网络的内在原理，形成"会操作设备，不懂为什么"的局面，严重影响学生的能力培养。

对于一个完整的网络实验室，西普科技认为应实现以下功能需求。

(1)支持课程实验教学：计算机网络课程教学普遍以网络协议为线索进行，实验室需满足教学大纲中规定的各个知识点的实验教学要求，能够通过实验手段强化学生对理论适应的理解掌握。

(2)构建真实网络环境：基于计算机网络技术的工程性、应用性，网络实验室必须配置必要的路由器、交换机等网络设备，以便学生可以熟悉真实网络环境，提高实际动手操作能力。

(3)综合能力培养体系：实验室不应只满足学生对各种网络设备的操作培训，而应从计算机网络知识及技能出发，培养学生的理论认知及实践能力，能够从原理验证、实训应用、综合分析、自主设计及研究创新等多个方面培养学生的综合素质。

1.1.1　开发背景

西普科技 SimplePAD-NetRiver2000 实验平台提供了支持程序编辑、编译、调试、可视化执行、自动测试、用户管理和在线教程等一体化实验环境，旨在增强高校计算机网络课程教学效果，促进学生对网络知识和操作技能的全面提升。在该实验系统下，一方面，网络协议的分析及应用实验使得学生可以通过可视化的组包及分析界面了解各种协议的分层结构；另一方面，支持各层协议开发的编程接口和辅助函数，使得学生能够集中精力实现网络协议的核心机制，而无需关心不重要的细节。

1.1.2　系统概述

1)系统简介

网络协议开发实验系统(SimplePAD-NetRiver2000)是由西普科技与清华大学网络实验室共同研制的一款实验教学产品，它是以培养实用性网络人才为目标，专门针对高校计算机网络课程教学开发的集成化协议开发平台。通过该实验平台，可实现网络协议分析、协议开发及协议应用实验，从而满足学校对于网络原理及应用领域的实验教学需求，是目前国内非常理想的培养网络人才的实验平台。其系统层次图如图 1.1 所示。

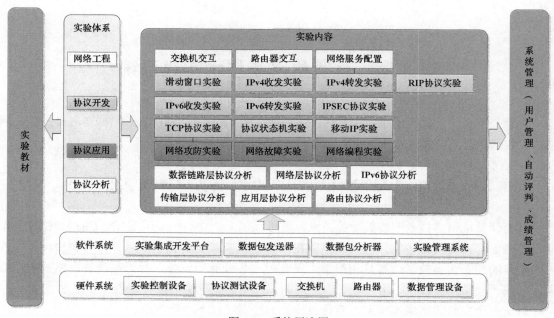

图 1.1 系统层次图

2) 系统结构

网络协议开发实验系统采用学生 C/S 模式实验、教师 B/S 模式管理的轻便式结构设计，在高校实验室环境中，仅需在学生 PC 机上安装客户端软件即可为用户提供基于 Windows 的集成实验环境，学生编写实验代码、调试和运行实验程序均在客户端软件上执行。系统逻辑结构图如图 1.2 所示。

此外，在原有网络环境中，接入系统所配置的实验机柜(内含各种硬件设备)即可完成网络协议开发实验系统的搭建。同时，配合国内知名网络设备厂商锐捷等公司的路由器、交换机等网络设备即可搭建出复杂多样的网络实验环境，可开展多种大型复杂网络实验。

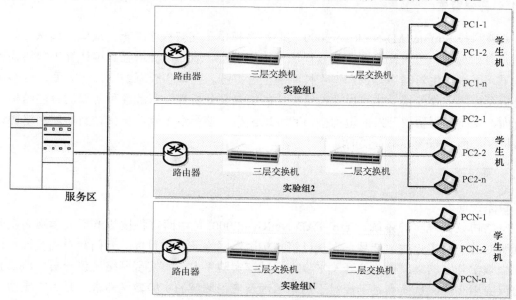

图 1.2 系统逻辑结构图

1.1.3 系统特点

1) 完整的协议实验体系

实验体系覆盖协议分析、应用、开发等实验内容，可为学校原有网络工程实验室提供无缝实验扩展支持，扩展实验教学范围。

2) 简便的系统部署方式

系统部署简便，只需在学校原有实验室主交换机上引出一根网线接入系统实验机柜，学生不管是否在实验室，只要下载客户端安装并连接系统即可进行实验。

3) 远程实验支持

针对学生进行 TCP/IP 经典协议编程实现的实验情况，提供远程实验支持，学生不管在哪里，通过集成开发环境进行代码开发，可随时将程序保存到服务端，下次下载即可继续实验。

4) 自动化的实验结果评判

实验系统可对该学生所编写的代码及答题进行自动化测试，同时返回正确与否结论，以及失败的原因。

5) 功能丰富的实验管理平台

学生可查看实验教程、自己做过哪些实验以及实验的通过情况；助教可通过该平台查看所有学生的实验情况，并可进行汇总分析；教师可通过设置每个实验分数，并通过自动化评分系统判断，实现整个学期学生所有实验成绩的统计。可控真实的全协议栈网络实验环境。提供了一个全协议栈的网络实验环境，学生实验涉及的完整协议栈，无论是数据链路层、网络层，还是传输层和应用层，都可以通过编程开发或者交互式配置观察来深入理解相应网络协议机制。

6) 支持实验代码编辑、编译和调试的集成开发环境

实验平台客户端提供了一整套开发调试解决方案，学生可在客户端上完成包括登录、实验选择、测试例选择、代码编写、编译、调试和测试在内的完整过程。界面设计友好，可让学生迅速进入实验状态。

7) 为已有网络工程实验室提供增值服务

通过数据包发送器及分析器，可对已有网络设备进行互动实验，进行详细的协议分析及应用实验操作，可提高网络设备的实验功能，扩展实验教学范围。

1.1.4 系统组成

网络协议开发实验系统 SimplePAD-NetRiver2000 主要由实验控制设备、协议测试设备等硬件设备及相关的软件系统构成，从而搭建网络协议分析、应用、开发等实验环境，此外，提供相关的实验教材，以辅助学校进行快速的实验开课。

1) 硬件组成

实验系统的硬件平台主要包括实验控制设备、数据管理设备、协议测试设备等硬件设备，为实验系统提供安全可靠的硬件环境，如表 1.1 所示。同时可根据学校需求，利用原有或新购置的网络设备，如交换机、路由器等，配合系统软件相关功能实现与网络设备的交互实验。

表 1.1　实验硬件设备

设 备 名 称	设 备 描 述
实验控制设备	提供协议分析实验相关的应用层服务，实现基于 Web 的实验管理功能，对所有实验用户进行认证控制，并提供学生管理、教师管理、在线电子课件、实验成绩统计等功能
协议测试设备	通过与集成开发环境交互协议包，实现协议开发实验功能，并提供自动测试和实验结果评分。单台设备最多可支持 50 个学生并发实验
数据管理设备	内置定制的数据管理系统为整个实验系统的数据存储和安全等提供保障
实验机柜	标准 19 英寸 600mm×900mm 机柜
实验交换机	提供服务区各类硬件设备的网络连通
三层交换机	提供相关网络协议的实验环境支持
二层交换机	提供相关网络协议的实验环境支持
路由器	提供相关网络协议的实验环境支持

2）软件组成

网络协议开发实验系统 SimplePAD-NetRiver2000 的软件部分主要包含实验集成开发环境，为协议开发提供集成化的环境支持；实验管理系统，为整个实验平台的权限控制、实验日志、在线教程等提供管理服务；数据包发送器和数据包分析器则为常见协议分析及应用实验提供工具支持。

3）实验集成开发环境

SimplePAD-NetRiver2000 所配置的集成开发环境，集用户登录、实验选择、程序编辑、编译、调试、可视化执行、自动测试等功能于一体，且提供支持各层协议开发的编程接口和辅助函数。

开发环境包括了编辑、分析等视图；平台根据所选择的实验来编写和测试协议相关的核心内容；可以分析编写的数据包结构、绘出报文流程示意图，有利于学生对协议的深入掌握。

（1）编辑。

编辑视图中，可以通过编辑、调试、编译、执行一系列操作完成协议相关核心内容并触发网络行为，同时可单击"保存"按钮将程序保存到指定的文件夹，以便下次使用时直接打开程序，继续完成相关操作，或更新实验管理系统的程序附件。

（2）调试编译执行。

在编辑视图下，集成开发环境集成了断点调试、编译、可视化执行等功能。

（3）分析数据包。

分析视图可以分析编写的数据包结构，也可以分析组包，编程、执行、分析联动显示，以会话交互图的方式显示编程实现协议的完整的通信过程，直观呈现信息交互方式，数据包列表区、数据包协议树区以及十六进制显示区联动显示。

（4）组包器。

可以编辑多种基于 IPv4、IPv6 的网络协议数据包。重点掌握 IPv4、IPv6 等协议的头部结构。

（5）交互实验。

选择交互实验内容根据题目设置选择报文的出错字段，或自己填写、修改报文的各字段并提交，加深学生对协议细节的了解。

4）数据包发送器

数据包发送器为学生提供多种编辑和发送数据包的方式，学生可以根据需要载入或编辑一个帧序列，并按照自己的想法修改某一单帧的各种属性，包括从 MAC 层到应用层的各种协议字段的属性。在编辑的同时，相应地显示整个协议树的层次结构和层次模型，使学生对网络协议的层次结构有更直观的了解。

5）数据包分析器

协议分析软件的主要功能是捕获网络上传输的数据包，并根据设置的过滤条件对捕获的数据进行解析。协议解析对捕获的所有数据帧进行分析显示，使学生对网络中传输的数据有直观的了解。当网络出现问题时，可以帮助学生找出引起问题的原因。

6）实践管理系统

实验管理系统采用 B/S 模式，教师和学员通过 Web 浏览器就可以查看实验教程、自己做过哪些实验以及实验的通过情况；助教可通过该平台查看所有学生的实验情况，并可进行汇总分析；教师除了可看到所有学生的情况之外，还可以通过系统进行实验的定制、对学生和实验进行增删等管理操作。该平台避免了手工管理大量学生实验成绩的繁琐过程，可高效、方便而又准确地对学生实验情况进行管理。

系统采用基于用户的管理模式分 3 种用户：老师、助教和学生。对不同用户提供不同的使用功能。在线教程可辅助教师和学生快速掌握实验平台，了解实验目的、实验要求，并能参考提供的帮助，进行相关实验。协议应用实验如表 1.2 所示。

表 1.2　协议应用实验

实 验 类 别	实 验 目 录
数据链路层协议分析	以太网链路层帧格式分析 802.1Q 数据格式分析 BPDU 报文结构分析 STP 工作原理分析
网络层协议分析	IP 地址分类与 IP 数据包的组成 ARP 地址解析协议 ICMP 互连控制报文协议 IGMP 因特网组管理协议
传输层协议分析	UDP 用户数据报协议 TCP 传输控制协议
应用层协议分析	TELNET 协议 FTP 协议 DNS 域名服务协议 SMTP 和 POP 协议 SNMP 协议与网络管理 DHCP 动态主机配置协议 HTTP 超文本传输协议 WINS 和 NETBIOS 协议
路由协议分析	路由信息协议 RIP 开放式最短路径优先协议 OSPF
IPv6 实验	基本 IPv6 报文分析 IPv6 扩展报头分析 用户数据包(UDP)与 IPv6 分析 传输控制协议(TCP)与 IPv6 分析 IPv6 因特网控制消息协议 ICMPv6 分析 IPv6 路径 MTU 发现(PMTUD) 邻居发现协议(NDP)分析

实 验 类 别	实 验 目 录
网络攻防实验	ARP 地址欺骗
	ICMP 重定向
	TCP 与 UDP 端口扫描
	路由欺骗
网络故障实验	网络冲突
	路由环与路由回路

1.2 SimpleNPTS 网络协议实验教学系统

计算机网络原理课程是计算机网络课程体系中最基础、最重要的课程之一。计算机网络原理课程通过学习网络协议来洞悉理论基础的本质，目前网络原理课程的教学都是以书本教学的模式为主，学生对网络协议内部的实现机制和在网络中的实际传输情况缺乏感性的认识和实验环节，教学效果不理想。随着经济和社会的发展和终身教育观念的普及，迫切需要有科学、方便、完善的网络协议教学系统，作为学习网络协议、分析网络协议的利器。

1.2.1 开发背景

作为信息技术的一个重要应用，西普科技网络协议实验教学系统从方便教师讲解网络协议课程的角度出发进行设计，面向广大在校师生，易学易用，通过对各种协议数据帧的灵活编辑、发送、获取数据和会话分析，学生可以深入地理解和掌握网络协议的内部原理和运行机制。同时支持作为下一代网络协议的 IPv6 协议，满足各大高校逐渐把 IPv6 协议教学转为网络教学重点的需求。借助此平台还可以学习网络程序设计、网络攻防和故障性能分析等相关知识，以满足计算机网络教学要求。

1.2.2 系统概述

网络协议实验教学系统(SimpleNPTS)结合高校教育的实际情况，针对网络原理课程中的网络协议部分原理知识，通过软件来实现辅助教学，让学生在实践的过程中更深入地掌握网络协议的基础理论知识。本系统能够使学生清楚地理解和掌握网络的内部结构和协议，通过编辑各种协议的数据包深入学习计算机网络的内部原理，同时也可以很好地辅助网络编程的调试。网络协议教学系统作为一门独立的课程体系，以实验为主，强调学生的主动性和设计性，能够拓宽学生的思路，真正达到教学互动，系统框架图如图 1.3 所示。

利用网络协议教学系统学生可以自由分组，分别担任不同的角色，也可以根据实验的不同，灵活搭建实验环境，进行实验分组和角色分配。每台机器上都安装报文编辑软件和协议分析软件，操作实验的时候，根据实验内容和角色的不同分别启动报文编辑软件或协议分析软件。报文编辑机可以模拟各种网络行为，编辑各种协议的数据包；协议分析软件接收报文编辑软件生成的各种协议数据包，通过分析捕获的数据包，学习并理解 IPv4 和 IPv6 的内容原理及实现过程。同时，该系统配套的实验考核功能可用来检验学生对网络协议实验的掌握情况，考试针对具体协议进行，由教师来编制协议试题，设定需要填写的协议分块内容、标准答案，学生按照试题要求填空，系统自动判断学生的回答内容正确与否并进行评分。该系统作为一种教学工具，不仅为教师教学提供帮助，更是学生学习网络原理知识的好帮手。系统流程图如图1.4所示。

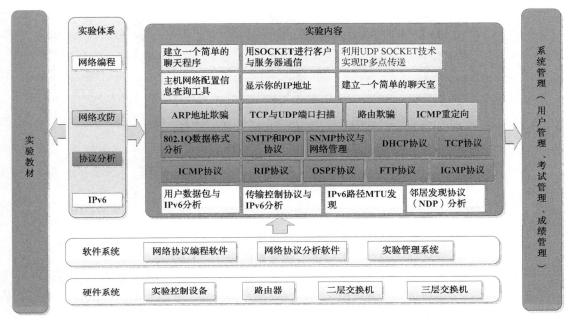

图 1.3 系统框架图

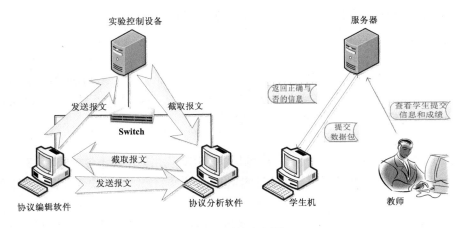

图 1.4 系统流程图

1.2.3 系统结构

网络协议教学系统可以根据实验的不同，灵活搭建实验环境，进行实验分组和角色分配。在 PC 上统一安装协议编辑软件和协议分析软件，操作实验的时候，根据实验内容和角色的不同分别启动不同的协议编辑软件或协议分析软件。同时，配合锐捷网络公司的网络工程实验设备可搭建出复杂多样的网络实验环境，与网络协议教学系统相互配合，可开展多种大型复杂网络实验，是目前国内高校非常理想的培养网络人才的实验平台，系统结构图如图1.5所示。

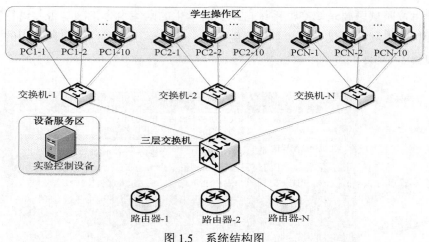

图 1.5　系统结构图

1.2.4　系统特点

(1)智能性：提供实验考核功能，减轻教师考核工作。

(2)全面性：系统软件、硬件、教材、实验考核四合一，打造完美实验室。

(3)先进性：支持 IPv6，还可进行网络程序设计、网络攻防和故障性能分析等课程学习。

(4)应用性：可构建出网络各种服务环境，例如：Routing、DNS、Web、FTP。

(5)真实性：提供真实的网络实验硬件平台，而非软件模拟。

(6)直观性：独特的会话交互图，使协议通信过程直观生动，使实验清晰明了。

(7)扩展性：能够方便扩充新协议，并添加新的实验内容。

1.2.5　系统组成

SimpleNPTS 由硬件系统、软件系统、实验教程等部分组成。SimpleNPTS 标准配置支持 30 台学生机，并可自由扩充，支持更多学生的并发实验。可以搭建不同的实验环境，并可以进行实验分组和角色分配，方便学生开展实验学习。

1)硬件组成

SimpleNPTS 的硬件主要包括一台实验控制设备，用以提供应用层服务，实现基于 Web 的实验管理功能，同时提供数据采集和对用户端管理的功能，并为实验系统提供安全可靠的硬件服务环境。

2)软件组成

网络协议编辑软件提供多种编辑和发送数据包的方式，可以根据需要载入或编辑一个帧序列，并按照自己的想法修改某一单帧的各种属性，包括从 MAC 层到应用层的各种协议字段的属性。在编辑的同时，会相应地显示整个协议树的层次结构和层次模型，使学生对网络协议的层次结构有更直观的了解，便于学生理解和学习。

按单帧或者帧序列的方式发送数据帧，发送的时间间隔可以自定义。通过系统提供的工具，可以更灵活地进行实验，掌握协议原理。

(1)协议编辑视图：发送并编辑数据包，主要是在编辑视图中进行，可以通过编辑并发送数据帧来触发网络行为，也可以通过系统自带的工具(如 TCP 连接、SNMP 连接工具等)来学习协议的基础原理。

(2) 视图功能划分：该视图分为数据包列表区、数据包编辑区、十六进制显示区、协议模型显示区 4 个显示区，对数据包的编辑提供良好支持。

(3) 数据包列表区：在数据包列表区，根据需要编辑发送多个数据包，该模块可以创建多个单帧并组成帧序列，与单帧编辑器联动编辑，真实模拟网络行为，如图 1.6 所示。

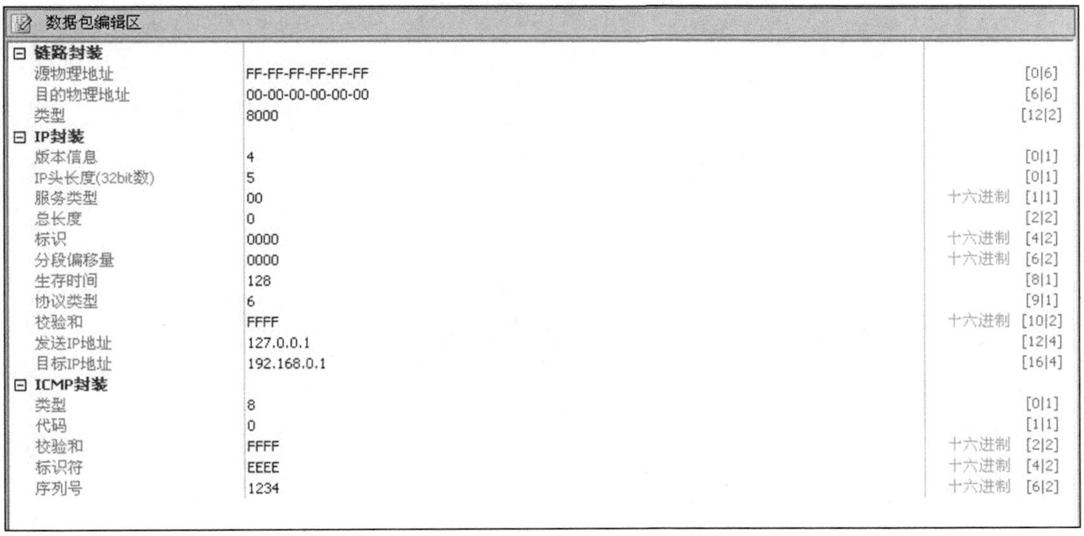

数据包编辑区
链路封装
源物理地址 FF-FF-FF-FF-FF-FF [0|6]
目的物理地址 00-00-00-00-00-00 [6|6]
类型 8000 [12|2]
IP封装
版本信息 4 [0|1]
IP头长度(32bit数) 5 [0|1]
服务类型 00 十六进制 [1|1]
总长度 0 [2|2]
标识 0000 十六进制 [4|2]
分段偏移量 0000 十六进制 [6|2]
生存时间 128 [8|1]
协议类型 6 [9|1]
校验和 FFFF 十六进制 [10|2]
发送IP地址 127.0.0.1 [12|4]
目标IP地址 192.168.0.1 [16|4]
ICMP封装
类型 8 [0|1]
代码 0 [1|1]
校验和 FFFF 十六进制 [2|2]
标识符 EEEE 十六进制 [4|2]
序列号 1234 十六进制 [6|2]

图 1.6　单帧编辑区

(4) 地址本：地址本提供主机扫描和端口扫描两个功能。通过主机扫描，可以列出当前网络中活动主机的 IP 地址、MAC 地址及主机名。

(5) 协议模型：以图形化模型显示协议的封装层次，如图 1.7 所示。

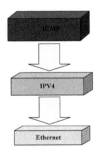

(6) 十六进制对照表：以十六进制的方式显示已编辑的数据帧的各字段属性值，并在右侧给出十六进制数据对应的 ASCII 码。

ICMP
IPV4
Ethernet

图 1.7　协议模型

协议分析软件的主要功能是捕获网络上传输的数据包，并根据设置的过滤条件对捕获的数据进行解析。系统可以解析以太网中多种常用协议，并以会话交互图的方式显示完整的通信过程，直观呈现信息交互方式，加深对协议的理解。系统提供多种保存方式，可以把捕获的数据保存成文件，方便日后分析学习。

(1) 会话分析：会话分析从两个主机进行通信会话的角度解析常用协议，可以从捕获的数据帧中提取出某个会话的所有帧，并形成会话交互图，方便观察一个完整的会话过程及传输内容，如图 1.8 所示。

netbios会话服务
192.168.1.100:139 <=> 192.168.1.101:1549
icmp协议包
192.168.1.100 <=> 192.168.1.101
192.168.1.2 <=> 192.168.1.101
ospf协议包
192.168.1.87:68 <=> 255.255.255.255:67
192.168.1.87:67 <=> 255.255.255.255:68
pop3协议包
61.135.132.97:110 <=> 192.168.1.101:1568
192.168.1.101
192.168.1.100
SYN
SYN|ACK
PUSH|ACK

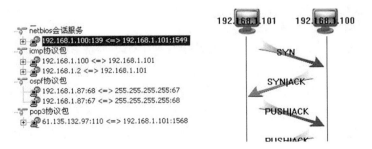

图 1.8　会话分析界面

（2）协议解析：协议解析对捕获的所有数据帧进行分析显示，使学生对网络中传输的数据有一个直观的了解，清楚每个数据帧的具体含义，可以直接观察网络中数据帧的类型、数据传输的过程以及该帧的作用。当网络出现问题时，可以帮助学生找出引起问题的原因，如图 1.9 所示。

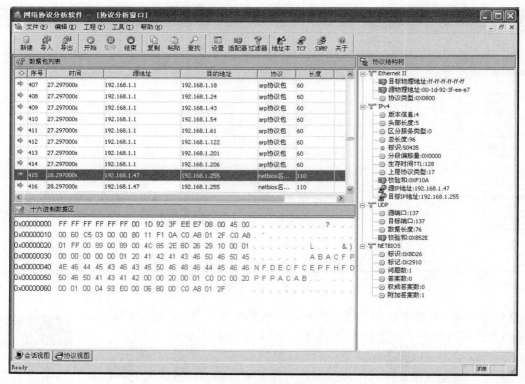

图 1.9　协议解析界面

（3）过滤器设置：对大量数据帧进行解析时，可使用过滤器选择感兴趣的内容进行解析。系统设计了定义过滤器，使用时先在定义过滤器中设置过滤条件，系统将捕获符合过滤器设定条件的数据包。

（4）TCP 连接视图：可利用该工具连接到服务器，通过执行不同协议的多个命令，观察服务器端与客户端发送和接收的信息，配合分析端捕获连接过程产生的数据帧，可以加深对应用层协议的理解。

（5）SNMP 连接工具视图：系统提供的 SNMP 连接工具，可以向启动 SNMP 服务的主机发送请求，后者会给出回应，由此来建立一个 SNMP 会话。观察显示区中的取值结果，能够深入了解 SNMP 协议的作用及协议结构。

（6）实验管理系统：为了方便教学，本系统自带了实验管理系统，本系统包含系统管理和实验考核两大功能模块。老师可通过 Web 页面浏览学生信息、添加考试、登录服务器查看学生的相关信息和实验情况，如图 1.10 所示。学生在客户端可以实现选择考场进行考试、个人信息的修改、查询考试成绩等功能，如图 1.11 所示。根据每个实验的要求，学生可以把自己编辑好的数据包发送给服务器端。服务器端软件根据数据的正确与否，给学生返回不同信息，并记录学生实验情况。

图 1.10　教师出题界面

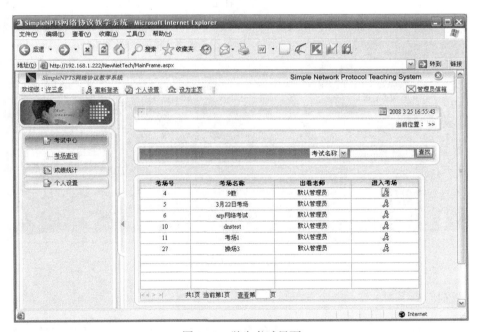

图 1.11　学生考试界面

1.3　SimpleNATS 计算机网络辅助教学系统

随着计算机网络技术的广泛应用，社会对网络技术人才的需求不断增加，培养掌握网络技术、适应时代需要的高素质人才，成为高等院校一项重要的战略任务。针对计算机网络人才培养，我国高校已逐步形成以"计算机网络"课程为基础的计算机网络课程群的教学体系，其中，使学生掌握和理解网络基本原理、网络协议等理论知识，学会网络的应用、管理、设计和开发，对于培养高素质人才是很有现实意义的。由于计算机网络原理与协议本身是一个复杂的、抽象的交互过程，其行为由大量的参数(如定时器、出错处理机制等)来确定，甚至不同的参数组合定义了不同的网络协议，因此，很难通过静态的文字、图表描述和一成不变的动画演示让学生理解网络原理与协议的含义和精髓。同时目前的教学手段缺少交互性，教学的方式是单向的，学习过程是被动的，缺少学生主动参与环节，无法激发学生探究问题的兴趣。

1.3.1　开发背景

SimpleNATS 计算机网络辅助教学系统是北京西普阳光教育科技有限公司联合国防科技大学计算机学院进行开发的、以计算机网络的主要原理和有关协议工作过程为蓝本的计算机网络辅助教学系统。系统以功能强大、操作性好、演示参数可灵活设置的应用软件的方式(区别于媒体形式)，直观地、动态地、多媒体地演示计算机网络的原理和协议的工作过程，为教好或学好计算机网络提供了有利条件。

SimpleNATS 计算机网络辅助教学系统主要选取 IEEE802.3 以太局域网模型和 TCP/IP 协议模型中各层协议的关键的、不易理解的、时序复杂的协议，对其原理和工作过程进行模拟演示或在实际网络环境下交互演示，其中包括原理的文字阐述、主要知识点的语音介绍、工作过程的交互式动画演示，同时还具有对所学知识点进行联机测验和试卷生成等功能，其主界面如图 1.12 所示。

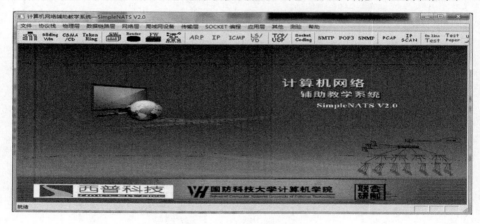

图 1.12　系统主界面图

1.3.2　系统特点

系统不仅包括 PPT 课件的知识点，还包含老师课堂上针对重点、难点知识的点拨和讲解，与此同时还能对原理进行交互式动画演示，最后还能对知识点进行自我测试，真正做到全方位、立体式教学。

1)演示交互性强

演示的网络原理或协议的主要参数(如协议的"窗口尺寸"等)可根据需要任意配置和组合(部分参数和数据随机产生)，从而可以对协议的不同侧面和角度进行演示，交互能力极强。通过对网络协议参数进行组合设置来观察协议的行为和动作，能提高学生学习知识、探究问题的兴趣。

2)提供分解式演示

对每个内容既有其工作原理的综合性地演示,又能对重、难点内容特别是一些时序复杂的内容进行分解演示(如 TCP 协议连接建立的三次握手机制、超时重传机制、应答机制、出错处理机制等),很好地解决了教学中对抽象的协议通信过程说不清、摸不着的问题,增强了学生对协议工作原理的感性认识。

3)提供多媒体形式演示

对网络协议的工作过程采用动画、图表的方式进行演示,同时对涉及的原理采用与课堂讲述的内容一致的旁白式文字描述和语音点拨等方式,使原来静态的、板书式的、纯理论性的文字教学变成动态的、图文并茂的演示性教学。

4)支持与实际网络环境交互

系统中的许多内容(如 ICMP、ARP、SNMP、Socket 通信、协议包分析等)采用与实际的网络环境交互式通信的方式进行演示,既有模拟数据又有真实结果,使本软件既具有教学的特点,也具有实验的特点,在提高学生对网络原理理性认识的同时增强了学生的感性认识。

5)提供多种辅助工具

系统具有协议包分析等工具,以便在介绍数据包格式内容后,能直观、生动、形象地从实际的网络上把协议包"抓过来给学生看",消除学生对网络协议的神秘感,启发与培养学生理论联系实际的作风。同时还包含试题库子系统,具有联机测验、试卷生成等功能,方便学生对所学知识进行自我测验,方便老师快速组织考试。

1.3.3 系统功能

SimpleNATS 为适应计算机网络原理类课程教学演示、实验动手操作及考核的需求提供以下三大模块进行支持:

1)网络原理演示模块

通过图形化、交互式模式,对各种网络协议、网络设备及网络应用进行演示,以加强学生的理解力,丰富教师的教学手段。

2)网络辅助工具模块

提供协议分析器、扫描工具等网络辅助软件,实现对真实网络环境的互动,提高学生对相关网络原理知识的认识。

3)考试模块

提供网络原理等知识点题库及标准答案,并支持题库的更新,实现对相关课程的自测考核。

网络原理演示模块包括以下内容:

1)协议栈演示

包括 TCP/IP 协议栈及 ISO/OSI 协议栈分层原理演示。

2)物理层协议演示

利用动画进行数据的传输与信号的传播速率、距离与时延关系演示,并演示以太网线的制作。

3)数据链路层协议演示

滑动窗口协议如 GO-BACK-N 协议(不能接收乱序帧)、累计确认协议(能接收乱序帧)、停—等协议的演示。介质访问协议 ALOHA、分槽 ALOHA、非坚持 CSMA、1-坚持 CSMA、P-坚持 CSMA 和 CSMA/CD 等协议演示。

4) 网络层协议演示

提供 IP 协议工作原理、IP 包格式、IP 地址格式、子网掩码计算，子网内与子网外 ARP 协议工作原理、Echo 请求与应答及其他 ICMP 协议通信过程、V-D 路由算法和 L-S 路由算法原理等内容的演示，如图 1.13 所示。

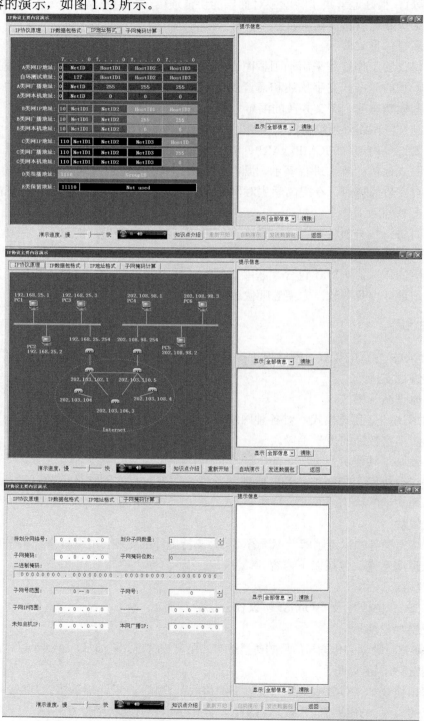

图 1.13　协议原理演示

5）传输层协议演示

TCP 协议和 UDP 协议的演示。

6）Socket 编程接口

轮询方式和事件驱动方式的 Socket 接口编程流程演示。

7）应用层协议演示

SMTP 、POP3、SNMP 等应用层协议原理与工作过程演示。

8）网络互连设备原理演示

中继器、集线器、网桥、二层交换机、三层交换机、路由器、防火墙等网络互连设备的冲突域、广播域、MAC 地址逆向学习、包过滤等内容的演示。

网络辅助工具模块包括以下内容：

为配合学生进行真实网络环境下的网络交互实验，系统还提供网络协议抓包分析、IP 地址扫描、CRC 校验算法演示等工具，如图 1.14 所示。

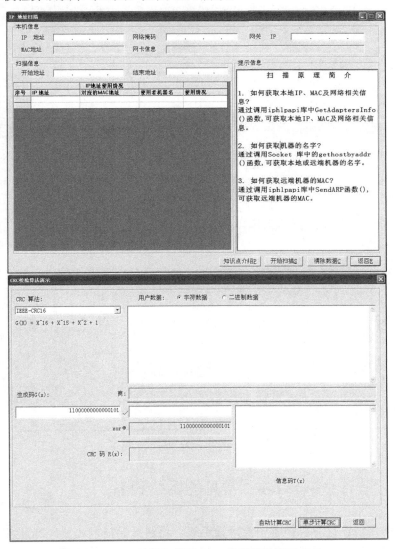

图 1.14 IP 地址扫描及 CRC 校验算法演示工具

考试模块包括以下内容：

为配合学生在学习完计算机网络原理等知识后进行自测，系统提供试题库模块，具有联机测验、试卷生成、试题维护等功能，如图 1.15 所示。

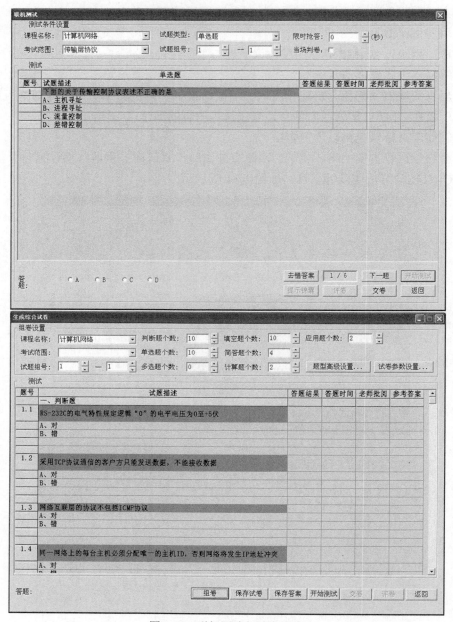

图 1.15　联机测验与试卷生成

1.4　常见的网络设备

计算机网络是现在计算机技术中发展最迅速、最活跃的技术之一。21 世纪是一个信息化的时代，为之提供支撑的就是计算机网络。培养一大批谙熟网络原理与技术，具有综合应用和设计创新能力的计算机网络技术人才，是社会发展的迫切需要，也是高校相关专业的重要职责。

计算机网络技术的特点是理论性与实践性都很强，涉及的知识面较广，概念繁多，并且比较抽象，仅靠课堂教学，学生难以理解和掌握。在学习网络的一般性原理和技术的基础上，必须通过一定的实验训练，才能真正掌握其内在机理。然而，在课时有限的情况下如何组织计网络实验教学的内容和实验实施手段，使之既能配合课堂教学，加深对所学内容的理解，又能紧跟网络技术的发展，培养和提高学生的实际操作技能，却不是件容易的事。根据教学计划的安排和教学大纲的总体要求，以配合计算机网络课程教学为主要目标，并兼顾以上考虑，编制计算机网络实验指导书，旨在规范实验内容，严格实验训练，达到实验教学的目的。

1.4.1 网卡简介

计算机与外界局域网的连接是通过主机箱内插入一块网络接口板（或者是在笔记本电脑中插入一块 PCMCIA 卡）。网络接口板又称为通信适配器或网络适配器（Network Adapter）或网络接口卡NIC（Network Interface Card），但是现在更多的人愿意使用更为简单的名称网卡，如图 1.16 所示。

所谓无线网络，就是利用无线电波作为信息传输的介质构成的无线局域网（WLAN），与有线网络的用途十分类似，最大的不同在于传输介质的不同，利用无线电技术取代网线，可以和有线网络互为备份。无线网卡是终端无线网络的设备，是无线局域网的无线覆盖下通过无线连接网络进行上网使用的无线终端设备，如图 1.17 所示。

图 1.16　网卡　　　　　　　　　图 1.17　无线网卡

1.4.2 集线器简介

集线器的英文称为"Hub"。"Hub"是"中心"的意思，集线器的主要功能是对接收到的信号进行再生整形放大，以扩大网络的传输距离，同时把所有节点集中在以它为中心的节点上。它工作于 OSI（开放系统互联参考模型）参考模型第一层，即"物理层"。集线器与网卡、网线等传输介质一样，属于局域网中的基础设备，采用 CSMA/CD（一种检测协议）访问方式。

集线器属于纯硬件网络底层设备，基本上不具有类似于交换机的"智能记忆"能力和"学习"能力。它也不具备交换机所具有的 MAC 地址表，所以它发送数据时都是没有针对性的，而是采用广播方式发送。也就是说当它要向某节点发送数据时，不是直接把数据发送到目的节点，而是把数据包发送到与集线器相连的所有节点，如图 1.18 所示。

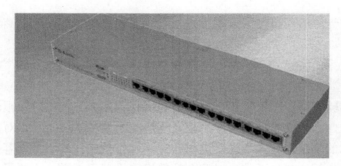

图 1.18　集线器

1.4.3　交换机简介

交换机（Switch）也叫交换式集线器，是一种工作在 OSI 第二层（数据链路层）上的、基于 MAC（网卡的介质访问控制地址）识别、能完成封装转发数据包功能的网络设备，如图 1.19 所示。它通过对信息进行重新生成，并经过内部处理后转发至指定端口，具备自动寻址能力和交换作用。

交换机不懂得 IP 地址，但它可以"学习"源主机的 MAC 地址，并把其存放在内部地址表中，通过在数据帧的始发者和目标接收者之间建立临时的交换路径，使数据帧直接由源地址到达目的地址。交换机上的所有端口均有独享的信道带宽，以保证每个端口上数据的快速有效传输。由于交换机根据所传递信息包的目的地址，将每一信息包独立地从源端口送至目的端口，而不会向所有端口发送，避免了和其他端口发生冲突，因此，交换机可以同时互不影响地传送这些信息包，并防止传输冲突，提高了网络的实际吞吐量。

图 1.19　交换机

1.4.4　路由器简介

路由器是一种连接多个网络或网段的网络设备，如图 1.20 所示。它能将不同网络或网段之间的数据信息进行"翻译"，以使它们能够相互"读"懂对方的数据，从而构成一个更大的网络。可实现 LAN 间 WAN 间及 LAN 与 WAN 的互联。它集网关、网桥、交换技术于一体，可将不同协议的异构网视为子网而互联。基本功能是：路由选择、网络互联、数据过滤。

图 1.20　路由器

1.4.5　传输介质之双绞线

双绞线的英文名字叫 Twist-Pair，是综合布线工程中最常用的一种传输介质。它分为两种类型：屏蔽双绞线和非屏蔽双绞线。屏蔽双绞线电缆的外层由铝铂包裹，以减小辐射，但并不能完全消除辐射，屏蔽双绞线价格相对较高，安装时要比非屏蔽双绞线电缆困难。非屏蔽双绞线电缆具有以下优点：

(1)无屏蔽外套，直径小，节省所占用的空间。

(2)重量轻，易弯曲，易安装。

(3)将串扰减至最小或加以消除。

(4)具有阻燃性。

(5)具有独立性和灵活性，适用于结构化综合布线。

双绞线采用了一对互相绝缘的金属导线互相绞合的方式来抵御一部分外界电磁波干扰。把两根绝缘的铜导线按一定密度互相绞在一起，可以降低信号干扰的程度，每一根导线在传输中辐射的电波会被另一根线上发出的电波抵消。"双绞线"的名字也由此而来。双绞线是由4对双绞线绞在一起。包在一个绝缘电缆套管里的，如图1.21所示。一般双绞线扭线越密其抗干扰能力就越强。与其他传输介质相比，双绞线在传输距离、信道宽度和数据传输速度等方面均受到一定限制，但价格较为低廉。

双绞线常见的有3类线、5类线和超5类线，以及最新的6类线，前者线径细而后者线径粗，型号如下。

(1)一类线：主要用于传输语音(一类标准主要用于20世纪80年代初之前的电话线缆)，不同于数据传输。

(2)二类线：传输频率为1MHz，用于语音传输和最高传输速率4Mbps的数据传输，常见于使用4Mbps规范令牌传递协议的旧的令牌网。

(3)三类线：指目前在ANSI和EIA/TIA568标准中指定的电缆，该电缆的传输频率为16MHz，用于语音传输及最高传输速率为10Mbps的数据传输，主要用于10BASE-T。

(4)四类线：该类电缆的传输频率为20MHz，用于语音传输和最高传输速率16Mbps的数据传输，主要用于基于令牌的局域网和10BASE-T/100BASE-T。

(5)五类线：该类电缆增加了绕线密度，外套一种高质量的绝缘材料，传输率为100MHz，用于语音传输和最高传输速率为10Mbps的数据传输，主要用于100BASE-T和10BASE-T网络。这是最常用的以太网电缆。

(6)超五类线：超5类具有衰减小、串扰少的特点，并且具有更高的衰减与串扰的比值(ACR)和信噪比(Structural Return Loss)、更小的时延误差，性能得到很大提高。超5类线主要用于千兆位以太网(1000Mbps)。

(7)六类线：该类电缆的传输频率为1~250MHz，六类布线系统在200MHz时综合衰减串扰比(PS-ACR)应该有较大的余量，它提供2倍于超五类的带宽。六类布线的传输性能远远高于超五类标准，最适用于传输速率高于1Gbps的应用。六类与超五类的一个重要的不同点在于：改善了在串扰以及回波损耗方面的性能，对于新一代全双工的高速网络应用而言，优良的回波损耗性能是极重要的。六类标准中取消了基本链路模型，布线标准采用星型的拓扑结构，要求的布线距离为：永久链路的长度不能超过90m，信道长度不能超过100m。

在双绞线产品家族中，主要的品牌有如下几个：

·安普

·西蒙

- 朗讯
- 丽特
- IBM

屏蔽双绞线如图 1.22 所示。

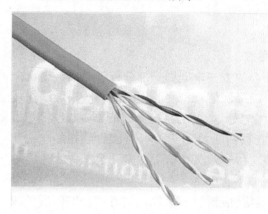

图 1.21　非屏蔽双绞线

图 1.22　屏蔽双绞线

1.4.6　传输介质之同轴电缆

同轴电缆(COARIAL CABLE)的得名与它的结构相关。同轴电缆也是局域网中最常见的传输介质之一。它用来传递信息的一对导体是按照一层圆筒式的外导体套在内导体(一根细芯)外面，两个导体间用绝缘材料互相隔离的结构制选的，外层导体和中心轴芯线的圆心在同一个轴心上，所以叫做同轴电缆，如图 1.23 所示。同轴电缆之所以设计成这样，也是为了防止外部电磁波干扰异常信号的传递。

同轴电缆根据其直径大小可以分为：粗同轴电缆与细同轴电缆。粗缆适用于比较大型的局部网络，它的标准距离长，可靠性高，由于安装时不需要切断电缆，因此可以根据需要灵活调整计算机的入网位置。但粗缆网络必须安装收发器电缆，安装难度大，所以总体造价高。相反，细缆安装则比较简单，造价低，但由于安装过程要切断电缆，两头须装上基本网络连接头(BNC)，然后接在 T 型连接器两端。所以当接头多时容易产生不良的隐患，这是目前运行中的以太网所发生的最常见故障之一。

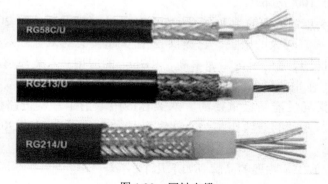

图 1.23　同轴电缆

1.4.7 传输介质之光纤

光纤是以光脉冲的形式来传输信号，以玻璃或有机玻璃等为网络传输介质。它由纤维芯、包层和保护套组成，如图1.24所示。

光纤可分为单模（Single Mode）光纤和多模（Multiple Mode）光纤。单模光纤只提供一条光路，加工复杂，但具有更大的通信容量和更远的传输距离。多模光纤使用多条光路传输同一信号，通过光的折射来控制传输速度。

图 1.24　光纤

1.5　计算机网络技术实践及其注意事项

计算机实验和其他实验不一样，有自己的特点，它不像化学实验那么直观。那么通过怎样的方式才能检测实验是否达到我们预期的目的呢？怎么对实验结果进行验证呢？

我们可以对实验前后设备的状态进行对比，通过对比可以对一些实验成功与否做出判断。例如进行VLan划分实验时，就可以通过ping命令进行测试。

对实验过程进行监控，分析实验过程中的数据。对于管理设备配置的实验就可以通过这种方式，利用网络分析软件监控端口数据，进行分析对比。网络编程实验也可以通过抓取数据包，来对实验结果进行分析。

除了以上两种方法，关键是还要撰写实验报告。实验报告是对实验过程的分析与总结，在报告中往往包含一些实验过程的截图，这些截图对实验很重要，从这些截图中我们可以看到由于执行某些命令产生的数据，这是实验过程不可忽略的。另外还要对这些截图进行加工，比如标出关键数据、加工旁注，并加文字说明，这样就会使实验报告更有说服力。

实验报告的一般格式如下：

实验目的：实验要达到的效果。

实验要求：实验的具体要求。

实验设备：实验所需要的软硬件设备。

实验步骤：完成实验必需的过程，包括截图和说明。

实验分析：结合具体的实验过程对实验进行的分析，得出相应的结论。

实验总结：对实验进行总结归纳。

第 2 章 网络传输介质及其实践

2.1 双 绞 线

在以双绞线作为传输介质的网络中，跳线的制作与测试非常重要。对于小型网络而言，网线连接着集线设备与计算机；对于大中型网络而言，网线既连接着信息插座与计算机，也连接着集线设备与跳线设备及跳线板。总之，无论如何，网线的制作与测试是网络管理员一定要学会的入门级手艺。

在制作的过程中，我们必须要用到一些制作的辅助工具和材料。在此，我们先为大家介绍一些工具和材料。在制作的工程中，最重要的工具当然就是压线钳了，当然这个压线钳的工具不仅仅是压线自用，钳上还具备着很多"好本领"。

在压线钳的最顶部的是压线槽，压线槽供提供了 3 种类型的线槽，分别为 6P、8P 以及 4P，中间的 8P 槽是我们最常用到的 RJ-45 压线槽，而旁边的 4P 为 RJ11 电话线路压线槽。在压线钳 8P 压线槽的背面，我们可以看到呈齿状的模块，主要用于把水晶头上的 8 个触点压稳在双绞线之上。最前端是剥线口，刀片主要用于切断线材。

我们局域网内组网所采用的网线，使用最为广泛的为双绞线（Twisted-PairCable；TP），双绞线是由不同颜色的 4 对 8 芯线组成，每两条按一定规则绞织在一起，成为一个芯线对。作为以太局域网最基本的连接、传输介质，人们对双绞网线的重视程度是不够的，总认为它无足轻重，其实做过网络的人都知道绝对不是这样的，相反它在一定程度上决定了整个网络性能。这一点其实我们很容易理解，一般来说越是基础的东西越是起着决定性的作用。双绞线作为网络连接的传输介质，将来网络上的所有信息都需要在这样一个信道中传输，因此其作用是十分重要的。如果双绞线本身质量不好，传输速率受到限制，即使其他网络设备的性能再好，传输速度再高又有什么用呢？因此双绞线已成为整个网络传输速度的一个瓶颈。它一般有屏蔽（Shielded Twicted-Pair，STP）与非屏蔽（Unshielded Twisted-Pair，UTP）双绞线之分，屏蔽的当然在电磁屏蔽性能方面比非屏蔽的要好些，但价格也要贵些。双绞线按电气性能划分的话，可以划分为：三类、四类、五类、超五类、六类、七类双绞线等类型，数字越大，也就代表着级别越高、技术越先进、带宽也越宽，当然价格也越贵了。三类、四类线自从 2012 年在市场上几乎没有了，如果有，也不是以三类或四类线出现，而是以假五类，甚至超五类线出售，这是目前假五类线最多的一种。2013 年在一般局域网中常见的是五类、超五类或者六类非屏蔽双绞线。屏蔽的五类双绞线外面包有一层屏蔽用的金属膜，它的抗干扰性能好些，但应用的条件比较苛刻，不是用了屏蔽的双绞线，在抗干扰方面就一定强于非屏蔽双绞线。屏蔽双绞线的屏蔽作用只在整个电缆均有屏蔽装置，并且两端正确接地的情况下才起作用。所以，要求整个系统全部是屏蔽器件，包括电缆、插座、水晶头和配线架等，同时建筑物需要有良好的地线系统。事实上，在实际施工时，很难全部完美接地，从而使屏蔽层本身成为最大的干扰源，导致性能甚至远不如非屏蔽双绞线 UTP。所以，除非有特殊需要，通常在综合布线系统中只采用非屏蔽双绞线。

双绞线作为一种价格低廉、性能优良的传输介质，在综合布线系统中被广泛应用于水平布线。双绞线价格低廉、连接可靠、维护简单，可提供高达 1000Mbps 的传输带宽，不仅可用于数据传输，而且还可以用于语音和多媒体传输。2012 年的超五类和六类非屏蔽双绞线可以轻松提供 155Mbps 的通信带宽，并拥有升级至千兆的带宽潜力，因此，成为当今水平布线的首选线缆。

2.2 RJ-45 连接器

RJ-45 插头之所以被称为"水晶头"，主要是因为它晶莹透亮的外表而得名的。RJ-45 接口没有被压线之前金属触点凸出在外，是连接非屏蔽双绞线的连接器，为模块式插孔结构。RJ-45 接口前端有 8 个凹槽，简称 8P（Position），凹槽内的金属接点共有 8 个，简称 8C（Contact），因而也有 8P8C 的别称。在市场上十分常见的二叉式 RJ-45 接口。

从侧面观察 RJ-45 接口，可以看到平行排列的金属片，一共有 8 片，每片金属片前端都有一个突出透明框的部分，从外表来看就是一个金属接点，按金属片的形状来划分，又有"二叉式 RJ-45"以及"三叉式 RJ-45"接口之分。二叉式的金属片只有两个侧刀，三叉式的金属片则有 3 个侧刀。金属片的前端有一小部分穿出 RJ-45 的塑料外壳，形成与 RJ-45 插槽接触的金属脚。在压接网线的过程中，金属片的侧刀必须刺入双绞线的线芯，并与线芯总的铜质导线内芯接触，以连通整个网络。一般地，叉数目越多，接触的面积也越大，导通的效果也越明显，因此三叉式的接口比二叉式接口更适合高速网络。水晶头也有几种档次之分，有带屏蔽的也有不带屏蔽的。在选购时应该尽量避免贪图便宜，否则水晶头的质量得不到保证。其质量主要体现在它的接触探针是镀铜的，容易生锈，造成接触不良，网络不通。质量差的还有一点明显表现为塑料扣位不紧（通常是变形所致），也很容易造成接触不良，网络中断。水晶头虽小，但在网络中的重要性一点都不能小看，在许多网络故障中就有相当一部分是因为水晶头质量不好而造成的。

2.3 跳线的制作标准和类型

1. TIA/EIA 标准

目前常用的布线标准有两个，即 EIA/ TIA T568 A 和 EIA/ TIA T568 B。这两个标准最主要的差别就是芯线序列的不同，如图 2.1 所示。

- 568A 标准线序：绿白 绿 橙白 蓝 蓝白 橙 棕白 棕
- 568B 标准线须：橙白 橙 绿白 蓝 蓝白 绿 棕白 棕

从图 2.1 中可以看出，两种标准的区别就是橙色和绿色线对的互换，本质问题是要保证 1/2 芯线对、3/6 芯线对、4/5 芯线对、7/8 芯线对都是一个绕对。在一个综合布线工程中，可采用任何一种标准，但是所有的布线设备及布线施工必须采用同一标准。由于向后兼容性问题，在布线工程中较多采用的是 EIA/ TIA T568 B 打线方法。

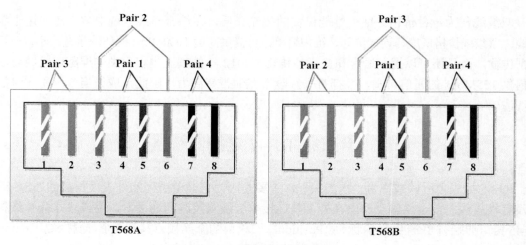

图 2.1 T568A/T568B 线序

2. 跳线线序

双绞线的连接方法主要有两种：直通线缆和交叉线缆。

（1）直通线：双绞线两端所使用的制作线序相同（同为 T568A/T568B）即为直通线，如图 2.2 所示。用于连接异种设备，例如：计算机与交换机相连，如图 2.3 所示。

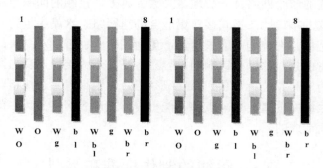

图 2.2 直通线线序

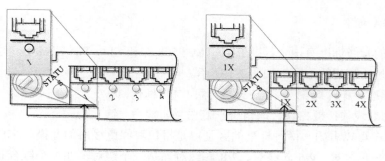

图 2.3 直通线连接

（2）交叉线：双绞线两端所使用的制作线序不同（两端分别使用 T568A 和 T568B）即为交叉线，如图 2.4 所示。用于连接同种设备，例如：计算机直接相连，如图 2.5 所示。

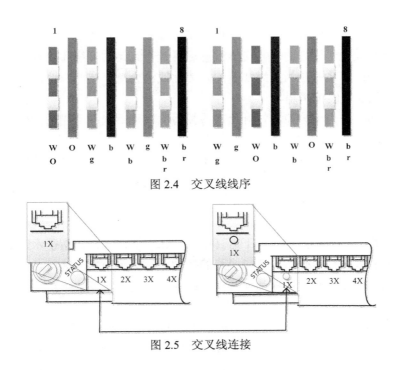

图 2.4　交叉线线序

图 2.5　交叉线连接

2.4　双绞线的制作原理及实践

实验目的：

掌握双绞线的制作与测试。

实验设备：

测线仪、压线钳、非屏蔽双绞线、RJ-45 水晶头。

实验内容：

（1）利用压线钳的剪线刀口剪裁出计划需要使用的双绞线长度。

（2）把双绞线的灰色保护层剥掉，可以利用压线钳的剪线刀口将线头剪齐，再将线头放入剥线专用的刀口，稍微用力握紧压线钳慢慢旋转，让刀口划开双绞线的保护胶皮，把一部分的保护胶皮去掉。在这个步骤中需要注意的是，压线钳挡位离剥线刀口长度通常恰好为水晶头长度，这样可以有效避免剥线过长或过短。若剥线过长看上去肯定不美观，而且因网线不能被水晶头卡住，容易松动；若剥线过短，则因有保护层塑料的存在，不能全部插到水晶头底部，造成水晶头插针不能和网线芯线完好接触，也会影响线路的质量。剥除灰色的塑料保护层之后即可见到双绞线网线的 4 对 8 条芯线，可以看到每对的颜色都不同。每对缠绕的两根芯线由一种染有相应颜色的芯线加上一条只染有少许相应颜色白色相间芯线组成。4 条全色芯线的颜色为：棕色、橙色、绿色、蓝色。

接线标准如下：其中双绞线的制作方式有两种国际标准，分别为 EIA/TIA568A 以及 EIA/TIA568B。而双绞线的连接方法也主要有两种，分别为直通线缆以及交叉线缆。简单地说，直通线缆就是水晶头两端都采用 T568A 标准或者 T568B 的接法，而交叉线缆则是水晶头一端采用 T586A 的标准制作，而另一端则采用 T568B 标准制作，即 A 水晶头的 1、2 对应 B 水晶头的 3、6，而 A 水晶头的 3、6 对应 B 水晶头的 1、2。

(3)把每对都是相互缠绕在一起的线缆逐一解开。解开后则根据需要接线的规则把几组线缆依次地排列好并理顺，排列的时候应该注意尽量避免线路的缠绕和重叠。把线缆依次排列并理顺之后，由于线缆之前是相互缠绕着的，因此线缆会有一定的弯曲，因此我们应该把线缆尽量扯直并尽量保持线缆平扁。

把线缆扯直的方法也十分简单，利用双手抓着线缆然后向两个相反方向用力，并上下扯一下即可。

(4)把线缆依次排列好并理顺、扯直之后，应该细心检查一遍，之后利压线钳的剪线刀口把线缆顶部裁剪整齐，需要注意的是裁剪的时候应该是水平方向插入，否则线缆长度不一会影响线缆与水晶头的正常接触。若之前把保护层剥下过多的话，可以在这里将过长的细线剪短，保留的去掉外层保护层的部分约为 15mm，这个长度正好能将各细导线插入各自的线槽。如果该段留得过长，一来会由于线对不再互绞而增加串扰；二来会由于水晶头不能压住护套而可能导致电缆从水晶头中脱出，造成线路的接触不良甚至中断。裁剪之后，应该尽量把线缆按紧，并且应该避免大幅度地移动或者弯曲线缆，否则也可能会导致几组已经排列且裁剪好的线缆出现不平整的情况。

(5)把整理好的线缆插入水晶头内。需要注意的是要将水晶头有塑造料弹簧片的一面向下，有针脚的一方向上，使有针脚的一端指向远离自己的方向，有方型孔的一端对着自己。此时，最左边的是第 1 脚，最右边的是第 8 脚，其余依次顺序排列。插入的时候需要注意缓缓地用力把 8 条线缆同时沿 RJ-45 头内的 8 个线槽插入，一直插到线槽的顶端。在最后一步的压线之前，可以从水晶头的顶部检查，看看是否每一组线缆都紧紧地顶在水晶头的末端。

(6)压线。确认无误之后就可以把水晶头插入压线钳的 8P 槽内压线了。把水晶头插入后，用力握紧线钳，若力气不够的话，可以使用双手一起压，这样一压的过程使得水晶头凸出在外面的针脚全部压入水晶头内，受力之后听到轻微的"啪"声即可。压线之后水晶头凸出在外面的针脚全部压入水晶头内，而且水晶头下部的塑料扣位也压紧在网线的灰色保护层之上。

网线测试仪的应用：这个测试仪可以提供对同轴电缆的 BNC 接口网线以及 RJ-45 接口的网线进行测试。把在 RJ-45 两端的接口插入测试仪的两个接口之后，打开测试仪可以看到测试仪上的两组指示灯都在闪动。若测试的线缆为直通线缆的话，在测试仪上的 8 个指示灯应该依次为绿色闪过，证明了网线制作成功，可以顺利完成数据的发送与接收。若测试的线缆为交叉线缆的话，其中一侧同样是依次由 1~8 闪动绿灯，而另外一侧则会根据 3、6、1、4、5、2、7、8 这样的顺序闪动绿灯。若出现任何一个灯为红灯或黄灯，都证明存在断路或者接触不良现象，此时最好先对两端水晶头再用网线钳压一次，再测；如果故障依旧，再检查一下两端芯线的排列顺序是否一样，如果不一样，剪掉一端重新按另一端芯线排列顺序制做水晶头。如果芯线顺序一样，但测试仪仍显示红色灯或黄色灯，则表明其中肯定存在对应芯线接触不好的情况。此时，应先剪掉一端按另一端芯线顺序重做一个水晶头，再测，如果故障消失，则不必重做另一端水晶头，否则还得把原来的另一端水晶头也剪掉重做。直到测试全为绿色指示灯闪过为止。

各步骤注意事项如下：

(1)剥去外保护皮时，注意压线钳力度不宜过大，否则容易伤害到导线。

(2)4 组线最好在导线的底部排列在同一个平面上，以避免导线的乱串。

（3）扯直的作用是便于最后制作水晶头。

（4）交换 4 号线和 6 号线位置是为了达到线序要求。

（5）上下扭动能够使导线自然并列在一起。

（6）导线顺序：面向水晶头引脚，自左向右的顺序。

（7）压线的力度不宜过大，以免压碎水晶头；压制前观察前横截面是否能看到铜芯，侧面是否整条导线在引脚下方，双绞线外保护皮是否在三角楞的下方，符合以上 3 个条件后方可压线。

压线钳如图 2.6 所示。网线测试仪如图 2.7 所示。

图 2.6　压线钳

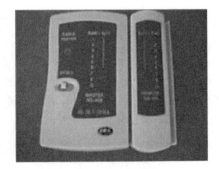

图 2.7　网线测试仪

第3章 网络命令原理及其实践

在进行计算机网络实验或现实中进行计算机网络组建时，我们还需要使用一些常用的网络命令对网络进行测试。以下是对一些常用命令的介绍。

3.1 ipconfig 命令

1. ipconfig 命令介绍

ipconfig 命令用来显示所有当前的 TCP/IP 网络配置值、刷新动态主机配置协议（DHCP）和域名系统（DNS）设置。使用不带参数的 ipconfig 命令可以显示所有适配器的 IP 地址、子网掩码、默认网关。

2. 语法

ipconfig [/all] [/renew [Adapter]] [/release [Adapter]] [/flushdns] [/displaydns] [/registerdns] [/showclassid Adapter] [/setclassid Adapter [ClassID]]

3. 参数

- /all 表示显示网络适配器详细的 TCP/IP 配置信息，除了 IP 地址、子网掩码、默认网关信息外，还显示主机名称、IP 路由功能、WINS 代理、MAC 地址、DHCP 功能等。
- /renew [Adapter] 表示更新所有或特定网络适配器的 DHCP 设置，为自动获取 IP 地址的计算机分配 IP 地址，Adapter 表示特定网络适配器的名称。
- /release [Adapter] 表示释放所有或特定网络适配器的 DHCP 设置，并丢弃 IP 地址设置。与/renew [Adapter]参数的操作相反。
- /flushdns 表示清理并重设 DNS 缓存的内容。
- /displaydns 表示显示 DNS 缓存的内容，包括本地主机以及最近获取的 DNS 解析记录。
- /registerdns DNS 客户端手工向服务器进行注册。
- /showclassid 显示网络适配器的 DHCP 类别信息。
- /setclassid 设置网络适配器的 DHCP 类别。

3.2 ping 命令

1. ping 命令介绍

ping 命令是 TCP / IP 协议中最有用的命令之一。它的工作原理是给另一个系统发送一系列的数据包，该系统本身又发回一个响应。这条实用程序对查找远程主机很有用，它返回的结果表示是否能到达主机，以及宿主机发送一个返回数据包需要多长时间。

2. 语法

ping [-t] [-a] [-n count] [-l size] [-f] [-i TTL] [-v TOS] [-r count] [-s count] [[-j host-list] [-k host-list]] [-w timeout] destination-list

3. 参数

- -t 除非人为中止，否则一直 ping 下去。
- -a 解析计算机 NetBios 名。
- -n count 发送 count 指定的 ECHO 数据包数，默认值为 4。
- -l size 发送指定的数据量的 ECHO 数据包。默认为 32 字节，最大值为 65527。
- -f 数据包中发送"不要分段"标志。
- -i TTL 在对方的系统里停留的时间。
- -v Tos 服务类型。
- -r count 在"记录路由"字段中记录路由跳点所经过的路径。count 可以指定最少 1 台，最多 9 台计算机。
- -s count 记录记录路由跳点的缓存时间。
- -j host-list 利用 computer-list 指定的计算机列表路由数据包。连续计算机可以被中间 网关分隔(路由稀疏源)IP 允许的最大数量为 9。
- -k host-list 利用 computer-list 指定的计算机列表路由数据包。连续计算机不能被中间 网关分隔(路由严格源)IP 允许的最大数量为 9。
- -w timeout 指定超时间隔，单位为毫秒。
- destination-list 指定要 ping 的远程计算机。

3.3　netstat 命令

1. netstat 命令介绍

　　观察网络连接状态的实用工具，netstat 网络命令可以显示当前正在活动的网络连接的详细信息，例如可以显示以太网的统计信息、所有协议的使用状态，这些协议包括 TCP 协议、UDP 协议，以及 IP 协议等，路由表和网络接口信息，可以让用户得知目前共有哪些网络连接正在运行。在网上可以看到很多如 X-netstat 之类的工具，无非其界面为 Windows 界面，比较直观些，其功能与此命令差不多。

2. 语法

netstat [-a] [-e] [-n] [-s] [-p proto] [-r] [interval]

3. 参数

- -a 显示所有连接和侦听端口。
- -e 显示以太网统计信息，可以与-s 连用。
- -n 在数字表里显示地址和端口号。
- -s 显示每个协议的统计，默认情况下，显示 TCP、UDP、ICMP 和 IP 的统计。-p 选项可以用来指定默认的子集。

- -p proto　显示由 protocol 指定的协议的连接，protocol 可以是 tcp 或 udp。如果与-s 选项一同使用，则显示每个协议的统计，protocol 可以是 tcp、udp、icmp 或 ip。
- -r　显示路由表信息。
- interval　重新显示所选的统计，在每次显示之间暂停 interval 秒。按 Ctrl+C 组合键停止重新显示统计。如果省略该参数，netstat 将打印一次当前的配置信息。

3.4　arp 命令

1．arp 命令介绍

arp 命令用于显示和修改"地址解析协议（ARP）"缓存中的项目。ARP 缓存中包含一个或多个表，它们用于存储 IP 地址及其经过解析的以太网或令牌环物理地址。计算机上安装的每一个以太网或令牌环网络适配器都有自己单独的表。如果在没有参数的情况下使用，则 arp 命令将显示帮助信息。

2．语法

arp　[-a [InetAddr] [-N IfaceAddr]] [-g [InetAddr] [-N IfaceAddr]] [-d InetAddr [IfaceAddr]] [-s InetAddr EtherAddr [IfaceAddr]]

3．参数

- -a [InetAddr] [-N IfaceAddr]　显示所有接口的当前 ARP 缓存表。要显示特定 IP 地址的 ARP 缓存项，请使用带有 InetAddr 参数的 arp -a，此处的 InetAddr 代表 IP 地址。如果未指定 InetAddr，则使用第一个适用的接口。要显示特定接口的 ARP 缓存表，请将 -N IfaceAddr 参数与 -a 参数一起使用，此处的 IfaceAddr 代表指派给该接口的 IP 地址。-N 参数区分大小写。
- -g [InetAddr] [-N IfaceAddr]　与-a 相同。
- -d InetAddr [IfaceAddr]　删除指定的 IP 地址项，此处的 InetAddr 代表 IP 地址。对于指定的接口，要删除表中的某项，请使用 IfaceAddr 参数，此处的 IfaceAddr 代表指派给该接口的 IP 地址。要删除所有项，请使用星号(*)通配符代替 InetAddr。
- -s InetAddr EtherAddr [IfaceAddr]　向 ARP 缓存添加可将 IP 地址 InetAddr 解析成物理地址 EtherAddr 的静态项。要向指定接口的表添加静态 ARP 缓存项，请使用 IfaceAddr 参数，此处的 IfaceAddr 代表指派给该接口的 IP 地址。
- /?　在命令提示符下显示帮助信息。

3.5　tracert 命令

1．tracert 命令介绍

ping 命令用于如果有网络连通性问题，可以使用该命令来检查到达目标 IP 地址的路径并记录结果。tracert 命令显示用于将数据包从计算机传递到目标位置的一组 IP 路由器，以及每个跃点所需的时间。如果数据包不能传递到目标，tracert 命令将显示成功转发数据包的最后一个路由器。当数据包从我们的计算机经过多个网关传送到目的地时，tracert 命令可以用来跟踪数据包使用的路由（路径）。该实用程序跟踪的路径是源计算机到目的地的一条路径，不能保证或认为数据包总遵循这个路径。如果我们的配置使用 DNS，那么常常会从所产生的应答中得到城市、地址和常见通信公司的名字。tracert 是一个运行得比较慢的命令（如果我们指定的目标地址比较远），经过每个路由器大约需要 15 秒。

2. 语法

tracert　[-d] [-h MaximumHops] [-j HostList] [-w Timeout] [-R] [-S SrcAddr] [-4][-6]
TargetName

3. 参数

- -d 防止 tracert　试图将中间路由器的 IP 地址解析为它们的名称，这样可加速显示 tracert 的结果。
- -h MaximumHops　指定搜索目标（目的）的路径中存在的跃点的最大数。默认值为 30 个跃点。
- -j HostList　指定回显请求消息将 IP 报头中的松散源路由选项与 HostList 中指定的中间目标集一起使用。使用松散源路由时，连续的中间目标可以由一个或多个路由器分隔开。HostList 中的地址或名称的最大数量为 9。HostList 是一系列由空格分隔的 IP 地址（用带点的十进制符号表示）。仅当跟踪 IPv4 地址时才使用该参数。
- -w Timeout　指定等待 "ICMP 已超时" 或 "回显答复" 消息（对应于要接收的给定 "回现请求" 消息）的时间（以毫秒为单位）。如果超时时间内未收到消息，则显示一个星号（*）。默认的超时时间为 4000（4 秒）。
- -R　指定 IPv6 路由扩展标头应用来将 "回显请求" 消息发送到本地主机，使用目标作为中间目标并测试反向路由。
- -S SrcAddr　指定在 "回显请求" 消息中使用的源地址。仅当跟踪 IPv6 地址时才使用该参数。
- -4　指定 tracert.exe 只能将 IPv4 用于本跟踪。
- -6　指定 tracert.exe 只能将 IPv6 用于本跟踪。
- TargetName　指定目标，可以是 IP 地址或主机名。
- -?　在命令提示符下显示帮助信息。

3.6　net 命令集

1. net 命令集介绍

net 不是一个命令，而是 Windows 的一组网络命令集。有很多函数用于实用和核查计算机之间的 NetBIOS 连接，可以查看我们的管理网络环境、服务、用户、登录等信息内容。在维护单位的局域网或广域网时候，如果能掌握这些网络命令使用技巧，常常会给工作带来极大的方便，有时能起到事半功倍的效果。

2. 语法

net [accounts | computer | config | continue | file | group | help |
helpmsg | localgroup | name | pause | print | send | session |
share | start | statistics | stop | time | use | user | view]

----

net accounts [/forcelogoff:{minutes | no}] [/minpwlen:length]
[/maxpwage:{days | unlimited}] [/minpwageays]
[/uniquepw:number] [/domain]

3. 参数

1) net view
作用：显示域列表、计算机列表或指定计算机的共享资源列表。
命令格式：net view [\\computername | /domain[:domainname]]
有关参数说明：

· 键入不带参数的 net view 显示当前域的计算机列表。

· \\computername 指定要查看其共享资源的计算机。

· /domain[:domainname]指定要查看其可用计算机的域。

例如：net view \\GHQ 查看 GHQ 计算机的共享资源列表。

net view /domain:XYZ 查看 XYZ 域中的机器列表。

2) net user
作用：添加或更改用户账号或显示用户账号信息。
命令格式：net user [username [password | *] [options]] [/domain]
有关参数说明：

· 键入不带参数的 net user 查看计算机上的用户账号列表。

· username 添加、删除、更改或查看用户账号名。

· password 为用户账号分配或更改密码。

· *提示输入密码。

· /domain 在计算机主域的主域控制器中执行操作。该参数仅在 Windows NT Server 域成员的 Windows NT Workstation 计算机上可用。默认情况下，Windows NT Server 计算机在主域控制器中执行操作。注意：在计算机主域的主域控制器发生该动作。它可能不是登录域。

例如：net user ghq123 查看用户 GHQ123 的信息。

3) net use
作用：连接计算机或断开计算机与共享资源的连接，或显示计算机的连接信息。
命令格式： net use [devicename | *] [\\computername\sharename[\volume]] [password|*]
[/user:[domainname\]username] [[/delete]| [/persistent:{yes | no}]]
有关参数说明：

· 键入不带参数的 net use 列出网络连接。

· devicename 指定要连接到的资源名称或要断开的设备名称。

- \\computername\sharename 服务器及共享资源的名称。
- password 访问共享资源的密码。
- *提示键入密码。
- /user 指定进行连接的另外一个用户。
- domainname 指定另一个域。
- username 指定登录的用户名。
- /delete 取消指定网络连接。
- /persistent 控制永久网络连接的使用。

例如：net use f: \\GHQ\TEMP　将\\GHQ\TEMP 目录建立为 F 盘。

net use f: \GHQ\TEMP /delete　断开连接。

4) net time

作用：使计算机的时钟与另一台计算机或域的时间同步。

命令格式：net time [\\computername | /domain[:name]] [/set]

有关参数说明：

- \\computername 要检查或同步的服务器名。
- /domain[:name]指定要与其时间同步的域。
- /set 使本计算机时钟与指定计算机或域的时钟同步。

5) net start

作用：启动服务，或显示已启动服务的列表。

命令格式：net start service

6) net pause

作用：暂停正在运行的服务。

命令格式：net pause service

7) net continue

作用：重新激活挂起的服务。

命令格式：net continue service

8) net stop

作用：停止 Windows NT/2000/2003 网络服务。

命令格式：net stop service

下面我们来看看上面 4 条命令里包含哪些服务：

(1) alerter 警报

(2) client service for Netware（Netware 客户端服务）

(3) clipbook server（剪贴簿服务器）

(4) computer browser（计算机浏览器）

(5) directory replicator（目录复制器）

(6) ftp publishing service（ftp）（ftp 发行服务）

(7) lpdsvc

(8) net logon（网络登录）

(9) network dde（网络 dde）

(10) network dde dsdm（网络 dde dsdm）

(11) network monitor agent（网络监控代理）

(12) ole（对象链接与嵌入）

(13) remote access connection manager（远程访问连接管理器）

(14) remote access isnsap service（远程访问 isnsap 服务）

(15) remote access server（远程访问服务器）

(16) remote procedure call（rpc）locator（远程过程调用定位器）

(17) remote procedure call（rpc）service（远程过程调用服务）

(18) schedule（调度）

(19) server（服务器）

(20) simple tcp/ip services（简单 TCP/IP 服务）

(21) snmp

(22) spooler（后台打印程序）

(23) tcp/ip netbios helper（TCP/IP NETBIOS 辅助工具）

(24) ups

(25) workstation（工作站）

(26) messenger（信使）

(27) dhcp client

9）net statistics

作用：显示本地工作站或服务器服务的统计记录。

命令格式：net statistics [workstation | server]

有关参数说明：

· 键入不带参数的 net statistics 列出其统计信息可用的运行服务。

· workstation 显示本地工作站服务的统计信息。

· server 显示本地服务器服务的统计信息。

例如：net statistics server | more 显示服务器服务的统计信息。

10）net share

作用：创建、删除或显示共享资源。

命令格式：net share sharename=drive:path [/users:number | /unlimited] [/remark:"text"]

有关参数说明：

· 键入不带参数的 net share 显示本地计算机上所有共享资源的信息。

· sharename　共享资源的网络名称。

· drive:path　指定共享目录的绝对路径。

· /users:number　设置可同时访问共享资源的最大用户数。

· /unlimited　不限制同时访问共享资源的用户数。

· /remark:"text "　添加关于资源的注释，注释文字用引号引起来。

例如：net share yesky=c:\temp /remark:"my first share"　以 yesky 为共享名共享 C:\temp。

net share yesky /delete　停止共享 yesky 目录。

3.7　ftp 命令

1. ftp 命令介绍

ftp 命令可以实现文件的上传和下载。

2. 语法

ftp　[-v] [-d] [-i] [-n] [-g] [-s:FileName] [-a] [-w:WindowSize] [-A] [Host]
启动以后的操作命令如图 3.1 所示。

图 3.1　ftp 命令

3. 参数

- -v　禁止显示 FTP 服务器响应。
- -d　启用调试，显示在 FTP 客户端和 FTP 服务器之间传递的所有命令。
- -i　传送多个文件时禁用交互提示。
- -n　在建立初始连接后禁止自动登录功能。
- -g　禁用文件名组合。Glob 允许使用星号（*）和问号（?）作为本地文件和路径名的通配符。
- -s:FileName　指定包含 ftp 命令的文本文件。这些命令在启动 ftp 后自动运行。该参数不允许带有空格。使用此参数而不是重定向（<）。
- -a　指定绑定 FTP 数据连接时可以使用任何本地接口。
- -w:WindowSize　指定传输缓冲区的大小。默认窗口大小为 4096 字节。
- -A　匿名登录到 FTP 服务器。
- Host　指定要连接的计算机名、IP 地址或 FTP 服务器的 IPv6 地址。如果指定了主机名或地址，则其必须是命令行的最后一个参数。
- /?　在命令提示符下显示帮助信息。

4. 操作命令介绍

ftp 使用的内部命令如下(括号表示可选项):

(1)![cmd[args]]　在本地机中执行交互 shell、exit 回到 ftp 环境,如!ls*.zip。

(2)¥ macro—ame[args]　执行宏定义 macro—name。

(3)account[password]　提供登录远程系统成功后访问系统资源所需的补充口令。

(4)appendlocal—file[remote—file]　将本地文件追加到远程系统主机,若未指定远程系统文件名,则使用本地文件名。

(5)ascii　使用 ascii 类型传输方式。

(6)bell　每个命令执行完毕后计算机响铃一次。

(7)bin　使用二进制文件传输方式。

(8)bye　退出 ftp 会话过程。

(9)case　在使用 mget 时,将远程主机文件名中的大写字母转为小写字母。

(10)cd remote—dir　进入远程主机目录。

(11)cdup　进入远程主机目录的父目录。

(12)chmod modefile—name　将远程主机文件 file—name 的存取方式设置为 mode,如 chmod 777 a.out。

(13)close　中断与远程服务器的 ftp 会话(与 open 对应)。

(14)cr　使用 asscii 方式传输文件时,将回车换行转换为回行。

(15)delete remote—file　删除远程主机文件。

(16)debug[debug—value]　设置调试方式,显示发送至远程主机的每条命令,如 debup3,若设为 0,表示取消 debug。

(17)dir[remote—dir][local—file]　显示远程主机目录,并将结果存入 local—file。

(18)disconnection　同 close。

(19)form format　将文件传输方式设置为 format,缺省为 file 方式。

(20)getremote—file[local—file]　将远程主机的文件 remote—file 传至本地硬盘的 local—file。

(21)glob　设置 mdelete、mget、mput 的文件名扩展,缺省时不扩展文件名,同命令行的 —g 参数。

(22)hash　每传输 1024 字节,显示一个 hash 符号(#)。

(23)help[cmd]　显示 ftp 内部命令 cmd 的帮助信息,如 help get。

(24)idle[seconds]　将远程服务器的休眠计时器设为[seconds]秒。

(25)image　设置二进制传输方式(同 binary)。

(26)lcd[dir]　将本地工作目录切换至 dir。

(27)ls[remote—dir][local—file]　显示远程目录 remote—dir,并存入本地 local—file。

(28)macdef macro—name　定义一个宏,遇到 macdef 下的空行时,宏定义结束。

(29)mdelete[remote—file]　删除远程主机文件。

(30)mdir remote—files local—file　与 dir 类似,但可指定多个远程文件,如 mdir*.o.*.zipoutfile。

(31)mget remote—files　传输多个远程文件。

(32) mkdir dir－name　　在远程主机中建一目录。

(33) mls remote－file　　local－file 同 nlist，但可指定多个文件名。

(34) mode[mode－name]　　将文件传输方式设置为 mode－name，缺省为 stream 方式。

(35) modtime file－name　　显示远程主机文件的最后修改时间。

(36) mput local－file　　将多个文件传输至远程主机。

(37) newerfile－name　　如果远程机中 file－name 的修改时间比本地硬盘同名文件的时间更近，则重传该文件。

(38) nlist[remote－dir][local－file]　　显示远程主机目录的文件清单，并存入本地硬盘的 local－file。

(39) nmap[inpatternoutpattern]　　设置文件名映射机制，使得文件传输时，文件中的某些字符相互转换，如 nmap￥1.￥2.￥3[￥1,￥2].[￥2,￥3]，则传输文件 a1、a2、a3 时，文件名变为 a1、a2，该命令特别适用于远程主机为非 UNIX 机的情况。

(40) ntrans[inchars][outchars]　　设置文件名字符的翻译机制，如 ntrans1R,则文件名 LLL 将变为 RRR。

(41) open host[port]　　建立指定 ftp 服务器连接，可指定连接端口。

(42) passive　　进入被动传输方式。

(43) prompt　　设置多个文件传输时的交互提示。

(44) proxyftp－cmd　　在次要控制连接中，执行一条 ftp 命令，该命令允许连接两个 ftp 服务器，以在两个服务器间传输文件。第一条 ftp 命令必须为 open，以首先建立两个服务器间的连接。

(45) put local－file[remote－file]　　将本地文件 local－file 传送至远程主机。

(46) pwd　　显示远程主机的当前工作目录。

(47) quit　　同 bye，退出 ftp 会话。

(48) quote arg1,arg2……　　将参数逐字发至远程 ftp 服务器，如 quote syst。

(49) recv remote－file[local－file]　　同 get。

(50) regetremote－file[local－file]　　类似于 get，但若 local－file 存在，则从上次传输中断处续传。

(51) rhelp[cmd－name]　　请求获得远程主机的帮助。

(52) rstatus[file－name]　　若未指定文件名，则显示远程主机的状态，否则显示文件状态。

(53) rename[from][to]　　更改远程主机文件名。

(54) reset　　清除回答队列。

(55) restart marker　　从指定的标志 marker 处，重新开始 get 或 put，如 restart 130。

(56) rmdir dir－name　　删除远程主机目录。

(57) runique　　设置文件名唯一性存储，若文件存在，则在原文件后加后缀。

(58) send local－file[remote－file]　　同 put。

(59) sendport　　设置 PORT 命令的使用。

(60) site arg1,arg2……　　将参数作为 site 命令逐字发送至远程 ftp 主机。

(61) size file－name　　显示远程主机文件大小，如 size idle 7200。

(62) status　　显示当前 ftp 状态。

(63) struct[struct—name]　将文件传输结构设置为 struct—name，缺省时使用 stream 结构。

(64) sunique　将远程主机文件名存储设置为唯一（与 runique 对应）。

(65) system　显示远程主机的操作系统类型。

(66) tenex　将文件传输类型设置为 TENEX 机所需的类型。

(67) tick　设置传输时的字节计数器。

(68) trace　设置包跟踪。

(69) type[type—name]　设置文件传输类型为 type—name，缺省为 ascii，如 type binary，设置二进制传输方式。

(70) umask[newmask]　将远程服务器的缺省 umask 设置为 newmask，如 umask 3。

(71) useruser—name[password][account]　向远程主机表明自己的身份，需要口令时，必须输入口令，如 user anonymous my@email。

(72) verbose　同命令行的—v 参数，即设置详尽报告方式，ftp 服务器的所有响应都将显示给用户，缺省为 on。

(73) ?[cmd]　同 help。

3.8　telnet 命令

1. telnet 命令介绍

以虚拟终端模式登录远程服务器。

2. 语法

telnet [-d] [-a] [-n tracefile] [-e escapechar] [[-l user] host [port]]

3. 参数

- -d　设置调试开关的初始值为 true。
- -a　尝试自动登录。就目前而言，这个选项用于通过 ENVIRON 选项的 USER 变量发送用户名（如果远程主机支持这种用法的话）。如果函数 getlogin(2)返回的当前用户所用的名字与当前用户 ID 相一致，那么 USER 变量就为该命令返回的名字，否则为与当前用户 ID 对应的用户名。
- -n tracefile　打开 tracefile 文件以记录跟踪信息。
- -e escapechar　把 TELNET 转义字符的初始值设置为 escapechar。如果忽略本选项，则无转义字符。
- -l user　当连接至远程系统时，如果远程主机支持 ENVIRON 选项，则当前用户名将作为变量 USER 的值发送至远程主机。本选项自动包括-a 选项。
- host　表示远程主机的正式名称、别名或 IP 地址。
- port　端口号，即各种 Internet 应用程序地址。如未指明端口号，则使用 telnet 的缺省端口号。

如果 telnet 命令不带任何参数，则系统将进入 telnet 命令状态，其提示符是 telnet>。在提示符后可以使用各种 telnet 命令。比如，在提示符后键入 help 命令，可以得到 telnet 命令表。

4. 命令功能描述

- close 关闭当前连接。
- logout 强制退出远程用户并关闭连接。
- display 显示当前操作的参数。
- mode 试图进入命令行方式或字符方式。
- open 连接到某一站点。
- quit 退出。
- telnetsend 发送特殊字符。
- set 设置当前操作的参数。
- unset 复位当前操作参数。
- status 打印状态信息。
- toggle 对操作参数进行开关转换。
- slc 改变特殊字符的状态。
- auth 打开/关闭确认功能。
- z 挂起。
- telnetenviron 更改环境变量。
- ? 显示帮助信息。

这些命令均可采用缩写形式，只要相互之间不会产生冲突。telnet 命令一般都直接后跟节点名，表示将注册到指定的远方机器。例如：telnet ox6.ios.ac.cn。登录到远程主机后，就可以开始使用该机器上的资源及其所能提供的服务，甚至可以再次登录到其他主机。

说明：可能你已经注意到，"远程登录"中的"远程"只是一个逻辑上的概念。也就是说，你通过远程登录方式登录到的主机也许远在天涯，也许近在咫尺。

如果远程节点使用的 telnet 端口号不是标准 TCP 端口（telnet 的标准端口为 23），那么还需要在主机名后面附上相应的端口号。如下面的命令：

telnet eve.assumption.edu 5000

这个命令将使你登录到主机 eve.assumption.edu 的第 5000 号端口（你不妨试试看，这个端口实际上是一个很不错的去处，在那里你可以展示一下国际象棋方面的才华）。

说明：端口指的是远程机器上某个特定应用程序的位置。如果登录到远程主机时没有指定端口，那么它将认为你是一个固定用户，并希望你在进入系统之前输入有效的用户名和口令。当通过特定端口连接时，主机并不要求输入用户名，但是限制用户使用一种特殊的功能。

5. 退出

一旦登录到某个远程主机，你就成了该计算机的一个用户。我们知道，Internet 上各台主机的硬件环境、操作系统和应用程序存在很大的异构性。因此，其退出方式也不尽相同。就一般情形而言，你可以依次尝试使用 q、quit、exit、logout、Ctrl+D 或 done 等命令，也许其中某个命令可以帮助你结束本次操作，返回到 UNIX 提示状态下。如果尝试未告成功，不妨试用 Ctrl+]组合键返回 telnet>提示下，然后键入 close 或 quit 并按 Enter 键。比方说，如果你已经从 bjlad.public.bta.cn 主机远程登录到 ox6.ios.ac.cn 主机，现在希望回到本地机器，则可以输入 exit 命令，或用 Ctrl+]组合键返回 telnet>提示。这里假定你用 Ctrl+]组合键结束 telnet 连接。然后再输入 quit 命令，以希望回到 bjlad.public.bta.cn 主机的 UNIX 提示符下。这时的屏幕显示为：

```
telnet>quit
Connection closed.
```

telnet 命令介绍如图 3.2 所示。

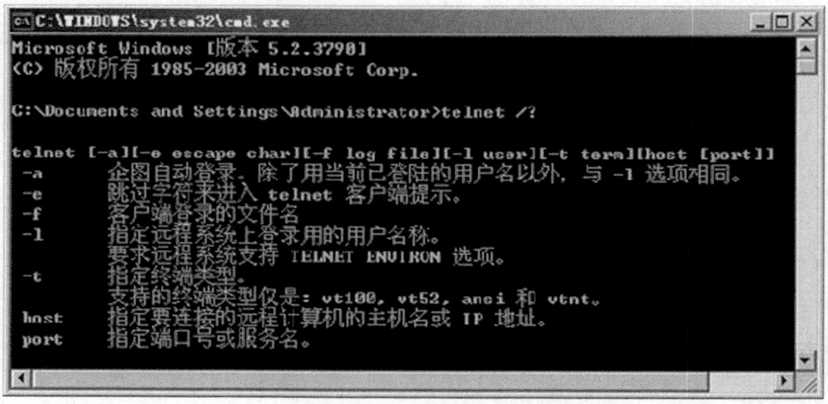

图 3.2   telnet 命令介绍

3.9   网络测试命令及实践

实验目的：

(1)掌握一些常见命令的使用。

(2)命令的含义和相关的操作。

实验器材：

装有系统的计算机

实验内容：

(1)掌握 ipconfig 命令的含义。

(2)掌握 ping 命令的含义。

(3)理解 netstat 命令的含义与应用。

(4)理解 tracert 命令的含义与应用。

(5)理解 nslookup 命令的含义与应用。

(6)理解 arp 命令的含义与应用。

(7)理解 telnet 的含义与应用。

1. ipconfig/all 命令的使用

ipconfig 命令是我们经常使用的命令，它可以查看网络连接的情况，比如本机的 ip 地址、子网掩码、dns 配置、dhcp 配置等，/all 参数就是显示所有配置的参数。在"开始"→"运行"弹出的对话框中输入"cmd"回车，弹出命令窗口，然后输入"ipconfig/all"回车，显示相应的地址，例如 IP 地址子网掩码等，如图 3.3 所示。

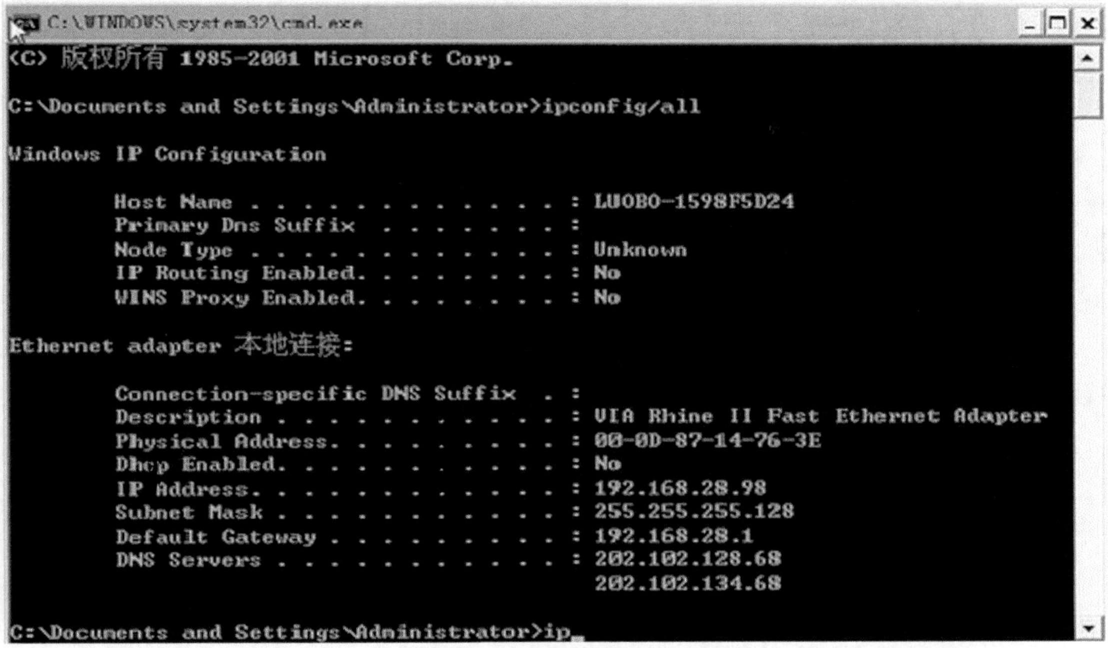

图 3.3　显示所有配置的参数

2. ping 的使用

常用参数选项如下：

- -t　连续对 IP 地址执行 ping 命令，直到被用户按 Ctrl+C 组合键中断。
- -a　以 IP 地址格式来显示目标主机的网络地址。
- -n　执行特定次数的 ping 命令。
- -l 2000　指定 ping 命令中的数据长度为 2000 字节，而不是缺省的 323 字节。
- -f　在包中发送“不分段”标志。该包将不被路由上的网关分段。
- -i TTL　将“生存时间”字段设置为 ttl 指定的数值。
- -v TOS　将“服务类型”字段设置为 tos 指定的数值。
- -r count　在“记录路由”字段中记录发出报文和返回报文的路由。指定的 count 值最小可以是 1，最大可 9。
- -s count　指定由 count 指定的转发次数的时间戳。
- -j host-list　经过由 host-list 指定的计算机列表的路由报文。中间网关可能分隔连续的计算机（松散的源路由）。允许的最大 IP 地址数目是 9。
- -k host-list　经过由 host-list 指定的计算机列表的路由报文。中间网关可能分隔连续的计算机（严格源路由）。允许的最大 IP 地址数目是 9。
- -w timeout　以毫秒为单位指定超时间隔。

在“开始”→“运行”弹出的对话框中输入“cmd”回车，弹出命令窗口，然后输入“ping”回车，显示相应的内容，如图 3.4 所示。

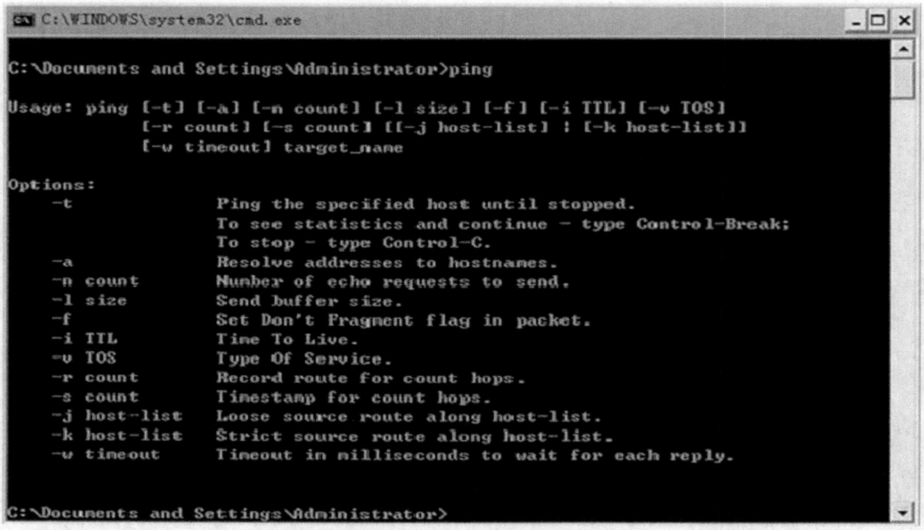

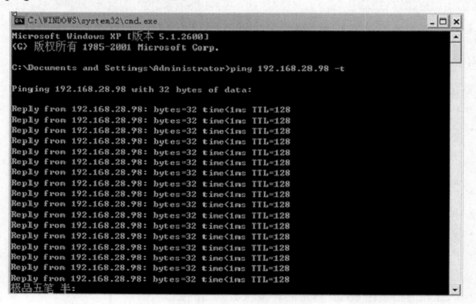

图 3.4　ping 命令参数

（1）ping -t 的使用，如图 3.5 所示。

图 3.5　ping -t 命令执行

输入 ping IP -t，如图 3.5 所示。这些表示可以正常访问 Internet。解释一下 TTL：生存时间，指定数据报被路由器丢失之前允许通过的网段数量。TTL 是由发送主机设置的，以防止数据包不断地在 IP 互联网上永不终止地循环。转发 IP 数据包时，要求路由器至少将 TTL 减小 1。

注意：网速等于≈（发送的字节数/返回的时间[毫秒]）K 字节。

注意：如果你的机器 TTL 是 251 的话，那说明机器的注册表被人修改了。如图 3.6 所示，数据包发送=100，接收=100。

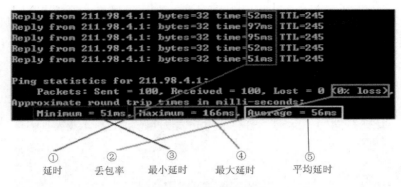

①延时　②丢包率　③最小延时　④最大延时　⑤平均延时

图 3.6　ping 命令解释图

（2）ping -n 的使用。例如：ping 192.168.28.101 -n 3 可以向这个 IP ping 三次才终止操作，n 代表次数。

（3）ping -1 的使用，如图 3.7 所示。向这个 IP 用户发送 2000 字节；如果你想终止的话可以按 Ctrl+C 组合键终止操作。

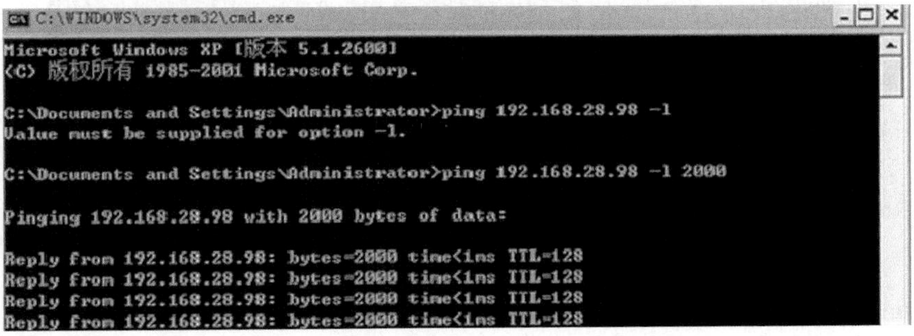

图 3.7　ping -1 命令

（4）ping -t -1 的组合使用，如图 3.8 所示。向这个 IP 用户连续地发送 2000 字节。

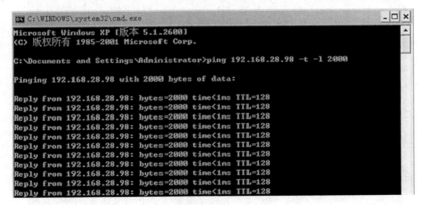

图 3.8　ping -t -1 命令

3．netstat 命令的使用

在"开始"→"运行"弹出的窗口中输入"cmd"回车，弹出命令窗口，然后输入"netstat"回车，如图 3.9 所示。

netstat 是 DOS 命令，是一个监控 TCP/IP 网络的非常有用的工具，它可以显示路由表、实际的网络连接以及每一个网络接口设备的状态信息。netstat 用于显示与 IP、TCP、UDP 和 ICMP 协议相关的统计数据，一般用于检验本机各端口的网络连接情况。

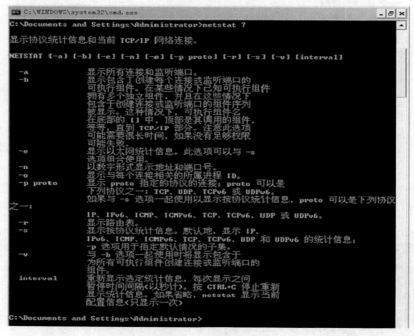

图 3.9　netstat 命令

（1）netstat -a 的使用，如图 3.10 所示。

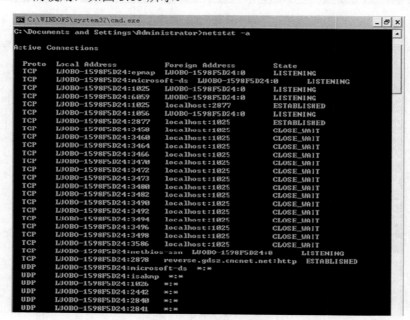

图 3.10　netstat -a 命令

（2）netstat -e 的使用，如图 3.11 所示。

图 3.11　netstat -e 命令

（3）netstat -n 的使用，如图 3.12 所示。

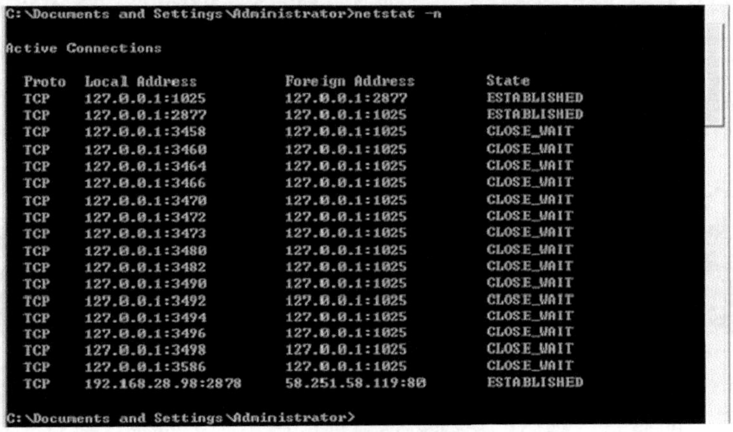

图 3.12　netstat -n 命令

4．tracert 命令的使用

tracert（跟踪路由）是路由跟踪实用程序，用于确定 IP 数据报访问目标的路径。tracert 命令用 IP 生存时间（TTL）字段和 ICMP 错误消息来确定从一个主机到网络上其他主机的路由，如图 3.13 所示。

图 3.13　tracert 命令

参数选项如下：

- -d　指定不将 IP 地址解析到主机名称。
- -h maximum_hops　指定跃点数以跟踪到名为 target_name 的主机的路由。
- -j host-list　指定 tracert 实用程序数据包所采用路径中的路由器接口列表。
- -w timeout　等待，timeout 为每次回复所指定的毫秒数。

5. nslookup 命令的使用

如图 3.14 所示，nslookup 是 NT、2000 中连接 DNS 服务器，查询域名信息的一个非常有用的命令，是由 local DNS 的 cache 中直接读出来的，而不是 local DNS 向真正负责这个 domain 的 name server 询问来的。

nslookup 必须要安装了 TCP/IP 协议的网络环境之后才能使用。

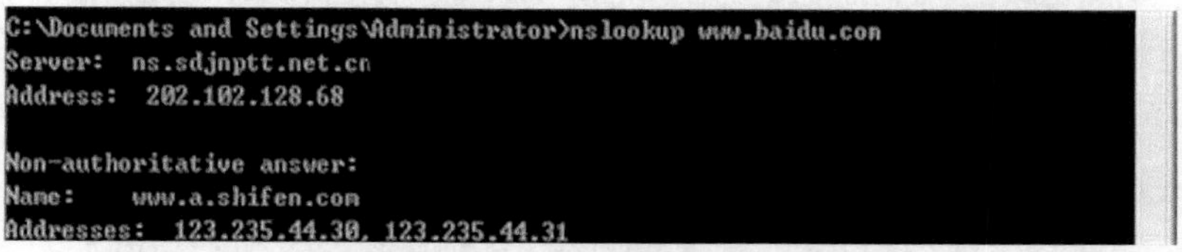

图 3.14　执行 nslookup 命令一

以上结果显示，正在工作的 DNS 服务器的主机名为 ns.sdjnptt.net.cn，它的 IP 地址是 202.102.128.68。

（1）把 123.235.44.38 地址反向解析成 www.baidu.com，如图 3.15 所示。

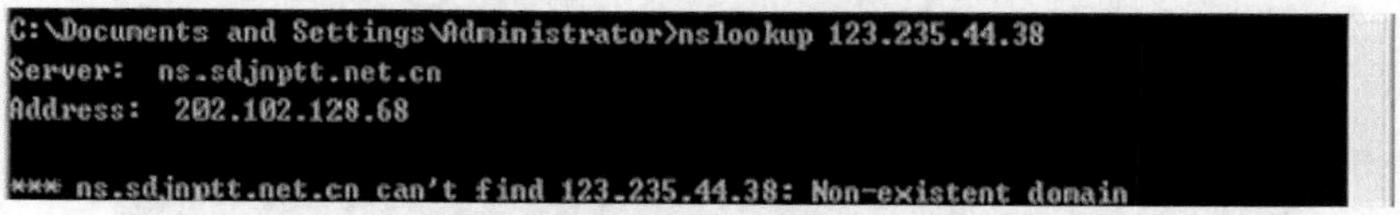

图 3.15　执行 nslookup 命令二

（2）如果出现下面这些，说明测试主机在目前的网络中，根本没有找到可以使用的 DNS 服务器。

```
*** Can't find server name for domain: No response from server
*** Can't repairpc.nease.net : Non-existent domain
```

（3）如果出现下面这些，说明网络中 DNS 服务器 ns-px.online.sh.cn 在工作，却不能实现域名 www.baidu.com 的正确解析。

```
Server: ns-px.online.sh.cn
Address: 202.96.209.5
*** ns-px.online.sh.cn can't find www.baidu.com Non-existent domain
```

6. ARP 命令的使用

ARP 协议是"Address Resolution Protocol"（地址解析协议）的缩写。

在局域网中，网络中实际传输的是"帧"，帧里面是有目标主机的 MAC 地址的。

·-a　通过询问 TCP/IP 显示当前 ARP 项。如果指定了 inet_addr，则只显示指定计算机的 IP 和物理地址。

·-g　与-a 相同。

inet_addr　以加点的十进制标记指定 IP 地址。

·-N　显示由 if_addr 指定的网络界面 ARP 项。

·if_addr　指定需要修改其地址转换表接口的 IP 地址（如果有的话）。如果不存在，将使用第一个可适用的接口。

- -d　删除由 inet_addr 指定的项。
- -s　在 ARP 缓存中添加项，将 IP 地址 inet_addr 和物理地址 eth_addr 关联。物理地址由以连字符分隔的 6 个十六进制字节给定。使用带点的十进制标记指定 IP 地址。项是永久性的，即在超时到期后项自动从缓存删除。
- eth_addr　指定物理地址。

ARP 命令参数如图 3.16 所示。

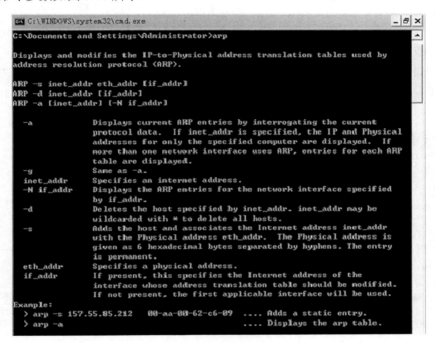

图 3.16　ARP 命令

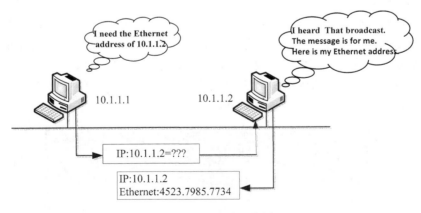

图 3.17　ARP 命令工作原理

ARP 工作原理如图 3.17 所示。主机 10.1.1.1 要同 10.1.1.2 通信，首先查找自己的 ARP 缓存，若没有 10.1.1.2 的缓存记录则发出如下的广播包："我是主机 10.1.1.1，我的 MAC 是 00-58-4C-00-03-B0，IP 为 10.1.1.2 的主机请告之你的 MAC 来。" IP 为 10.1.1.2 的主机响应这个广播，应答 ARP 广播为：“我是 10.1.1.2，我的 MAC 是 0E-59-4C-00-33-B0。”于是，主机 10.1.1.1 刷新自己的 ARP 缓存，然后发出该 IP 包。

7. telnet 命令的使用

telnet 是传输控制协议 / 因特网协议(TCP / IP)网络(如 Internet)登录和仿真程序。它最初是由 ARPANET 开发的，但是现在它主要用于 Internet 会话。它的基本功能是，允许用户登录远程主机系统。起初，它只是让用户的本地计算机与远程计算机连接，从而成为远程主机的一个终端。它的一些较新的版本在本地执行更多的处理，于是可以提供更好的响应，并且减少了通过链路发送到远程主机的信息数量。

例如：如果你在家可以向远程你在学校的机器设置一下，在桌面上右击“我的电脑”，选择“管理”，打开“计算机管理”窗口，选择“本地用户和组”选项，如图 3.18 所示。

双击“用户”，出现如图 3.19 所示界面。

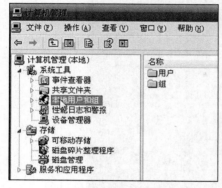

图 3.18　“计算机管理”窗口

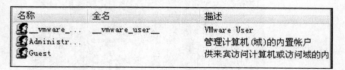

图 3.19　用户设置

在 Administrator 上右击，选择“设置密码”，弹出“设置密码”对话框，单击继续给用户设置密码，这样就可以了。

远程计算机过程如下：

单击“开始”→“程序”→“附件”→“远程桌面连接”，弹出“远程桌面连接”对话框，如图 3.20 所示。在“计算机”处输入你要远程计算机的 IP 地址，单击“连接”按钮就会出现如图 3.21 所示的用户登录界面。输入“用户名”，然后输入“密码”，单击“确定”按钮就可以登录到远程电脑桌面了，如图 3.22 所示。

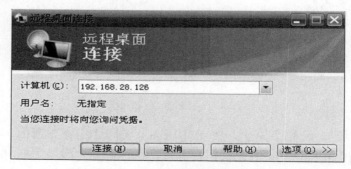

图 3.20　“远程桌面连接”对话框

图 3.21　用户登录界面

图 3.22　远程用户桌面

实验总结：

通过这次实验，使学生懂得了一些常用的命令。可以用命令查看一些相关的参数。

第 4 章　以太网组建及文件共享

4.1　以太网简介

以太网最早由 Xerox（施乐）公司创建，于 1980 年由 DEC、lntel 和 Xerox 三家公司联合开发成为一个标准。以太网是应用最为广泛的局域网，包括标准的以太网（10Mbps）、快速以太网（100Mbps）和 10G（10Gbps）以太网，采用的是 CSMA/CD 访问控制法，它们都符合 IEEE802.3。

IEEE802.3 规定了包括物理层的连线、电信号和介质访问层协议的内容。以太网是当前应用最普遍的局域网技术，它在很大程度上取代了其他局域网标准，如令牌环、FDDI 和 ARCNET。历经 100M 以太网在上世纪末的飞速发展后，目前千兆以太网甚至 10G 以太网正在国际组织和领军企业的推动下不断拓展应用范围。

常见的 802.3 应用如下。

- 10M：10Base-T（铜线 UTP 模式）
- 100M：100Base-TX（铜线 UTP 模式）
- 100base-FX（光纤线）
- 1000M：1000Base-T（铜线 UTP 模式）

以太网分为标准以太网、快速以太网、千兆以太网及万兆以太网。

1.　标准以太网

开始以太网只有 10Mbps 的吞吐量，使用的是带有冲突检测的载波侦听多路访问（Carrier Sense Multiple Access/Collision Detection，CSMA/CD）的访问控制方法。这种早期的 10Mbps 以太网称为标准以太网，以太网可以使用粗同轴电缆、细同轴电缆、非屏蔽双绞线、屏蔽双绞线和光纤等多种传输介质进行连接。在 IEEE802.3 标准中，为不同的传输介质制定了不同的物理层标准，在这些标准中前面的数字表示传输速度，单位是"Mbps"，最后的一个数字表示单段网线长度（基准单位是 100m），Base 表示"基带"的意思，Broad 代表"宽带"。

（1）10Base－5：使用直径为 0.4 英寸、阻抗为 50Ω 粗同轴电缆，也称粗缆以太网，最大网段长度为 500m。基带传输方法，拓扑结构为总线型。10Base－5 组网主要硬件设备有，粗同轴电缆、带有 AUI 插口的以太网卡、中继器、收发器、收发器电缆、终结器等。

（2）10Base－2：使用直径为 0.2 英寸、阻抗为 50Ω 细同轴电缆，也称细缆以太网，最大网段长度为 185m，基带传输方法，拓扑结构为总线型。10Base－2 组网主要硬件设备有，细同轴电缆、带有 BNC 插口的以太网卡、中继器、T 型连接器、终结器等。

（3）10Base－T：使用双绞线电缆，最大网段长度为 100m，拓扑结构为星型。10Base－T 组网主要硬件设备有，三类或五类非屏蔽双绞线、带有 RJ-45 插口的以太网卡、集线器、交换机、RJ-45 插头等。

（4）1Base－5：使用双绞线电缆，最大网段长度为 500m，传输速度为 1Mbps；10Broad－

36，使用同轴电缆（RG－59/U CATV），网络的最大跨度为 3600m，网段长度最大为 1800m，是一种宽带传输方式。

（5）10Base－F：使用光纤传输介质，传输速率为 10Mbps。

2. 快速以太网

随着网络的发展，传统标准的以太网技术已难以满足日益增长的网络数据流量速度需求。在 1993 年 10 月以前，对于要求 10Mbps 以上数据流量的 LAN 应用，只有光纤分布式数据接口（FDDI）可供选择，但它是一种价格非常昂贵的、基于 100Mpbs 光缆的 LAN。1993 年 10 月，Grand Junction 公司推出了世界上第一台快速以太网集线器 Fastch10/100 和网络接口卡 FastNIC100，快速以太网技术正式得以应用。随后 Intel、SynOptics、3COM、BayNetworks 等公司亦相继推出自己的快速以太网装置。与此同时，IEEE802 工程组也对 100Mbps 以太网的各种标准，如 100Base－TX、100Base－T4、MⅡ、中继器、全双工等标准进行了研究。1995 年 3 月，IEEE 宣布了 IEEE802.3u 100Base－T 快速以太网标准（Fast Ethernet），就这样快速以太网的时代开始了。

快速以太网与原来在 100Mbps 带宽下工作的 FDDI 相比具有许多的优点，最主要体现在快速以太网技术可以有效地保障用户在布线基础实施上的投资，它支持三、四、五类双绞线以及光纤的连接，能有效地利用现有的设施。快速以太网的不足其实也是以太网技术的不足，那就是快速以太网仍是基于 CSMA/CD 技术，当网络负载较重时，会造成效率的降低，当然这可以使用交换技术来弥补。100Mbps 快速以太网标准又分为：100Base－TX、100Base－FX、100Base－T4 三个子类。

（1）100Base－TX：是一种使用五类数据级无屏蔽双绞线或屏蔽双绞线的快速以太网技术。它使用两对双绞线，一对用于发送，一对用于接收数据。在传输中使用 4B/5B 编码方式，信号频率为 125MHz。符合 EIA586 的五类布线标准和 IBM 的 SPT 1 类布线标准。使用与 10Base－T 相同的 RJ-45 连接器。它的最大网段长度为 100m，支持全双工的数据传输。

（2）100Base－FX：是一种使用光缆的快速以太网技术，可使用单模和多模光纤（62.5 和 125μm）。多模光纤连接的最大距离为 550m。单模光纤连接的最大距离为 3000m。在传输中使用 4B/5B 编码方式，信号频率为 125MHz。它使用 MIC/FDDI 连接器、ST 连接器或 SC 连接器。它的最大网段长度为 150m、412m、2000m 或更长至 10km，这与所使用的光纤类型和工作模式有关。它支持全双工的数据传输。100Base－FX 特别适合在有电气干扰的环境、较大距离连接或高保密环境等情况下使用。

（3）100Base－T4：是一种可使用三、四、五类无屏蔽双绞线或屏蔽双绞线的快速以太网技术。100Base－T4 使用 4 对双绞线，其中 3 对用于在 33MHz 的频率上传输数据，每一对均工作于半双工模式。第 4 对用于 CSMA/CD 冲突检测。在传输中使用 8B/6T 编码方式，信号频率为 25MHz，符合 EIA586 结构化布线标准。它使用与 10Base－T 相同的 RJ-45 连接器，最大网段长度为 100m。

3. 千兆以太网

千兆以太网技术作为最新的高速以太网技术，给用户带来了提高核心网络的有效解决方案，这种解决方案的最大优点是继承了传统以太技术价格便宜的优点。千兆技术仍然是以太技术，它采用了与 10M 以太网相同的帧格式、帧结构、网络协议、全/半双工工作方式、流控模式以及布线系统。由于该技术不改变传统以太网的桌面应用、操作系统，因此可与 10M 或 100M 的以太网很好地配合工作。升级到千兆以太网不必改变网络应用程序、网管部件和网络操作系统，能够最大程度地保护投资。此外，IEEE 标准将支持最大距离为 550m 的多模光纤、最大距离为 70km 的单模光纤和最大距离为 100m 的铜轴电缆。千兆以太网填补了 802.3 以太网/快速以太网标准的不足。

为了能够侦测到 64Bytes 资料框的碰撞，千兆以太网（Gigabit Ethernet）所支持的距离更短。Gigabit Ethernet 支持的网络类型如表 4.1 所示。

表 4.1　不同介质传输距离表

传输介质	距离
1000Base－CX Copper STP	25m
1000Base－T Copper Cat 5 UTP	100m
1000Base－SX Multi-mode Fiber	500m
1000Base－LX Single-mode Fiber	3000m

千兆以太网技术有两个标准：IEEE802.3z 和 IEEE802.3ab。IEEE802.3z 制定了光纤和短程铜线连接方案的标准。IEEE802.3ab 制定了五类双绞线上较长距离连接方案的标准。

1）IEEE802.3z

IEEE802.3z 工作组负责制定光纤（单模或多模）和同轴电缆的全双工链路标准。IEEE802.3z 定义了基于光纤和短距离铜缆的 1000Base－X，采用 8B/10B 编码技术，信道传输速度为 1.25Gbps，去耦后实现 1000Mbps 传输速度。IEEE802.3z 具有下列千兆以太网标准：

- 1000Base–SX　只支持多模光纤，可以采用直径为 62.5μm 或 50μm 的多模光纤，工作波长为 770～860nm，传输距离为 220～550m。
- 1000Base－LX　单模光纤，可以支持直径为 9μm 或 10μm 的单模光纤，工作波长范围为 1270～1355nm，传输距离为 5km 左右。
- 1000Base－CX　采用 150 欧屏蔽双绞线（STP），传输距离为 25m。

2）IEEE802.3ab

IEEE802.3ab 工作组负责制定基于 UTP 的半双工链路的千兆以太网标准，产生 IEEE802.3ab 标准及协议。IEEE802.3ab 定义基于五类 UTP 的 1000Base－T 标准，其目的是在五类 UTP 上以 1000Mbps 速率传输 100m。IEEE802.3ab 标准的意义主要有两点：

（1）保护用户在五类 UTP 布线系统上的投资。

（2）1000Base－T 是 100Base－T 自然扩展，与 10Base－T、100Base－T 完全兼容。不过，在五类 UTP 上达到 1000Mbps 的传输速率需要解决五类 UTP 的串扰和衰减问题，因此，使 IEEE802.3ab 工作组的开发任务要比 IEEE802.3z 复杂些。

4.　万兆以太网

万兆以太网规范包含在 IEEE 802.3 标准的补充标准 IEEE 802.3ae 中，它扩展了 IEEE 802.3 协议和 MAC 规范，使其支持 10Gbps 的传输速率。除此之外，通过 WAN 界面子层（WAN interface sublayer，WIS），万兆以太网也能被调整为较低的传输速率，如 9.584640 Gbps（OC-192），这就允许万兆以太网设备与同步光纤网络（SONET）STS-192c 传输格式相兼容。

（1）10GBase-SR 和 10GBase-SW 主要支持短波（850nm）多模光纤（MMF），光纤距离为 2～300m。10GBase-SR 主要支持"暗光纤"（dark fiber），暗光纤是指没有光传播并且不与任何设备连接的光纤。

（2）10GBase-SW 主要用于连接 SONET 设备，它应用于远程数据通信。

（3）10GBase-LR 和 10GBase-LW 主要支持长波（1310nm）单模光纤（SMF），光纤距离为 2～10km。10GBase-LW 主要用来连接 SONET 设备，10GBase-LR 则用来支持"暗光纤"。

（4）10GBase-ER 和 10GBase-EW 主要支持超长波（1550nm）单模光纤（SMF），光纤距离为 2～40km。10GBase-EW 主要用来连接 SONET 设备，10GBase-ER 则用来支持"暗光纤"。

（5）10GBase-LX4 采用波分复用技术，在单对光缆上以 4 倍光波长发送信号。系统运行在 1310nm 的多模或单模暗光纤方式下。该系统的设计目标是针对于 2～300m 的多模光纤模式或 2～10km 的单模光纤模式。

4.2　以太网的工作原理

1.　以太网的连接

以太网的拓扑结构主要有总线型和星型。总线型需要的电缆较少，价格便宜，管理成本高，不易隔离故障点，采用共享的访问机制，易造成网络拥塞。早期以太网多使用总线型的拓扑结构，采用同轴缆作为传输介质，连接简单，通常在小规模的网络中不需要专用的网络设备。但由于它存在的固有缺陷，已经逐渐被以集线器和交换机为核心的星型网络所代替。星型网络管理方便、容易扩展，需要专用的网络设备作为网络的核心节点，需要更多的网线，对核心设备的可靠性要求高。采用专用的网络设备（如集线器或交换机）作为核心节点，通过双绞线将局域网中的各台主机连接到核心节点上，这就形成了星型结构。星型网络虽然需要的线缆比总线型多，但布线和连接器比总线型的要便宜。此外，星型拓扑可以通过级联的方式很方便地将网络扩展到很大的规模，因此得到了广泛的应用，被绝大部分的以太网所采用。

以太网采用带冲突检测的载波帧听多路访问（CSMA/CD）机制。以太网中节点都可以看到在网络中发送的所有信息，因此，我们说以太网是一种广播网络。

2.　以太网的工作过程

当以太网中的一台主机要传输数据时，它将按如下步骤进行：

（1）监听信道上是否有信号在传输。如果有的话，表明信道处于忙状态，就继续监听，直到信道空闲为止。

（2）若没有监听到任何信号，就传输数据。

（3）传输的时候继续监听，如发现冲突则执行退避算法，随机等待一段时间后，重新执行步骤 1（当冲突发生时，涉及冲突的计算机会返回到监听信道状态。注意：每台计算机一次只允许发送一个包、一个拥塞序列，以警告所有的节点）。

（4）若未发现冲突则发送成功，所有计算机在试图再一次发送数据之前，必须在最近一次发送后等待 9.6 微秒（以 10Mbps 运行）。

3. 帧结构以太网帧

以太网的帧是数据链路层的封装,网络层的数据包被加上帧头和帧尾成为可以被数据链路层识别的数据帧(成帧)。虽然帧头和帧尾所用的字节数是固定不变的,但依被封装的数据包大小的不同,以太网的长度也在变化,其范围是 64～1518 字节(不算 8 字节的前导字)。

4. 冲突/冲突域

(1)冲突(Collision):在以太网中,当两个数据帧同时被发到物理传输介质上,并完全或部分重叠时,就发生了数据冲突。当冲突发生时,物理网段上的数据都不再有效。

(2)冲突域:在同一个冲突域中的每一个节点都能收到所有被发送的帧。

(3)影响冲突产生的因素:冲突是影响以太网性能的重要因素,由于冲突的存在使得传统的以太网在负载超过 40%时,效率将明显下降。产生冲突的原因有很多,如同一冲突域中节点的数量越多,产生冲突的可能性就越大。此外,诸如数据分组的长度(以太网的最大帧长度为 1518 字节)、网络的直径等因素也会导致冲突的产生。因此,当以太网的规模增大时,就必须采取措施来控制冲突的扩散。通常的办法是使用网桥和交换机将网络分段,将一个大的冲突域划分为若干小冲突域。

5. 广播/广播域

(1)广播:在网络传输中,向所有连通的节点发送消息称为广播。

(2)广播域:网络中能接收任何一设备发出的广播帧的所有设备的集合。

(3)广播和广播域的区别:广播域指网络中所有的节点都可以收到传输的数据帧,不管该帧是否是发给这些节点。非目的节点的主机虽然收到该数据帧但不做处理。

广播是指由广播帧构成的数据流量,这些广播帧以广播地址(地址的每一位都为"1")为目的地址,告之网络中所有的计算机接收此帧并处理它。

6. 共享式以太网

共享式以太网的典型代表是使用 10Base-2/10Base-5 的总线型网络和以集线器(集线器)为核心的星型网络。在使用集线器的以太网中,集线器将很多以太网设备集中到一台中心设备上,这些设备都连接到集线器中的同一物理总线结构中。从本质上讲,以集线器为核心的以太网同原来的总线型以太网无根本区别。

1)集线器的工作原理

集线器并不处理或检查其上的通信量,仅通过将一个端口接收的信号重复分发给其他端口来扩展物理介质。所有连接到集线器的设备共享同一介质,其结果是它们也共享同一冲突域、广播和带宽。因此集线器和它所连接的设备组成了一个单一的冲突域。如果一个节点发出一个广播信息,集线器会将这个广播传播给所有同它相连的节点,因此它也是一个单一的广播域。

2)集线器的工作特点

集线器多用于小规模的以太网,由于集线器一般使用外接电源(有源),对其接收的信号有放大处理。在某些场合,集线器也被称为"多端口中继器"。

集线器同中继器一样都是工作在物理层的网络设备。

3)共享式以太网存在的弊端

由于所有的节点都接在同一冲突域中，不管一个帧从哪里来或到哪里去，所有的节点都能接收到这个帧。随着节点的增加，大量的冲突将导致网络性能急剧下降。而且集线器同时只能传输一个数据帧，这意味着集线器的所有端口都要共享同一带宽。

7. 交换式以太网

在交换式以太网中，交换机根据收到的数据帧中的 MAC 地址决定数据帧应发向交换机的哪个端口。因为端口间的帧传输彼此屏蔽，因此节点就不担心自己发送的帧在通过交换机时是否会与其他节点发送的帧产生冲突。

为什么要用交换式网络替代共享式网络呢？

(1)减少冲突：交换机将冲突隔绝在每一个端口(每个端口都是一个冲突域)，避免了冲突的扩散。

(2)提升带宽：接入交换机的每个节点都可以使用全部的带宽，而不是各个节点共享带宽。

8. 以太网交换机

1)交换机的工作原理

(1)交换机根据收到数据帧中的源 MAC 地址建立该地址同交换机端口的映射，并将其写入 MAC 地址表中。

(2)交换机将数据帧中的目的 MAC 地址同已建立的 MAC 地址表进行比较，以决定由哪个端口进行转发。

(3)如数据帧中的目的 MAC 地址不在 MAC 地址表中，则向所有端口转发。这一过程称为泛洪(flood)。

(4)广播帧和组播帧向所有的端口转发。

2)交换机的 3 个主要功能

(1)学习：以太网交换机了解每一端口相连设备的 MAC 地址，并将地址同相应的端口映射起来存放在交换机缓存中的 MAC 地址表中。

(2)转发/过滤：当一个数据帧的目的地址在 MAC 地址表中有映射时，它被转发到连接目的节点的端口而不是所有端口(如该数据帧为广播/组播帧则转发至所有端口)。

(3)消除回路：当交换机包括一个冗余回路时，以太网交换机通过生成树协议避免回路的产生，同时允许存在后备路径。

3)交换机的工作特性

(1)交换机的每一个端口所连接的网段都是一个独立的冲突域。

(2)交换机所连接的设备仍然在同一个广播域内，也就是说，交换机不隔绝广播(唯一的例外是在配有 VLAN 的环境中)。

(3)交换机依据帧头的信息进行转发，因此说交换机是工作在数据链路层的网络设备。

4)交换机的操作模式

交换机处理帧有两种不同的操作模式。

（1）存储转发：交换机在转发之前必须接收整个帧，并进行检错，如无错误再将这一帧发向目的地址。帧通过交换机的转发时延随帧长度的不同而变化。

（2）直通式：交换机只要检查到帧头中所包含的目的地址就立即转发该帧，而无需等待帧全部被接收，也不进行错误校验。由于以太网帧头的长度总是固定的，因此帧通过交换机的转发时延也保持不变。

注意：直通式的转发速度大大快于存储转发模式，但可靠性要差一些，因为可能转发冲突帧或带 CRC 错误的帧。

4.3　共享式以太网组网原理及实践

实验目的：

（1）掌握组建共享式以太网的技术与方法：网卡、安装配置、连通性测试等。

（2）认识简单的网络拓扑结构。

实验环境：

网卡、集线器、Windows 2000 计算机系统

实验内容及步骤：

（1）安装网卡，以及配置网卡驱动程序。

（2）配置 TCP/IP 协议。

（3）组装多集线器网络。

（4）进行网络连通性测试。

实验过程：

1）组建以太网的主要步骤

（1）安装以太网卡。

（2）将计算机接入网络。

（3）安装配置网卡驱动程序。

（4）安装和配置 TCP/IP 协议。

（5）组装多集线器网络，使用直通 UTP 电缆，如图 4.1 所示。

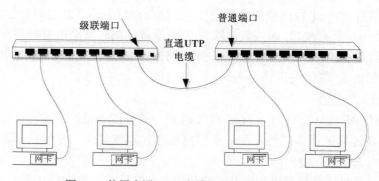

图 4.1　使用直通 UTP 电缆组装多集线器网络图

（6）组装多集线器网络，使用交叉 UTP 电缆，如图 4.2 所示。

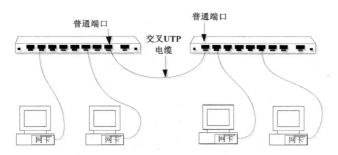

图 4.2　使用交叉 UTP 电缆组装多集线器网络图

2）网卡驱动程序的安装和配置

（1）驱动程序的主要功能：实现网络操作系统上层程序与网卡的接口。

（2）网卡驱动程序因网卡和操作系统的不同而异。

（3）驱动程序一般随同网卡一起发售，但有些常用的驱动程序也可以在操作系统安装盘中找到。操作系统会自动安装好驱动程序。

（4）在支持"即插即用"的操作系统中使用"即插即用"型网卡，不需要手工安装和配置（中断号的分配等），只要安装好驱动程序即可。

（5）手工安装（Windows 系统）：开始|设置|控制面板|添加/删除硬件；再根据提示进行操作。

3）TCP/IP 协议的安装和配置

（1）通过控制面板网络选项，添加 TCP/IP 协议。

从"控制面板"选中"网络"双击，打开后如果在网络组件中没有发现"TCP/IP"兼容协议，则需要单击"添加"按钮，然后双击对话框中的"协议"。打开网络协议选择界面，如图 4.3 所示。

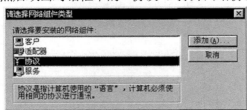

图 4.3　网络组件类型

在左边厂商中选择"Microsoft"，右边网络协议里选择"TCP/IP"，然后单击"确定"按钮，如图 4.4 所示。

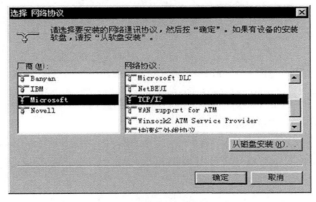

图 4.4　网络协议选择界面

在网络组件中增加了"TCP/IP"兼容协议，单击"确定"按钮。

（2）TCP/IP协议的配置。

打开"本地连接属性"对话框，如图4.5所示。选择"Internet协议（TCP/IP）"，然后再单击"属性"按钮，出现"Internet协议（TCP/IP）属性"对话框，如图4.6所示。

图4.5　"本地连接属性"对话框

在该对话框中，选择"使用下面的IP地址"单选项，在IP地址框中输入相应的IP地址和子网掩码，然后单击"确定"按钮返回。

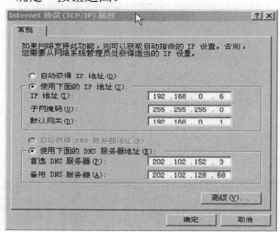

图4.6　"Internet协议（TCP/IP）属性"对话框

4）网络连通性测试方法

（1）观察集线器和网卡状态指示灯的变化。

将网线一端插入集线器的RJ-45端口，一端插入网卡的RJ-45端口，这时观察端口边的指示灯变化情况。如果指示灯亮，表明网络连接正常；如果指示灯亮，并且闪，表明这时有数据传输。

（2）利用高层命令和软件（如ping命令等）测试，如图4.7所示。

```
C:\WINNT\system32\cmd.e                                              _ □ ×
Microsoft Windows 2000 [Version 5.00.2195]
(C) 版权所有 1985-2000 Microsoft Corp.

C:\Documents and Settings\tx>ping 10.1.24.1

Pinging 10.1.24.1 with 32 bytes of data:

Reply from 10.1.24.1: bytes=32 time<10ms TTL=64
Reply from 10.1.24.1: bytes=32 time=16ms TTL=64
Reply from 10.1.24.1: bytes=32 time<10ms TTL=64
Reply from 10.1.24.1: bytes=32 time<10ms TTL=64

Ping statistics for 10.1.24.1:
    Packets: Sent = 4, Received = 4, Lost = 0 (0% loss),
Approximate round trip times in milli-seconds:
    Minimum = 0ms, Maximum =  16ms, Average =  4ms

C:\Documents and Settings\tx>
```

图 4.7 ping 命令测试网络

实验总结：

这个实验让学生掌握共享式以太网组建的要领，掌握怎样来安装网卡，怎样配置 TCP/IP 协议，以及网络连通的各种测试方法。

实验思考题：

(1)连接在同一网段上的计算机，如果有两台或两台以上的计算机使用相同的 IP 地址，会出现什么情况？

(2)如果在一个网络中，某台计算机 ping 另外一台主机不通，而 ping 其他 IP 主机均能通，则故障的可能原因有哪些？

4.4 对等网和文件共享原理及实践

实验目的：

(1)掌握对等网的组建。

(2)掌握文件共享。

实验器材：

交叉线、测线仪、PC 机(两台为一组)、Windows XP

实验内容：

创建对等网及在对等网中进行文件共享。

1)何为对等网

每台计算机的地位平等，都允许使用其他计算机内部的资源，这种网就称为对等局域网，简称对等网。对等网，又称点对点网络(Peer To Peer)，指不使用专门的服务器，各终端机既是服务提供者(服务器)，又是网络服务申请者。组建对等网的重要组件之一是网卡，各联网机均需配置一块网卡。

2)对等网的组建

(1)要有交叉线，用测线仪测试一下交叉线是否可用(见 2.4 节)。然后，用交叉线把两台 Windows XP 系统的 PC 机连接起来，如图 4.8 所示。

图 4.8 对等网组建图

（2）连接起来后给两台 PC 机设置相同网段的 IP 地址（如：192.168.28.101 和 192.168.28.103）。设置完 IP 地址后使用 ping 命令进行测试，如图 4.9 所示为测试成功。

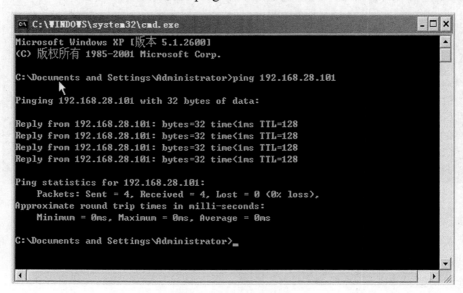

图 4.9　ping 命令测试

（3）打开"网上邻居"，选择左侧窗口"网络任务"中的"查看工作组计算机"选项，如图 4.10 所示。

窗口右侧将显示相连的两台 PC 机的计算机名，如图 4.11 所示。

图 4.10　"网络任务"窗口

图 4.11　显示工作组中的计算机

这时双击 Luobo-152ba447e 会出现如图 4.12 所示的窗口。

这说明对等网已经建好，但是没有开启"网络共享和安全"。开启方法如下：右击任意文件夹，在快捷菜单中选择"共享和安全"，出现如图 4.13 所示提示框。

选择"网络共享和安全"中的"网络安装向导"，出现"网络安装向导"提示框，如图 4.14 所示。

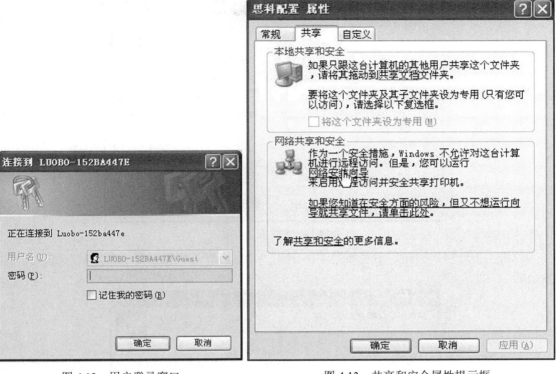

图 4.12　用户登录窗口　　　　　　　　图 4.13　共享和安全属性提示框

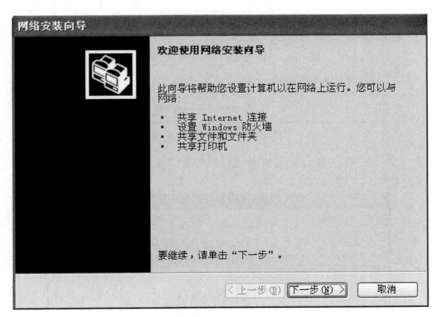

图 4.14　网络安装向导一

　　单击"下一步"按钮，出现如图 4.15 所示窗口。选择"此计算机通居民区的网关或网络上的其他计算机连接到 Internet"。

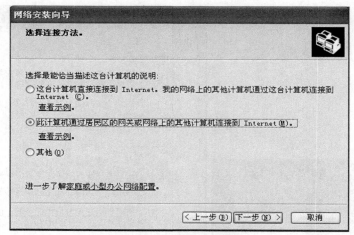

图 4.15　网络安装向导二

单击"下一步"按钮，出现如图 4.16 所示"给这台计算机提供描述和名称"窗口。可任意命名。

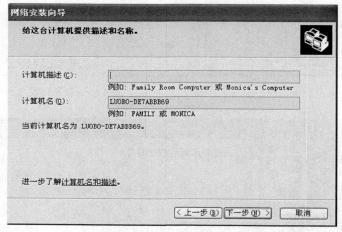

图 4.16　网络安装向导三

单击"下一步"按钮，输入工作组名(取默认或自己命名)。注意：这里的工作组名，两台计算机必须设置相同，如图 4.17 所示。

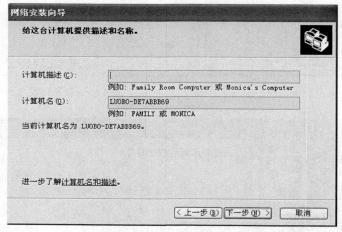

图 4.17　网络安装向导四

单击"下一步"按钮，选择"启用文件和打印机共享"（必须），如图 4.18 所示。

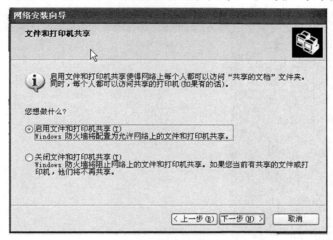

图 4.18　网络安装向导五

单击"下一步"按钮，如图 4.19 所示。

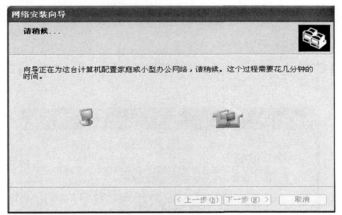

图 4.19　网络安装向导六

单击"下一步"按钮，如图 4.20 所示。

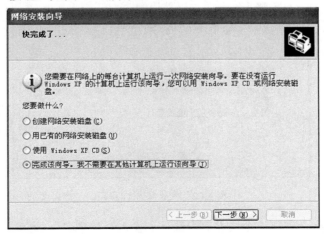

图 4.20　网络安装向导七

单击"下一步"按钮，完成，如图 4.21 所示。

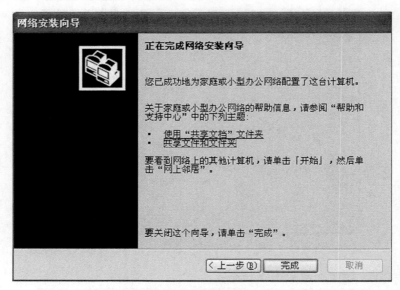

图 4.21　网络安装向导八

3)在对等网中共享文件

(1)选择要共享的文件，右击选择"共享和安全"，出现如图 4.22 所示"新建文件夹属性"选项窗口。

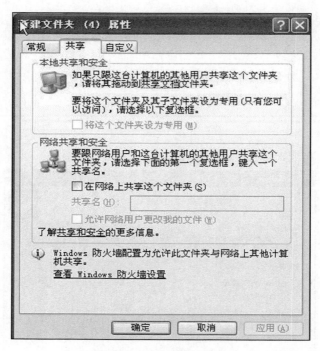

图 4.22　文件夹属性窗口

(2)选择"在网络上共享这个文件夹"选项，输入"共享名"(也可以默认)。如果允许别人更改自己的文件，就选上"允许网络用户更改我的文件"选项，单击"应用"或"确定"按钮，共享文件完成。文件夹将变成用手托着的文件夹图标，如图 4.23 所示。

注意事项：有时会出现如图 4.24 所示提示框。

图 4.23　共享文件夹图标　　　　　　　　　　　　　图 4.24　提示框

解决办法 1：

在开始菜单运行中输入 secpol.msc 启动"本地安全策略"，选择本地策略→用户权利分配，打开"拒绝从网络访问这台计算机"窗口，删除 guest 用户。

解决办法 2：

打开控制面板→网络和 Internet 连接→Windows 防火墙→例外，勾选"文件和打印机共享"选项。

实验总结：

Windows 网上邻居互访的基本条件如下：

(1)双方计算机打开，且设置了网络共享资源。

(2)双方的计算机添加了"Microsoft 网络文件和打印共享"服务。

(3)双方都正确设置了网内 IP 地址，且必须在一个网段中。

(4)双方的计算机中都关闭了防火墙，或者防火墙策略中没有阻止网上邻居访问的策略。

第 5 章　H3C 交换机技术

本章主要介绍如何利用超级终端对交换机进行配置。通过本章的学习，应该学会网络互联设备的功能和基本原理，掌握交换机对数据的转发过程，理解 VLAN 配置、VLAN 间路由技术、端口镜像、生成树、端口聚合等基本概念及配置方法。

5.1　H3C 交换机介绍

交换机，英语中是 Switch，表示的意思就是开关，它是一种用于电信号转发的网络设备。它可以为接入交换机的任意两个网络节点提供独享的电信号通路。常见的交换机有以太网交换机、电话语音交换机和光纤交换机等。

5.1.1　H3C 交换机的概念和原理

交换(switching)是按照通信两端传输信息的需要，用人工或设备自动完成的方法，把要传输的信息送到符合要求的相应路由上的技术的统称。根据工作位置的不同，交换机可以分为广域网交换机和局域网交换机。广域的交换机就是一种在通信系统中完成信息交换功能的设备，它应用在数据链路层。交换机有多个端口，每个端口都具有桥接功能，可以连接一个局域网或一台高性能服务器或工作站。实际上，交换机有时被称为多端口网桥。在计算机网络系统中，交换概念的提出改进了共享工作模式。而 Hub 集线器就是一种共享设备，Hub 本身不能识别目的地址，当同一局域网内的 A 主机给 B 主机传输数据时，数据包在以 Hub 为架构的网络上是以广播方式传输的，由每一台终端通过验证数据包头的地址信息来决定是否接收。也就是说，在这种工作方式下，同一时刻网络上只能传输一组数据帧的通信，如果发生碰撞还得重试。这种方式就是共享网络带宽。通俗地说，普通交换机是不带管理功能的，只有一根进线，其他接口接到计算机上就可以了。

交换机工作在数据链路层，拥有一条很高带宽的背部总线和内部交换矩阵。交换机的所有的端口都挂接在这条背部总线上，控制电路收到数据包以后，处理端口会查找内存中的地址对照表，以确定目的 MAC(网卡的硬件地址)的 NIC(网卡)挂接在哪个端口上，通过内部交换矩阵迅速将数据包传送到目的端口。目的 MAC 若不存在，则广播到所有的端口，接收端口回应后交换机会"学习"新的 MAC 地址，并把它添加到内部 MAC 地址表中。使用交换机也可以把网络"分段"，通过对照 IP 地址表，交换机只允许必要的网络流量通过交换机。通过交换机的过滤和转发，可以有效地减少冲突域，但它不能划分网络层广播，即广播域。交换机在同一时刻可进行多个端口对之间的数据传输。每一端口都可视为独立的物理网段(注：非 IP 网段)，连接在其上的网络设备独自享有全部的带宽，无需同其他设备竞争使用。当节点 A 向节点 D 发送数据时，节点 B 可同时向节点 C 发送数据，而且这两个传输都享有网络的全部带宽，都有着自己的虚拟连接。假使这里使用的是 10Mbps 的以太网交换机，那么该交换机这时的总流通量就等于 2×10Mbps=20Mbps，而使用 10Mbps 的共享式 Hub 时，一个

Hub 的总流通量也不会超出 10Mbps。总之，交换机是一种基于 MAC 地址识别，能完成封装转发数据帧功能的网络设备。交换机可以"学习"MAC 地址，并把其存放在内部地址表中，通过在数据帧的始发者和目标接收者之间建立临时的交换路径，使数据帧直接由源地址到达目的地址。

5.1.2　H3C 交换机的分类

交换机的传输模式有全双工、半双工、全双工/半双工自适应。交换机的全双工是指交换机在发送数据的同时也能够接收数据，两者同步进行，就好像我们平时打电话一样，说话的同时也能够听到对方的声音。交换机都支持全双工。全双工的好处是迟延小、速度快。

提到全双工，就不能不提与之密切对应的另一个概念，那就是"半双工"。所谓半双工就是指一个时间段内只有一个动作发生，举个简单例子，一条窄窄的马路，同时只能有一辆车通过，当有两辆车对开时，这种情况下就只能一辆先过，等到头儿后另一辆再通过。这个例子就形象地说明了半双工的原理。早期的对讲机以及早期集线器等设备都是实行半双工的产品。随着技术的不断进步，半双工会逐渐退出历史舞台。

从广义上来看，网络交换机分为两种：广域网交换机和局域网交换机。广域网交换机主要应用于电信领域，提供通信用的基础平台。而局域网交换机则应用于局域网络，用于连接终端设备，如 PC 机及网络打印机等。从传输介质和传输速度上可分为以太网交换机、快速以太网交换机、千兆以太网交换机、FDDI 交换机、ATM 交换机和令牌环交换机等。从规模应用上又可分为企业级交换机、部门级交换机和工作组交换机等。各厂商划分的尺度并不是完全一致的，一般来讲，企业级交换机都是机架式，部门级交换机可以是机架式(插槽数较少)，也可以是固定配置式，而工作组级交换机为固定配置式(功能较为简单)。另一方面，从应用的规模来看，作为骨干交换机时，支持 500 个信息点以上大型企业应用的交换机为企业级交换机，支持 300 个信息点以下中型企业的交换机为部门级交换机，而支持 100 个信息点以内的交换机为工作组级交换机。本文所介绍的交换机指的是局域网交换机。

5.1.3　H3C 交换机的功能

交换机的主要功能包括物理编址、网络拓扑结构、错误校验、帧序列以及流控。交换机还具备了一些新的功能，如对 VLAN(虚拟局域网)的支持、对链路汇聚的支持，甚至有的还具有防火墙的功能。

(1)学习：以太网交换机了解每一端口相连设备的 MAC 地址，并将地址同相应的端口映射起来存放在交换机缓存中的 MAC 地址表中。

(2)转发/过滤：当一个数据帧的目的地址在 MAC 地址表中有映射时，它被转发到连接目的节点的端口而不是所有端口(如该数据帧为广播/组播帧则转发至所有端口)。

(3)消除回路：当交换机包括一个冗余回路时，以太网交换机通过生成树协议避免回路的产生，同时允许存在后备路径。

交换机除了能够连接同种类型的网络之外，还可以在不同类型的网络(如以太网和快速以太网)之间起到互连作用。如今许多交换机都能够提供支持快速以太网或 FDDI 等高速连接端口，用于连接网络中的其他交换机或者为带宽占用量大的关键服务器提供附加带宽。

一般来说，交换机的每个端口都用来连接一个独立的网段，但是有时为了提供更快的接入速度，我们可以把一些重要的网络计算机直接连接到交换机的端口上。这样，网络的关键服务器和重要用户就拥有更快的接入速度，支持更大的信息流量。

最后简略的概括一下交换机的基本功能：

(1)像集线器一样，交换机提供了大量可供线缆连接的端口，这样可以采用星型拓扑布线。

(2)像中继器、集线器和网桥那样，当它转发帧时，交换机会重新产生一个不失真的方形电信号。

(3)像网桥那样，交换机在每个端口上都使用相同的转发或过滤逻辑。

(4)像网桥那样，交换机将局域网分为多个冲突域，每个冲突域都有独立的带宽，因此大大提高了局域网的带宽。

(5)除了具有网桥、集线器和中继器的功能以外，交换机还提供了更先进的功能，如虚拟局域网(VLAN)和更高的性能。

5.1.4　H3C 交换方式

交换机通过以下 3 种方式进行交换：

1)直通式

直通方式的以太网交换机可以理解为在各端口间是纵横交叉的线路矩阵电话交换机。它在输入端口检测到一个数据包时，检查该包的包头，获取包的目的地址，启动内部的动态查找表转换成相应的输出端口，在输入与输出交叉处接通，把数据包直通到相应的端口，实现交换功能。由于不需要存储，延迟非常小、交换非常快，这是它的优点。它的缺点是，因为数据包内容并没有被以太网交换机保存下来，所以无法检查所传送的数据包是否有误，不能提供错误检测能力；由于没有缓存，不能将具有不同速率的输入/输出端口直接接通，而且容易丢包。

2)存储转发

存储转发方式是计算机网络领域应用最为广泛的方式。它把输入端口的数据包先存储起来，然后进行 CRC(循环冗余码校验)检查，在对错误包处理后才取出数据包的目的地址，通过查找表转换成输出端口送出包。正因如此，存储转发方式在数据处理时延时大，这是它的不足。但是它可以对进入交换机的数据包进行错误检测，有效地改善网络性能。尤其重要的是它可以支持不同速度的端口间的转换，保持高速端口与低速端口间的协同工作。

3)碎片隔离

这是介于前两者之间的一种解决方案。它检查数据包的长度是否够 64 个字节，如果小于 64 字节，说明是假包，则丢弃该包；如果大于 64 字节，则发送该包。这种方式也不提供数据校验。它的数据处理速度比存储转发方式快，但比直通式慢。

5.2　以太网交换机端口配置相关命令

5.2.1　H3C 交换机相关视图命令

本教材实践采用的交换机使用 H3C 公司自主开发的 VRP 操作系统，以太网交换机启动后，终端上显示以太网交换机自检信息，自检结束后提示用户按回车键，之后将进入用户视图模式，出现命令行提示符（如<Quidway>）。命令视图包括用户视图、系统视图、以太网端口视图、VLAN 视图、本地用户视图、用户界面视图，各种视图之间的切换非常灵活。

1. 用户视图

提示符：<Switch>

访问方法：与交换机连接即进入。

退出方法：键入命令"logout"或"quit"。

用途：改变终端设置，执行基本测试或显示系统信息。

2. 系统视图

提示符：[Switch]

访问方法：在用户视图下键入 system-view 命令。

退出方法：键入命令"quit"。

用途：检验键入命令，该模式下有密码保护。

3. 以太网端口视图

提示符：[Switch－Ethernet0/1]

访问方法：在系统视图下键入 interface Ethernet 0/1 命令。

退出方法：键入命令"exit"或"end"。

用途：配置以太网参数。

4. VLAN 视图

提示符：[Switch－Vlan1]

访问方法：在系统视图下键入"vlan 1"命令。

退出方法：键入命令"exit"或"end"。

用途：配置 VLAN 参数。

5. 本地用户视图

提示符：[Switch－luser-user1]

访问方法：在系统视图下键入 local-user user1 命令。

退出方法：键入命令"exit"或"end"。

用途：配置本地用户参数。

6. 用户界面视图

提示符：[Switch－ui0]

访问方法：在系统视图下键入 user-interface 命令。

退出方法：键入命令"exit"或"end"。

用途：配置用户界面参数。

5.2.2 H3C 以太网端口配置

1. 以太网端口编号规则

S5120-EI 系列以太网交换机的千兆或万兆端口均采用 3 位编号方式：interface type A/B/C。

- A：IRF 中成员设备的编号，若未形成 IRF，其取值为 1。
- B：设备上的槽位号。取值为 0，表示设备上固有端口所在的槽位；取值为 1，表示接口模块扩展卡 1 上端口所在的槽位；取值为 2，表示接口模块扩展卡 2 上端口所在的槽位。
- C：某槽位上的端口编号。

2. Combo 端口配置

1）Combo 接口介绍

Combo 接口是一个逻辑接口，一个 Combo 接口对应设备面板上的一个电口和一个光口。电口与其对应的光口均为设备上的二层以太网接口，是光电复用关系，两者不能同时工作（当激活其中的一个接口时，另一个接口就自动处于禁用状态）。用户可根据组网需求选择使用电口或光口。

电口和光口有各自对应的接口视图。当用户需要激活电口或光口、配置电口或光口的属性（比如速率、双工等）时，必须先进入对应的接口视图。

2）配置准备

通过 display port combo 命令可以了解设备上有哪些 Combo 接口，每个 Combo 接口是由哪两个物理接口组成的。

通过 display interface 命令可以了解组成 Combo 接口的两个物理接口中谁是电口、谁是光口。如果显示信息中包含"Media type is twisted pair, Port hardware type is 1000_BASE_T"，则表示该接口为电口；如果显示信息中包含"Media type is not sure, Port hardware type is Noconnector"，则表示该接口为光口。

3）配置 Combo 端口的状态

配置 Combo 端口的状态如表 5.1 所示。

表 5.1　配置 Combo 端口的状态

进入系统视图	system-view	说　明
进入以太网端口视图	interface interface-type interface-number	
激活指定的 Combo 端口	undo shutdown	可选 缺省情况下，一对 Combo 口之中编号较小的端口处于激活状态

3. 以太网端口基本配置

设置以太网端口的双工模式时存在 3 种情况：

（1）当希望端口在发送数据包的同时可以接收数据包时，可以将端口设置为全双工（full）属性。

（2）当希望端口同一时刻只能发送数据包或接收数据包时，可以将端口设置为半双工（half）属性。

（3）当设置端口为自协商（auto）状态时，端口的双工状态由本端口和对端端口自动协商而定。

设置以太网端口的速率时，当设置端口速率为自协商（auto）状态时，端口的速率由本端口和对端端口双方自动协商而定。对于千兆以太网端口，可以根据端口的速率自协商能力指定自协商速率，让速率在指定范围内协商，具体配置如表 5.2 所示。

表 5.2　以太网端口基本配置

操　作	命　令	说　明
进入系统视图	system-view	
进入以太网端口视图	interface interface-type interface-number	
设置当前端口的描述信息	description text	可选 缺省情况下，端口的描述信息为"端口名 interface"，比如：GigabitEthemet 1/0/1 interface
设置以太网端口的双工模式	duplex{auto|full|half}	可选 SFP 光口和配置了端口速率为 1000 的以太网端口都不支持配置 half 参数 缺省情况下，端口的双工模式为 auto（自协商状态）
设置以太网端口的速率	speed{10|100|1000|auto}	可选 SFP 光口不支持配置 10 和 100 参数 缺省情况下，以太网端口速率处于 auto（自协商）状态
关闭以太网端口	shutdown	可选 缺省情况下，端口处于打开状态 如果想打开端口，可以使用 undo shutdown 命令

4.　配置以太网端口自协商速率

通常情况下，设备以太网端口速率是通过和对端自协商决定的。协商得到的速率是双方端口速率能力范围内的最大速率。通过配置自协商速率可以让以太网端口在能力范围内只协商部分速率，从而可以控制速率的协商，如图 5.1、表 5.3 所示。

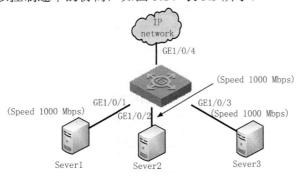

图 5.1　以太网端口自协商速率应用示意图

表 5.3　以太网端口自协商速率配置表

操　作	命　令	说　明
进入系统视图	system-view	
进入以太网端口视图	interface interface-type interface-number	
设置以太网端口的自协商速率范围	speed auto{10|100|1000|auto}	可选

说明：

本特性只有具备自协商速率能力的千兆以太网电口支持。

如果多次使用 speed、speed auto 命令设置端口的速率，则最新配置生效。

如图 5.1 所示，服务器群（Server 1、Server 2 和 Server 3）的网卡速率均为 1000Mbps，但

服务器群与外部网络相连端口（GigabitEthernet1/0/4）的速率也为 1000Mbps。如果在设备上不指定自协商速率范围，则端口（GigabitEthernet1/0/1、GigabitEthernet1/0/2 和 GigabitEthernet1/0/3）和服务器速率协商的结果将为 1000Mbps，这样就可能造成出端口（GigabitEthernet1/0/4）拥塞。此时可以设置端口 GigabitEthernet1/0/1、GigabitEthernet1/0/2 和 GigabitEthernet1/0/3 的自协商速率范围为 100Mbps，以避免出端口的拥塞。

5. 配置以太网端口的流量控制功能

当本端和对端设备都开启了流量控制功能后，如果本端设备发生拥塞，它将向对端设备发送消息，通知对端设备暂时停止发送报文；而对端设备在接收到该消息后将暂时停止向本端发送报文；反之亦然，从而避免了报文丢失现象的发生。只有本端和对端设备都开启了流量控制功能，才能实现对本端以太网端口的流量控制，如表 5.4 所示。

表 5.4　开启以太网流量控制功能表

操　作	命　令	说　明
进入系统视图	system-view	
进入以太网端口视图	interface interface-type interface-number	
开启以太网端口的流量控制功能	flow-control	必选 缺省情况下，以太网端口的流量控制功能处于关闭状态

6. 配置端口组

对某些功能，设备支持多种配置方式：用户可以一次配置一个端口，也可以一次配置多个端口。端口组就是为了实现一次可以配置多个端口而产生的。在端口组视图下，用户只需输入一次配置命令，则该端口组内的所有端口都会配置该功能，以减少重复配置工作。

端口组由用户手工创建生成，用户可将多个以太网端口手工加入同一个端口组中，如表 5.5 所示。

表 5.5　端口组配置表

操　作	命　令	说　明
进入系统视图	system-view	
创建手工端口组，并进入手工端口组视图	port-group manual port-group-name	必选
添加以太网端口到指定手工端口组中	group-member interface-list	必选

端口组提供了一种批量配置的方式，系统不支持查看、保存端口组本身的配置，但可以通过 displaycurrent-configuration 或者 display this 命令查看成员端口下当前生效配置。

5.3　VLAN 设置

5.3.1　VLAN 介绍

1. VLAN 概述

以太网是一种基于 CSMA/CD（Carrier Sense Multiple Access/Collision Detect，载波侦听多

路访问/冲突检测)的共享通信介质的数据网络通信技术，当主机数目较多时会导致冲突严重、广播泛滥、性能显著下降甚至使网络不可用等问题。通过交换机实现 LAN 互联虽然可以解决冲突(Collision)严重的问题，但仍然不能隔离广播报文。在这种情况下出现了 VLAN(Virtual Local Area Network，虚拟局域网)技术，这种技术可以把一个 LAN 划分成多个逻辑的 LAN-VLAN，每个 VLAN 是一个广播域，VLAN 内的主机间通信就和在一个 LAN 内一样，而 VLAN 间则不能直接互通，这样，广播报文被限制在一个 VLAN 内，如图 5.2 所示。

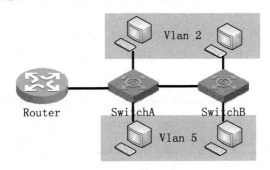

图 5.2 VLAN 示意图

VLAN 的划分不受物理位置的限制：不在同一物理位置范围的主机可以属于同一个 VLAN；一个 VLAN 包含的用户可以连接在同一个交换机上，也可以跨越交换机，甚至可以跨越路由器。

VLAN 的优点如下：

(1)限制广播域。广播域被限制在一个 VLAN 内，节省了带宽，提高了网络处理能力。

(2)增强局域网的安全性。VLAN 间的二层报文是相互隔离的，即一个 VLAN 内的用户不能和其他 VLAN 内的用户直接通信，如果不同的 VLAN 要进行通信，则需通过路由器或三层交换机等三层设备。

(3)灵活构建虚拟工作组。用 VLAN 可以划分不同的用户到不同的工作组，同一工作组的用户也不必局限于某一固定的物理范围，网络构建和维护更方便灵活。

2. VLAN 原理

要使网络设备能够分辨不同 VLAN 的报文，需要在报文中添加标识 VLAN 的字段。由于普通交换机工作在 OSI 模型的数据链路层，只能对报文的数据链路层封装进行识别。因此，如果添加识别字段，也需要添加到数据链路层封装中。

IEEE 于 1999 年颁布了用以标准化 VLAN 实现方案的 IEEE 802.1Q 协议标准草案，对带有 VLAN 标识的报文结构进行了统一规定。传统的以太网数据帧在目的 MAC 地址和源 MAC 地址之后封装的是上层协议的类型字段，如图 5.3 所示。

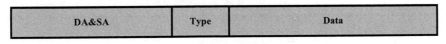

DA&SA	Type	Data

图 5.3 传统以太网帧封装格式

其中，DA 表示目的 MAC 地址，SA 表示源 MAC 地址，Type 表示报文所属协议类型。IEEE 802.1Q 协议规定在目的 MAC 地址和源 MAC 地址之后封装 4 个字节的 VLAN Tag，用以标识 VLAN 的相关信息。如图 5.4 所示，VLAN Tag 包含 4 个字段，分别是 TPID(Tag Protocol Identifier,标签协议标识符)、Priority、CFI(Canonical Format Indicator,标准格式指示位)和 VLAN ID。TPID 用来判断本数据帧是否带有 VLAN Tag,长度为 16 位,缺省取值为 0x8100。Priority 表示报文的 802.1P 优先级,长度为 3 位。CFI 字段标识 MAC 地址在不同的传输介质中是否以标准格式进行封装,长度为 1 位,取值为 0 表示 MAC 地址以标准格式进行封装,为 1 表示以非标准格式封装,缺省取值为 0。VLAN ID 标识该报文所属 VLAN 的编号,长度为 12 位,取值范围为 0～4095。由于 0 和 4095 为协议保留取值,所以 VLAN ID 的取值范围为 1～4094。

网络设备利用 VLAN ID 来识别报文所属的 VLAN,根据报文是否携带 VLAN Tag 以及携带的 VLAN Tag 值,来对报文进行处理。详细的处理方式请参见 5.3.3 节。

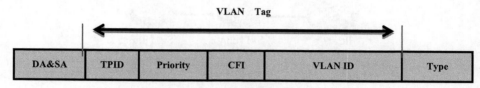

图 5.4   VLAN Tag 的组成字段

说明：这里的帧格式以 Ethernet II 型封装为例,以太网还支持 802.2 LLC、802.2 SNAP 和 802.3 raw 封装格式。对于这些封装格式的报文,也会添加 VLAN Tag 字段,用来区分不同 VLAN 的报文。

对于多 VLAN Tag 报文,设备会根据其最外层 VLAN Tag 进行处理,而内层 VLAN Tag 会被视为报文的数据部分。

3. VLAN 划分

VLAN 根据划分方式不同可以分为不同类型,有 6 种最常见的 VLAN 类型：基于端口的 VLAN,基于 MAC 地址的 VLAN,基于协议的 VLAN,基于 IP 子网的 VLAN,基于策略的 VLAN 以及其他 VLAN。

下面将分别介绍基于端口的 VLAN、基于 MAC 地址的 VLAN、基于协议的 VLAN 和基于 IP 子网的 VLAN。如果某个端口下同时使能以上 4 种 VLAN,则缺省情况下 VLAN 的匹配将按照 MAC VLAN、IP 子网 VLAN、协议 VLAN、端口 VLAN 的先后顺序进行。

5.3.2   配置 VLAN 属性

1. 配置 VLAN 基本属性

配置 VLAN 基本属性如表 5.6 所示。

表 5.6   配置 VLAN 基本属性

配 置	命 令	说 明
进入系统视图	system-view	
创建 VLAN	vlan { vlan-id1 [to vlan-id2] | all }	可选 该命令主要用于批量创建 VLAN
进入 VLAN 视图	vlan vlan-id	必选 如果指定的 VLAN 不存在,则该命令先完成 VLAN 的创建,然后再进入该 VLAN 的视图,缺省情况下,系统只有一个缺省 VLAN(VLAN1)

配　置	命　令	说　明
指定当前 VLAN 的名称	name text	缺省情况下，VLAN 的名称为该 VLAN 的 VLAN ID，如 "VLAN 0001"
为 VLAN 指定一个描述字符串	description text	可选 缺省情况下，VLAN 的描述字符串为该 VLAN 的 VLAN ID，如 "VLAN 0001"

说明：

（1）VLAN1 为系统缺省 VLAN，用户不能手工创建和删除。

（2）保留 VLAN 是系统为实现特定功能预留的 VLAN，用户也不能手工创建和删除。

（3）不能通过 undo vlan 命令删除设备上动态学习到的 VLAN。

（4）如果某个 VLAN 有相关的 QoS 策略配置，则不允许删除该 VLAN。

（5）对于 Isolate-user-vlan 或 Secondary VLAN，如果已经使用 isolate-user-vlan 命令建立了映射关系，则只有在解除映射关系后才能删除该 VLAN。

（6）如果某个 VLAN 已经配置成远程镜像 VLAN，则不能通过 undo vlan 命令删除该 VLAN；只有先删除远程镜像 VLAN 的配置才能删除这个 VLAN。

2．配置 VLAN 接口基本属性

不同 VLAN 间的主机不能直接通信，需要通过路由器或三层交换机等网络层设备进行转发，设备提供 VLAN 接口实现对报文进行三层转发的功能。

VLAN 接口是一种三层模式下的虚拟接口，主要用于实现 VLAN 间的三层互通，它不作为物理实体存在于设备上。每个 VLAN 对应一个 VLAN 接口，在为 VLAN 接口配置了 IP 地址后，该接口即可作为本 VLAN 内网络设备的网关，对需要跨网段的报文进行基于 IP 地址的三层转发。

配置 VLAN 接口基本属性如表 5.7 所示。

表 5.7　配置 VLAN 接口基本属性

配　置	命　令	说　明
进入系统视图	system-view	
创建 VLAN 接口并进入 VLAN 接口视图	interface vlan-interface vlan-interface-id	必选 如果该 VLAN 接口已经存在，则直接进入该 VLAN 接口视图
配置 VLAN 接口的 IP 地址	ip address ip-address { mask | mask-length }[sub]	可选 缺省情况下，没有配置 VLAN 接口的 IP 地址
为 VLAN 接口指定一个描述字符串	description text	可选 缺省情况下，VLAN 接口的描述字符串为该 VLAN 接口的接口名，如 "Vlan-interface1 Interface"
打开 VLAN 接口	undo shutdown	可选 缺省情况下，VLAN 接口的状态为打开，此时 VLAN 接口状态受 VLAN 中端口状态的影响，即：当 VLAN 中所有以太网端口状态为 down 时，VLAN 接口为 down 状态，即关闭状态；当 VLAN 中有一个或一个以上的以太网端口处于 up 状态时，则 VLAN 接口处于 up 状态。如果使用 shutdown 命令关闭了 VLAN 接口，则 VLAN 接口的状态始终为 AdministrativelyDown，不受 VLAN 中端口状态的影响

说明：在创建 VLAN 接口之前，对应的 VLAN 必须已经存在。否则，将不能创建指定的 VLAN 接口。

5.3.3 配置基于端口的 VLAN

1. 基于端口的 VLAN 简介

基于端口划分 VLAN 是 VLAN 最简单、最有效的划分方法。它按照设备端口来定义 VLAN 成员，将指定端口加入到指定 VLAN 中之后，端口就可以转发指定 VLAN 的报文。

1) 端口的链路类型

根据端口在转发报文时对 Tag 标签的不同处理方式，可将端口的链路类型分为 3 种。

（1）Access 连接：端口发出去的报文不带 Tag 标签。一般用于和不能识别 VLAN Tag 的终端设备相连，或者不需要区分不同 VLAN 成员时使用。如图 5.5 所示，Device A 和普通的 PC 相连，PC 不能识别带 VLAN Tag 的报文，所以需要将 Device A 和 PC 相连端口的链路类型设置为 Access。

（2）Trunk 连接：端口发出去的报文，端口缺省 VLAN 内的报文不带 Tag，其他 VLAN 内的报文都必须带 Tag。通常用于网络传输设备之间的互连。如图 5.5 所示，Device A 和 Device B 之间需要传输 VLAN 2 和 VLAN 3 的报文，所以，需要将 Device A 和 Device B 相连端口的链路类型设置为 Trunk，并允许 VLAN 2 和 VLAN 3 通过。

（3）Hybrid 连接：端口发出去的报文可根据需要设置某些 VLAN 内的报文带 Tag，某些 VLAN 内的报文不带 Tag。通常用于相连的设备是否支持 VLAN Tag 不确定的情况。如图 5.5 所示，Device B 与一个小局域网相连，局域网中有些 PC 属于 VLAN 2，有些 PC 属于 VLAN 3，此时需要将 Device B 与该局域网相连端口的链路类型设置为 Hybrid，并允许 VLAN 2 和 VLAN 3 的报文不带 Tag 通过。

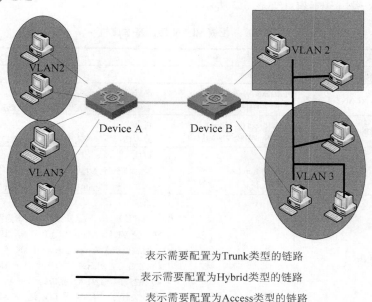

表示需要配置为Trunk类型的链路
表示需要配置为Hybrid类型的链路
表示需要配置为Access类型的链路

图 5.5　链路类型配置示意图

2)缺省 VLAN

除了可以设置端口允许通过的 VLAN，还可以设置端口的缺省 VLAN。在缺省情况下，所有端口的缺省 VLAN 均为 VLAN1，但用户可以根据需要进行配置。

Access 端口的缺省 VLAN 就是它所在的 VLAN，不能配置。

Trunk 端口和 Hybrid 端口可以允许多个 VLAN 通过，能够配置缺省 VLAN。

当执行 undo vlan 命令删除的 VLAN 是某个端口的缺省 VLAN 时，对于 Access 端口，端口的缺省 VLAN 会恢复到 VLAN1；对于 Trunk 或 Hybrid 端口，端口的缺省 VLAN 配置不会改变，即它们可以使用已经不存在的 VLAN 作为缺省 VLAN。

说明：工作在 Voice VLAN 自动模式的端口，不能将其缺省 VLAN 设置为 Voice VLAN，否则系统会提示用户无法进行配置。

本端设备端口的缺省 VLAN ID 和相连的对端设备端口的缺省 VLAN ID 必须一致，否则本端缺省 VLAN 的报文将不能正确传输至对端。

在配置了端口链路类型和缺省 VLAN 后，端口对报文的接收和发送的处理有几种不同情况，具体情况如表 5.8 所示。

表 5.8　端口收发报文的处理

端口类型	对接收报文的处理		对发送报文的处理
	当接收到的报文不带 Tag 时	当接收到的报文带有 Tag 时	
Access 端口	为报文添加缺省 VLAN 的 Tag	当 VLAN ID 与缺省 VLANID 相同时，接收该报文 当 VLAN ID 与缺省 VLANID 不同时，丢弃该报文	去掉 Tag，发送该报文
Trunk 端口	当缺省 VLAN ID 在端口允许通过的 VLAN ID 列表里时，接收该报文，给报文添加缺省 VLAN 的 Tag	当 VLAN ID 在端口允许通过的 VLAN ID 列表里时，接收该报文 当 VLAN ID 不在端口允许通过的 VLAN ID 列表里时，丢弃该报文	当 VLAN ID 与缺省 VLAN ID 相同，且是该端口允许通过的 VLAN ID 时：去掉 Tag，发送该报文 当 VLAN ID 与缺省 VLAN ID 不同，且是该端口允许通过的 VLAN ID 时：保持原有 Tag，发送该报文
Hybrid 端口	当缺省 VLAN ID 不在端口允许通过的 VLAN ID 列表里时，丢弃该报文		当报文中携带的 VLAN ID 是该端口允许通过的 VLAN ID 时，发送该报文，并可以通过 port hybrid vlan 命令配置端口在发送该 VLAN（包括缺省 VLAN）的报文时是否携带 Tag

2.　配置基于 Access 端口的 VLAN

配置基于 Access 端口的 VLAN 有两种方法：一种是在 VLAN 视图下进行配置，如表 5.9 所示；另一种是在端口视图/端口组视图/二层聚合端口视图下进行配置，如表 5.10 所示。

表 5.9　配置基于 Access 端口的 VLAN（在 VLAN 视图下）

配　　置	命　　令	说　　明
进入系统视图	system-view	
进入 VLAN 视图	vlan vlan-id	必选 如果指定的 VLAN 不存在，则该命令先完成 VLAN 的创建，然后再进入该 VLAN 的视图
向当前 VLAN 中添加一个或一组 Access 端口	port interface-list	必选 缺省情况下，系统将所有端口都加入到 VLAN1

表 5.10 配置基于 Access 端口的 VLAN（在端口视图/端口组视图/二层聚合端口视图下）

配　　置		命　　令	说　　明
进入系统视图		system-view	
进入端口视图/端口组视图/二层聚合端口视图	进入以太网端口视图	interface interface-type interface-number	三者必选其一 进入以太网端口视图后，下面进行的配置只在当前端口下生效；进入端口组视图后，下面进行的配置将在端口组中的所有端口下生效；在二层聚合端口视图下执行该命令，则该配置将对二层聚合端口以及相应的所有成员端口生效 在配置过程中，如果某个成员端口配置失败，系统会自动跳过该成员端口继续配置其他成员端口；如果二层聚合端口配置失败，则不会再配置成员端口
	进入端口组视图	port-group manual port-group-name	
	进入二层聚合端口视图	interface bridge-aggregation interface-number	
配置端口的链路类型为 Access 类型		port link-type access	可选 缺省情况下，端口的链路类型为 Access 类型
将当前 Access 端口加入到指定 VLAN		port access vlan vlan-id	可选 缺省情况下，所有 Access 端口均属于且只属于 VLAN1

说明：在将 Access 端口加入到指定 VLAN 之前，要加入的 VLAN 必须已经存在。

3. 配置基于 Trunk 端口的 VLAN

Trunk 端口可以允许多个 VLAN 通过，只能在端口视图/端口组视图/二层聚合端口视图下进行配置，如表 5.11 所示。

表 5.11 配置基于 Trunk 端口的 VLAN

配　　置		命　　令	说　　明
进入系统视图		system-view	
进入端口视图/端口组视图/二层聚合端口视图	进入以太网端口视图	interface interface-type interface-number	三者必选其一 进入以太网端口视图后，下面进行的配置只在当前端口下生效；进入端口组视图后，下面进行的配置将在端口组中的所有端口下生效；在二层聚合端口视图下执行该命令，则该配置将对二层聚合端口以及相应的所有成员端口生效 在配置过程中，如果某个成员端口配置失败，系统会自动跳过该成员端口继续配置其他成员端口；如果二层聚合端口配置失败，则不会再配置成员端口
	进入端口组视图	port-group manual port-group-name	
	进入二层聚合端口视图	interface bridge-aggregation interface-number	
配置端口的链路类型为 Trunk 类型		port link-type trunk	必选 缺省情况下，端口的链路类型为 Access 类型
允许指定的 VLAN 通过当前 Trunk 端口		port trunk permit vlan { vlan-id-list | all }	必选 缺省情况下，Trunk 端口只允许 VLAN1 的报文通过
设置 Trunk 端口的缺省 VLAN		port trunk pvid vlan vlan-id	可选 缺省情况下，Trunk 端口的缺省 VLAN 为 VLAN1

说明：Trunk 端口和 Hybrid 端口之间不能直接切换，只能先设为 Access 端口，再设置为其他类型端口。例如：Trunk 端口不能直接被设置为 Hybrid 端口，只能先设为 Access 端口，再设置为 Hybrid 端口。

当使用 port link-type { access | hybrid | trunk }命令修改接口的链路类型后，该接口下的 loopback-detection action 配置会自动恢复到缺省情况。（loopback-detection action 的详细介绍请参见"二层技术-以太网交换命令参考"中的"以太网端口命令"）

配置缺省 VLAN 后，必须使用 port trunk permit vlan 命令配置允许缺省 VLAN 的报文通过，出端口才能转发缺省 VLAN 的报文。

4. 配置基于 Hybrid 端口的 VLAN

Hybrid 端口可以允许多个 VLAN 通过，只能在端口视图/端口组视图/二层聚合端口视图下进行配置，如表 5.12 所示。

表 5.12 配置基于 Hybrid 端口的 VLAN

配 置		命 令	说 明
进入系统视图		system-view	
进入端口视图/端口组视图/二层聚合端口视图	进入以太网端口视图	interface interface-type interface-number	三者必选其一 进入以太网端口视图后，下面进行的配置只在当前端口下生效；进入端口组视图后，下面进行的配置将在端口组中的所有端口下生效；在二层聚合端口视图下执行该命令，则该配置将对二层聚合端口以及相应的所有成员端口生效
	进入端口组视图	port-group manual port-group-name	
	进入二层聚合端口视图	interface bridge-aggregation interface-number	在配置过程中，如果某个成员端口配置失败，系统会自动跳过该成员端口继续配置其他成员端口；如果二层聚合端口配置失败，则不会再配置成员端口
配置端口的链路类型为 Hybrid 类型		port link-type hybrid	必选
允许指定的 VLAN 通过当前 Hybrid 端口		port hybrid vlan vlan-id-list { tagged | untagged }	必选。缺省情况下，Hybrid 端口只允许 VLAN1 的报文以 untagged 方式通过 (即 VLAN1 的报文从该端口发送出去后不携带 VLAN Tag)
设置 Hybrid 端口的缺省 VLAN		port hybrid pvid vlan vlan-id	可选 缺省情况下，Hybrid 端口的缺省 VLAN 为 VLAN1

说明：Trunk 端口和 Hybrid 端口之间不能直接切换，只能先设为 Access 端口，再设置为其他类型端口。例如：Trunk 端口不能直接被设置为 Hybrid 端口，只能先设为 Access 端口，再设置为 Hybrid 端口。

在设置允许指定的 VLAN 通过 Hybrid 端口之前，允许通过的 VLAN 必须已经存在。

当使用 port link-type { access | hybrid | trunk }命令修改接口的链路类型后，该接口下的 loopback-detection action 配置会自动恢复到缺省情况。（loopback-detection action 的详细介绍请参见"二层技术-以太网交换命令参考"中的"以太网端口命令"）

配置缺省 VLAN 后，必须使用 port hybrid vlan 命令配置允许缺省 VLAN 的报文通过，出端口才能转发缺省 VLAN 的报文。

5. 基于端口的 VLAN 典型配置举例

1)组网需求

Host A 和 Host C 属于部门 A，但是通过不同的设备接入公司网络；Host B 和 Host D 属于部门 B，也通过不同的设备接入公司网络。

为了通信的安全性，也为了避免广播报文泛滥，公司网络中使用 VLAN 技术来隔离部门间的二层流量。其中部门 A 使用 VLAN 100，部门 B 使用 VLAN 200。

现要求不管是否使用相同的设备接入公司网络，同一 VLAN 内的主机能够互通，即 Host A 和 Host C 能够互通，Host B 和 Host D 能够互通。

2) 组网图

组网图如图 5.6 所示。

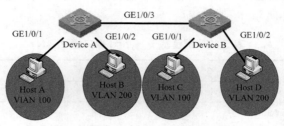

图 5.6 基于端口的 VLAN 组网图

3) 配置步骤

(1) 配置 Device A。

```
# 创建 VLAN 100，并将 GigabitEthernet1/0/1 加入 VLAN 100
<DeviceA> system-view
[DeviceA] vlan 100
[DeviceA-vlan100] port gigabitethernet 1/0/1
[DeviceA-vlan100] quit
# 创建 VLAN 200，并将 GigabitEthernet1/0/2 加入 VLAN 200
[DeviceA] vlan 200
[DeviceA-vlan200] port gigabitethernet 1/0/2
[DeviceA-vlan200] quit
# 为了使 Device A 上 VLAN 100 和 VLAN 200 的报文能发送给 Device B，将
  igabitEthernet1/0/3 的链路类型配置为 Trunk，并允许 VLAN 100 和 VLAN 200 的
  报文通过
[DeviceA] interface gigabitethernet 1/0/3
[DeviceA-GigabitEthernet1/0/3] port link-type trunk
[DeviceA-GigabitEthernet1/0/3] port trunk permit vlan 100 200
Please wait... Done.
```

(2) Device B 上的配置与 Device A 上的配置完全一样，不赘述。

(3) 将 Host A 和 Host C 配置在一个网段，比如 192.168.100.0/24；将 Host B 和 Host D 配置在一个网段，比如 192.168.200.0/24。

4) 显示与验证

(1) Host A 和 Host C 能够互相 ping 通，但是均不能 ping 通 Host B。Host B 和 Host D 能够互相 ping 通，但是均不能 ping 通 Host A。

(2) 通过查看显示信息验证配置是否成功。

```
# 查看 Device A 的 GigabitEthernet1/0/1 的相关信息，验证以上配置是否生效
[DeviceA-GigabitEthernet1/0/3] display vlan 100
VLAN ID: 100
VLAN Type: static
Route Interface: not configured
Description: protocol VLAN for IPv4
Name: VLAN 0100
```

```
Tagged Ports:
GigabitEthernet1/0/3
Untagged Ports:
GigabitEthernet1/0/1
[DeviceA-GigabitEthernet1/0/3] display vlan 200
VLAN ID: 200
VLAN Type: static
Route Interface: not configured
Description: protocol VLAN for IPv6
Name: VLAN 0200
Tagged Ports:
GigabitEthernet1/0/3
Untagged Ports:
GigabitEthernet1/0/2
```

5.3.4 配置基于 MAC 的 VLAN

1．基于 MAC 的 VLAN 简介

基于 MAC 划分 VLAN 是 VLAN 的另一种划分方法。它按照报文的源 MAC 地址来定义 VLAN 成员，将指定报文加入该 VLAN 的 Tag 后发送。该功能通常会和安全(比如 802.1X)技术联合使用，以实现终端的安全、灵活接入。

1）MAC VLAN 的实现机制

如果端口采用基于 MAC 地址划分 VLAN 的机制，则当端口收到报文时，采用以下方法处理:

(1)当收到的报文为 untagged 报文时，会以报文的源 MAC 为根据去匹配 MAC-VLAN 表项。精确查找，即查询表中 MASK 为全 F 的表项，如果该表项中的 MAC 地址和关键字完全相同，则查找成功，给报文添加表项中指定的 VLAN ID。模糊匹配，即查询表中 MASK 不是全 F 的表项,将关键字和 MASK 相与后再与表项中的 MAC 地址匹配,如果完全相同，则查找成功，给报文添加表项中指定的 VLAN ID；如果匹配失败，则按其他匹配原则进行匹配。

(2)当收到的报文为 tagged 报文时，处理方式和基于端口的 VLAN 一样：如果端口允许携带该 VLAN 标记的报文通过，则正常转发；如果不允许，则丢弃该报文。

2）MAC VLAN 的配置方式

基于 MAC 地址的 VLAN 可以通过如下两种方式来进行配置：

(1)通过命令行静态配置。用户通过命令行来配置 MAC 地址和 VLAN 的关联关系。

(2)通过认证服务器来自动配置(即 VLAN 下发)。设备根据认证服务器提供的信息，动态创建 MAC 地址和 VLAN 的关联关系。如果用户下线，系统将自动删除该对应关系。该方式下(只)需要在认证服务器上配置 MAC 地址和 VLAN 关联。

MAC-VLAN 表项可以同时支持两种配置方式,即在本地设备和认证服务器上都进行了配置，但是这两种配置必须一致配置才能生效；如果不一致的话，则先执行的配置生效。

2. 配置基于 MAC 的 VLAN

基于 MAC 的 VLAN 功能只能在 Hybrid 端口配置。基于 MAC 的 VLAN 的配置主要用于在用户的接入设备的下行端口上进行配置，因此不能与聚合功能同时使用，如表 5.13 所示。

表 5.13　配置基于 MAC 的 VLAN

配　　置		命　　令	说　　明
进入系统视图		system-view	
配置 MAC 地址与 VLAN 的关联		mac-vlan mac-address mac-address vlan vlan-id [priority priority]	必选
进入以太网端口视图或端口组视图	进入以太网端口视图	interface interface-type interface-number	二者必选其一 进入以太网端口视图后，下面进行的配置只在当前端口下生效；进入端口组视图后，下面进行的配置将在端口组中的所有端口下生效
	进入端口组视图	port-group manual port-group-name	
配置端口的链路类型为 Hybrid 类型		port link-type hybrid	必选
允许基于 MAC 的 VLAN 通过当前 Hybrid 端口		port hybrid vlan vlan-id-list { tagged |untagged }	必选 缺省情况下，所有 Hybrid 端口只允许 VLAN 1 通过
使能基于 MAC 地址划分 VLAN 的功能		mac-vlan enable	必选 缺省情况下，缺省情况下，没有使能端口的 MAC VLAN 功能
配置 VLAN 匹配优先级		vlan precedence { mac-vlan|ip-subnet-vlan }	可选 缺省情况下，优先根据单个 MAC 地址来匹配 VLAN

配置 STP 多实例情况下，如果要端口加入的 VLAN 的 STP 实例状态为 BLOCK，会丢弃报文，造成 MAC 地址不能上送，建议不要与多实例 STP 同时使用。

配置 MAC 地址与 VLAN 关联时，如果指定了 MAC 地址对应 VLAN 的 802.1p 优先级，用户还需要在相应端口视图下执行 qos trust dot1p 命令，使该端口信任此 802.1p 优先级。

3. 基于 MAC 的 VLAN 典型配置举例

1）组网需求

如图 5.7 所示，Device A 和 Device C 的 GigabitEthernet1/0/1 端口分别连接到两个会议室，Laptop1 和 Laptop2 是会议用笔记本电脑，可在两个会议室间移动使用。

Laptop1 和 Laptop2 分别属于两个部门，两个部门间使用 VLAN 100 和 VLAN 200 进行隔离。现要求这两台笔记本电脑无论在哪个会议室使用，均只能访问自己部门的服务器，即 Server1 和 Server2。

Laptop1 和 Laptop2 的 MAC 地址分别为 000d-88f8-4e71 和 0014-222c-aa69。

2）组网图

组网图如图 5.7 所示。

3）配置思路

创建 VLAN 100、VLAN 200。

配置 Device A 和 Device C 的上行端口为 Trunk 端口，并允许 VLAN 100 和 VLAN 200 的报文通过。

Laptop1 和 Laptop2 的 MAC 地址分别与 VLAN 100、VLAN 200 关联。

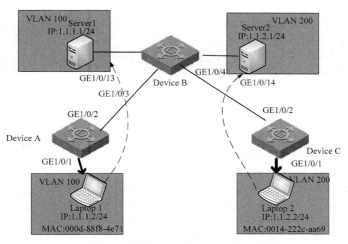

图 5.7　基于 MAC 的 VLAN 组网图

4）配置步骤

（1）Device A 的配置。

```
# 创建 VLAN 100 和 VLAN 200
<DeviceA> system-view
[DeviceA] vlan 100
[DeviceA-vlan100] quit
[DeviceA] vlan 200
[DeviceA-vlan200] quit
# 将 Laptop1 的 MAC 地址与 VLAN 100 关联，Laptop2 的 MAC 地址与 VLAN 200 关联
[DeviceA] mac-vlan mac-address 000d-88f8-4e71 vlan 100
[DeviceA] mac-vlan mac-address 0014-222c-aa69 vlan 200
# 配置终端的接入端口：Laptop1 和 Laptop2 均可能从 GigabitEthernet1/0/1 接入，将
    GigabitEthernet1/0/1 的端口类型配置为 Hybrid，并使其在发送 VLAN 100 和 VLAN 200
    的报文时去掉 VLAN Tag；开启 GigabitEthernet1/0/1 端口的 MAC-VLAN 功能
[DeviceA] interface gigabitethernet 1/0/1
[DeviceA-GigabitEthernet1/0/1] port link-type hybrid
[DeviceA-GigabitEthernet1/0/1] port hybrid vlan 100 200 untagged
Please wait... Done.
[DeviceA-GigabitEthernet1/0/1] mac-vlan enable
[DeviceA-GigabitEthernet1/0/1] quit
# 为了终端能够访问 Server1 和 Server2，需要将上行端口 GigabitEthernet1/0/2 的端
    口类型配置为 Trunk，并允许 VLAN 100 和 VLAN 200 的报文通过
[DeviceA] interface gigabitethernet 1/0/2
[DeviceA-GigabitEthernet1/0/2] port link-type trunk
[DeviceA-GigabitEthernet1/0/2] port trunk permit vlan 100 200
[DeviceA-GigabitEthernet1/0/2] quit
```

（2）Device B 的配置。

```
# 创建 VLAN 100 和 VLAN 200，并将 GigabitEthernet1/0/13 加入 VLAN 100，
    igabitEthernet1/0/14 加入 VLAN 200
```

```
<DeviceB> system-view
[DeviceB] vlan 100
[DeviceB-vlan100] port gigabitethernet 1/0/13
[DeviceB-vlan100] quit
[DeviceB] vlan 200
[DeviceB-vlan200] port gigabitethernet 1/0/14
[DeviceB-vlan200] quit
# 配置 GigabitEthernet1/0/3 和 GigabitEthernet1/0/4 端口为 Trunk 端口，均允许
    VLAN 100 和 VLAN 200 的报文通过
[DeviceB] interface gigabitethernet 1/0/3
[DeviceB-GigabitEthernet1/0/3] port link-type trunk
[DeviceB-GigabitEthernet1/0/3] port trunk permit vlan 100 200
[DeviceB-GigabitEthernet1/0/3] quit
[DeviceB] interface gigabitethernet 1/0/4
[DeviceB-GigabitEthernet1/0/4] port link-type trunk
[DeviceB-GigabitEthernet1/0/4] port trunk permit vlan 100 200
[DeviceB-GigabitEthernet1/0/4] quit
```

（3）Device C 的配置。

Device C 的配置与 Device A 完全一致，这里不赘述。

5）显示与验证

（1）Laptop1 只能访问 Server1，不能访问 Server2；Laptop2 只能访问 Server2，不能访问 Server1。

（2）在 Device A 和 Device C 上可以查看到 Laptop1 和 VLAN 100、Laptop2 和 VLAN 200 的静态 MAC VLAN 地址表项已经生成。

```
[DeviceA] display mac-vlan all
The following MAC VLAN addresses exist:
S:Static                              D:Dynamic
    MAC              ADDR             MASK    VLAN ID  PRIO STATE
000d-88f8-4e71     ffff-ffff-ffff    100      0            S
0014-222c-aa69     ffff-ffff-ffff    200      0            S
Total MAC VLAN address count:2
```

6）配置注意事项

（1）基于 MAC 的 VLAN 只能在 Hybrid 端口上配置。

（2）基于 MAC 的 VLAN 的配置主要用于在用户的接入设备的下行端口上进行配置，因此不能与聚合功能同时使用。

5.3.5　配置基于协议的 VLAN

1.　基于协议的 VLAN 简介

基于协议的 VLAN 只对 Hybrid 端口配置有效。基于协议的 VLAN 是根据端口接收到的报文所属的协议（族）类型及封装格式来给报文分配不同的 VLAN ID。可用来划分 VLAN 的协议有 IP、IPX、AppleTalk（AT），封装格式有 Ethernet II、802.3raw、802.2 LLC、802.2 SNAP 等。

如果报文没有匹配协议模板 "协议类型 + 封装格式" 又称为协议模板，一个协议 VLAN 下可

以绑定多个协议模板，不同的协议模板再用协议索引(protocol-index)来区分。因此，一个协议模板可以用"协议 vlan-id + protocol-index"来唯一标识。然后通过命令行将"协议 vlan-id + protocol-index"和端口绑定。这样，对于从端口接收到 untagged 报文(没有携带 VLAN 标记的报文)会做如下处理：

(1)如果携带的协议类型和封装格式与"协议 vlan-id + protocol-index"标识的匹配协议模板匹配，则给报文打上协议 vlan-id。

(2)如果报文携带的协议类型和封装格式与"协议 vlan-id + protocol-index"标识的协议模板不匹配，则给报文打上端口的缺省 VLAN ID。

(3)对于端口接收到的 tagged 报文(携带 VLAN 标记的报文)，处理方式和基于端口的 VLAN 一样：如果端口允许携带该 VLAN 标记的报文通过，则正常转发；如果不允许，则丢弃该报文。此特性主要应用于将网络中提供的服务类型与 VLAN 相绑定，方便管理和维护。

2．基于协议的 VLAN 配置命令介绍

基于协议的 VLAN 配置命令表如表 5.14 所示。

表 5.14　基于协议的 VLAN 配置命令表

配　　置		命　　令	说　　明
进入系统视图		system-view	
进入 VLAN 视图		vlan vlan-id	必选 如果指定的 VLAN 不存在，则该命令先完成 VLAN 的创建，然后再进入该 VLAN 的视图
配置基于协议的 VLAN，并指定协议模板		protocol-vlan [protocol-index]{ at | ipv4 | ipv6 | ipx { ethernetii | llc | raw | snap } |mode { ethernetii etypeetype-id | llc { dsap dsap-id[ssap ssap-id] | ssap ssap-id } | snap etype etype-id } }	必选
退出 VLAN 视图		quit	必选
进入以太网端口视图或端口组视图或二层聚合端口视图	进入以太网端口视图	interface interface-type interface-number	三者必选其一 进入以太网端口视图后，下面进行的配置只在当前端口下生效；进入端口组视图后，下面进行的配置将在端口组中的所有端口下生效；在二层聚合端口视图下执行该命令，则该配置将对二层聚合端口以及相应的所有成员端口生效 在配置过程中，如果某个成员端口配置失败，系统会自动跳过该成员端口继续配置其他成员端口；如果二层聚合端口配置失败，则不会再配置成员端口
	进入端口组视图	port-group manual port-group-name	
	进入二层聚合端口视图	interface bridge-aggregation interface-number	
配置端口的链路类型为 Hybrid 类型		port link-type hybrid	必选
允许基于协议的 VLAN 通过当前 Hybrid 端口		port hybrid vlan vlan-id-list { tagged | untagged }	必选
配置 Hybrid 端口与基于协议的 VLAN 关联		port hybrid protocol-vlan vlan vlan-id { protocol-index [to protocol-end] | all }	必选

注意：protocol-vlan 命令中的 dsap-id 和 ssap-id 不能同时设置成 0xe0，0xe0 对应的是 ipx llc 协议模板；dsap-id 和 ssap-id 也不能同时设成 0xff，0xff 对应的是 ipx raw 协议模板。

在使用 mode 参数配置协议 VLAN 时，如果将 ethernetii 型报文的 etype 参数值配置为 0x0800、0x8137、0x809b、0x86dd，则分别与 ipv4、ipx、appletalk 和 ipv6 协议模板相同，因此不允许配置 ethernetii 报文的 etype 参数为这 4 个数值。

协议 VLAN 特性要求 Hybrid 入端口的报文格式为 untagged，而自动模式下的 Voice VLAN 只支持 Hybrid 端口对 tagged 的语音流进行处理，因此，不能将某个 VLAN 同时设置为协议 VLAN 和 Voice VLAN。

3. 基于协议的 VLAN 典型配置举例

1）组网需求

实验室网络中大部分主机运行 IPv4 网络协议，另外为了教学需要还布置了 IPv6 实验室，因此，同时有些主机运行着 IPv6 网络协议。为了避免互相干扰，现要求基于网络协议将 IPv4 流量和 IPv6 流量二层互相隔离。

2）组网图

组网图如图 5.8 所示。

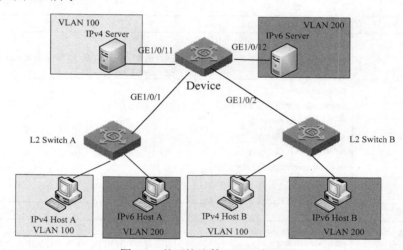

图 5.8　基于协议的 VLAN 组网图

3）配置思路

创建 VLAN 100 及 VLAN 200。让 VLAN 100 与 IPv4 协议绑定，VLAN 200 与 IPv6 协议绑定，通过协议 VLAN 来实现 IPv4 流量和 IPv6 流量二层互相隔离。

4）配置步骤

（1）配置 Device。

```
# 创建 VLAN100，将端口 GigabitEthernet1/0/11 加入 VLAN 100
<Device> system-view
[Device] vlan 100
[Device-vlan100] description protocol VLAN for IPv4
```

```
[Device-vlan100] port gigabitethernet 1/0/11
# 创建 VLAN 200，将端口 GigabitEthernet1/0/12 加入 VLAN 200
[Device-vlan100] quit
[Device] vlan 200
[Device-vlan200] description protocol VLAN for IPv6
[Device-vlan200] port gigabitethernet 1/0/12
# 在 VLAN 200 和 VLAN 100 视图下，分别为 IPv4 和 IPv6 创建协议模板
[Device-vlan200] protocol-vlan 1 ipv6
[Device-vlan200] quit
[Device] vlan 100
[Device-vlan100] protocol-vlan 1 ipv4
[Device-vlan100] quit
# 配置端口 GigabitEthernet1/0/1 为 Hybrid 端口，并在转发 VLAN 100 和 VLAN 200 的
  报文时去掉 VLAN Tag
[Device] interface gigabitethernet 1/0/1
[Device-GigabitEthernet1/0/1] port link-type hybrid
[Device-GigabitEthernet1/0/1] port hybrid vlan 100 200 untagged
Please wait... Done.
# 配置端口 GigabitEthernet1/0/1 与 VLAN 100 的协议模板 1(即 IPv4 协议模板)、VLAN
  200 的协议模板 1(即 IPv6 协议模板)进行绑定
[Device-GigabitEthernet1/0/1] port hybrid protocol-vlan vlan 100 1
[Device-GigabitEthernet1/0/1] port hybrid protocol-vlan vlan 200 1
[Device-GigabitEthernet1/0/1] quit
# 配置端口 GigabitEthernet1/0/2 为 Hybrid 端口，在转发 VLAN 100 和 VLAN 200 的报
  文时去掉 VLAN Tag，与 VLAN 100 的协议模板 1(即 IPv4 协议模板)、VLAN 200 的
  协议模板 1(即 IPv6 协议模板)进行绑定
[Device] interface gigabitethernet 1/0/2
[Device-GigabitEthernet1/0/2] port link-type hybrid
[Device-GigabitEthernet1/0/2] port hybrid vlan 100 200 untagged
Please wait... Done.
[Device-GigabitEthernet1/0/2] port hybrid protocol-vlan vlan 100 1
[Device-GigabitEthernet1/0/2] port hybrid protocol-vlan vlan 200 1
```

(2) L2 Switch A 和 L2 Switch B 采用缺省配置。

(3) 将 IPv4 Host A、IPv4 Host B 和 IPv4 Server 配置在一个网段，比如 192.168.100.0/24；将 IPv6 Host A、IPv6 Host B 和 IPv6 Server 配置在一个网段，比如 192.168.200.0/24。

5) 显示与验证

(1) VLAN 100 内的主机和服务器能够互相 ping 通；VLAN 200 内的主机和服务器能够互相 ping 通。但 VLAN 100 内的主机/服务器和 VLAN 200 内的主机/服务器会 ping 失败。

(2) 通过查看 Device 上的显示信息，验证配置是否生效。

```
# 查看 Device 上协议 VLAN 的配置
[Device-GigabitEthernet1/0/2] display protocol-vlan vlan all
VLAN ID:100
Protocol Index Protocol    Type
=======================================================
1              ipv4
VLAN ID:200
```

```
Protocol Index Protocol           Type
=======================================================
1                               ipv6
# 查看 Device 端口上已配置的协议 VLAN 的相关信息
[Device-GigabitEthernet1/0/2] display protocol-vlan interface all
Interface: GigabitEthernet 1/0/1
VLAN  ID        Protocol Index       Protocol Type
100             1                    ipv4
200             1                    ipv6
Interface: GigabitEthernet 1/0/2
VLAN ID         Protocol Index       Protocol Type
100             1                    ipv4
200             1                    ipv6
```

基于协议的 VLAN 只对 Hybrid 端口配置才有效。

5.3.6　配置基于 IP 子网的 VLAN

1.　基于 IP 子网的 VLAN 简介

基于 IP 子网的 VLAN 是根据报文源 IP 地址及子网掩码来进行划分的。设备从端口接收到 untagged 报文后，会根据报文的源地址来确定报文所属的 VLAN，然后将报文自动划分到指定 VLAN 中传输。此特性主要用于将指定网段或 IP 地址发出的报文在指定的 VLAN 中传送。

2.　基于 IP 子网的 VLAN 配置命令

基于 IP 子网的 VLAN 只对 Hybrid 端口配置有效，如表 5.15 所示。

表 5.15　配置基于 IP 子网的 VLAN

配　　置		命　　令	说　　明
进入系统视图		system-view	
进入 VLAN 视图		vlan vlan-id	必选 如果指定的 VLAN 不存在，则该命令先完成 VLAN 的创建，然后再进入该 VLAN 的视图
配置 IP 子网与当前 VLAN 关联		ip-subnet-vlan [ip-subnet-index] ip ip-address [mask]	必选 配置的 IP 网段或 IP 地址不能是组播网段或组播地址
退出 VLAN 视图		quit	必选
进入以太网端口视图或端口组视图或二层聚合端口视图	进入以太网端口视图	interface interface-type interface-number	三者必选其一 进入以太网端口视图后，下面进行的配置只在当前端口下生效；进入端口组视图后，下面进行的配置将在端口组中的所有端口下生效；在二层聚合端口视图下执行该命令，则该配置将对二层聚合端口以及相应的所有成员端口生效 在配置过程中，如果某个成员端口配置失败，系统会自动跳过该成员端口继续配置其他成员端口；如果二层聚合端口配置失败，则不会再配置成员端口
	进入端口组视图	port-group　manual port-group-name	
	进入二层聚合端口视图	interface bridge-aggregation interface-number	
配置端口的链路类型为 Hybrid 类型		port link-type hybrid	必选
允许基于 IP 子网的 VLAN 通过当前 Hybrid 端口		port hybrid vlan vlan-id-list{ tagged	untagged }	必选
配置 Hybrid 端口与基于 IP 子网的 VLAN 关联		port　hybrid　ip-subnet-vlan　vlan vlan-id	必选

5.3.7 VLAN 显示和维护

在完成上述配置后，在任意视图下执行 display 命令，可以显示配置后 VLAN 的运行情况，通过查看显示信息验证配置的效果，如表 5.16 所示。

在用户视图下执行 reset 命令可以清除端口统计信息，如表 5.16 所示。

表 5.16　VLAN 显示和维护

操　作	命　令
显示 VLAN 相关信息	display vlan [vlan-id1 [to vlan-id2]	all	dynamic	reserved	static]
显示 VLAN 端口相关信息	display interface vlan-interface [vlan-interface-id]
显示设备上当前存在的 Hybrid 或 Trunk 端口	display port { hybrid	trunk }
显示 MAC-VLAN 表项	display mac-vlan { all	dynamic	mac-address mac-address [mask mac-mask]	static	vlan vlan-id }
显示所有使用了 MAC VLAN 功能的端口	display mac-vlan interface
显示指定 VLAN 上配置的协议信息及协议的索引	display protocol-vlan vlan { vlan-id [to vlan-id]	all }
显示指定端口上已配置的协议 VLAN 的相关信息	display protocol-vlan interface { interface-type interface-number [to interface-type interface-number]	all }
显示指定 VLAN 上配置的 IP 子网 VLAN 信息及 IP 子网的索引	display ip-subnet-vlan vlan { vlan-id [to vlan-id]	all }
显示指定端口上配置的 IP 子网 VLAN 信息及 IP 子网的索引	display ip-subnet-vlan interface { interface-type interface-number [to interface-type interface-number]	all }
清除端口的统计信息	reset counters interface vlan-interface [vlan-interface-id]

5.3.8 VLAN 综合配置实验案例

1. 实验案例一

某企业组织结构划分为财务部、研发部、市场部、档案部等多个部门，所有计算机均通过一台二层交换机相连。各部门的对网络的安全和管理都有不同的要求，特别是财务部安全级别较高，不允许与其他部门互访。

分析：通过划分 VLAN 可以将各部门之间进行隔离，保证了重要部门的数据安全。对于本案例，把档案部、财务部与其他部门划分到不同的 VLAN，就可以确保其他部门不能访问档案部和财务部中的数据。

解决方案：

为便于企业网络管理和部门安全需要，可以将该单位的每一个部门均划分为一个 VLAN。具体的划分情况如下：市场部划分为 VLAN 2，研发部划分为 VLAN 3，财务划分为 VLAN 4，档案部划分为 VLAN 5，IP 地址和网络拓扑规划分别如表 5.17 和图 5.9 所示。

表 5.17　各部门 IP 地址表

部门	所属 VLAN	IP	连接端口
市场部 PC1	VLAN 2	10.1.3.10/24	SwitcA 的 Ethernet1/0/1
市场部 PC2	VLAN 2	10.1.3.20/24	SwitcB 的 Ethernet1/0/2
研发部 PC3	VLAN 3	10.1.3.30/24	SwitcA 的 Ethernet1/0/3
财务部 PC4	VLAN 4	10.1.3.40/24	SwitcA 的 Ethernet1/0/4
档案部 PC5	VLAN 5	10.1.3.50/24	SwitcA 的 Ethernet1/0/5

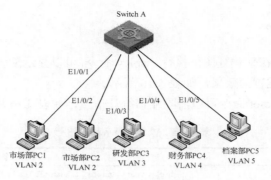

图 5.9 拓扑规划图

实验设备：

二层交换机 1 台，PC 机 5 台，标准网线 5 根。

实验步骤：

(1)根据拓扑图连接好设备，按需求配置好 PC 的 IP 地址，测试目前网络中的连通性。

(2)在二层交换机上划分 VLAN，实现部门隔离。

二层交换机 SwitchA 的配置步骤如下。

· 进入系统视图。

· 创建 VLAN 2、VLAN 3、VLAN 4、VLAN 5。

· 向当前 VLAN 中添加 Access 端口：

把连接市场部的交换机端口 Ethernet1/0/1、Ethernet1/0/2 口加入 VLAN 2。

把连接研发部的交换机端口 Ethernet1/0/3 加入 VLAN 3。

进入 VLAN5 视图，把连接档案部的交换机端口 Ethernet1/0/5 加入 VLAN 5。

(3)测试划分 VLAN 后网络的连通性。

2．实验案例二

在上个案例中，随着公司的发展，市场部的员工有所增加，公司决定添置一批计算机和一台二层交换机来扩充网络规模。由于部门物理位置限制，市场部的计算机连接在不同的交换机上。

分析：案例中，市场部里的计算机连接在不同的交换机上，但属于同一个 VLAN，意味着市场部的这个逻辑组跨越了两个交换机。因此必须考虑交换机之间的连接，可以把两台交换机连接端口的链路类型配置为 Trunk，实现跨交换机的 VLAN 内部连通。

拓扑规划图如图 5.10 所示。

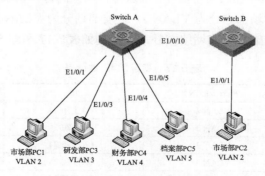

图 5.10　扩充后的拓扑规划图

实验设备：

二层交换机 2 台，PC 机 5 台，标准网线 6 根。

实验步骤：

在上个案例实验基础上进行操作。

步骤 1

在两个交换机上建立起通信的链路。

（1）SwitchA 的配置。

① 进入系统视图。

② 将 Switch A 与 Switch B 连接的 Ethernet1/0/10 端口设置为 Trunk 链路类型，并允许 VLAN 2 通过。

（2）Switch B 的配置。

① 进入系统视图。

② 在 Switch B 中创建 VLAN 2，并将连接市场部 PC2 的 Ethernet1/0/1 端口加入 VLAN 2。

③ 将 Switch B 与 Switch A 连接的 Ethernet1/0/10 端口设置为 Trunk 链路类型，并允许 VLAN 2 通过。

步骤 2

（1）验证跨交换机的 VLAN 2 实现。

（2）测试两个交换机上市场部的连通性。

实验思考：

如果所有 VLAN 的用户都需要访问同一台服务器，该如何实现？如果用户要求属于不同 VLAN 的用户也可以通信，又该如何实现？

5.4　MAC 地址表配置

MAC 地址表记录了与该设备相连的设备的 MAC 地址、与该设备相连的设备的端口号以及所属的 VLAN ID。在转发数据时，设备根据报文中的目的 MAC 地址查询 MAC 地址表，快速定位出端口，从而减少广播。

5.4.1　MAC 地址表的生成方式

MAC 地址表的生成方式有两种：学习法和手工法。一般情况下，MAC 地址表是设备通过源 MAC 地址学习过程而自动建立的。设备学习 MAC 地址的方法如下：如果从某端口（假设为端口 A）收到一个数据帧，设备就会分析该数据帧的源 MAC 地址（即发送该数据的设备的 MAC 地址，假设为 MAC-SOURCE），并认为目的 MAC 地址为 MAC-SOURCE 的报文可以由端口 A 转发；如果 MAC 地址表中已经包含 MAC-SOURCE，设备将对该表项进行更新；如果 MAC 地址表中尚未包含 MAC-SOURCE，设备则将这个新 MAC 地址以及该 MAC 地址对应的端口 A 作为一个新的表项加入到 MAC 地址表中。

为适应网络的变化，MAC 地址表需要不断更新。MAC 地址表中自动生成的表项并非永远有效，每一条表项都有一个生存周期，到达生存周期仍得不到刷新的表项将被删除，这个生存周期被称作老化时间。如果在到达生存周期前记录被刷新，则该表项的老化时间重新计算。

设备通过源 MAC 地址学习自动建立 MAC 地址表时，无法区分合法用户和黑客用户的报文，带来了安全隐患。如果黑客用户将攻击报文的源 MAC 地址伪装成合法用户的 MAC 地址，并从设备的其他端口进入，设备就会学习到错误的 MAC 地址表项，于是就会将本应转发给合法用户的报文转发给黑客用户。

为了提高端口安全性，网络管理员可手工在 MAC 地址表中加入特定 MAC 地址表项，将用户设备与端口绑定，从而防止假冒身份的非法用户骗取数据。手工配置的 MAC 地址表项优先级高于自动生成的表项。

MAC 地址表项分为静态 MAC 地址表项、动态 MAC 地址表项和黑洞 MAC 地址表项。静态 MAC 地址表项由用户手工配置，表项不老化；黑洞 MAC 地址表项用于丢弃含有特定目的 MAC 地址的报文，由用户手工配置，表项不老化；动态 MAC 地址表项包括用户配置的以及设备通过源 MAC 地址学习得来的，表项有老化时间。

说明：用户手工配置的静态 MAC 地址表项和黑洞 MAC 地址表项不会被动态 MAC 地址表项覆盖，而动态 MAC 地址表项可以被静态 MAC 地址表项和黑洞 MAC 地址表项覆盖。

设备在转发报文时，根据 MAC 地址表项信息，会采取以下两种转发方式。

（1）单播方式：当 MAC 地址表中包含与报文目的 MAC 地址对应的表项时，设备直接将报文从该表项中的转发出端口发送。

（2）广播方式：当设备收到目的地址为全 1 的报文，或 MAC 地址表中没有包含对应报文目的 MAC 地址的表项时，设备将采取广播方式将报文向除接收端口外的所有端口进行转发。

5.4.2 配置 MAC 地址表

管理员根据实际情况可以手工添加、修改或删除 MAC 地址表中的表项，如图 5.11 所示。全局配置和端口配置的 MAC 地址表项如表 5.18、表 5.19 所示。

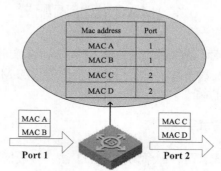

图 5.11　设备的 MAC 地址表项

表 5.18　全局配置 MAC 地址表项

操　　作		命　　令	说　　明
进入系统视图		system-view	
全局配置 MAC 地址	配置动态或静态 MAC 地址表项	mac-address{dynamic|static} mac-address interface interface-type interface-number vlan vlan-id	两者必选其一
	配置黑洞 MAC 地址表项	mac-address blackhole mac-address vlan vlan-id	

表 5.19　端口配置 MAC 地址表项

操　　作	命　　令	说　　明
进入系统视图	system-view	
进入端口视图	interface interface-type interface-number	
配置端口 MAC 地址表项	mac-address{dynamic|static}mac-address vlan vlan-id	必选

5.4.3　MAC 地址表显示和维护

在完成上述配置后，在任意视图下执行 display 命令可以显示配置后 MAC 地址表管理的运行情况，通过查看显示信息验证配置的效果，如表 5.20 所示。

表 5.20　MAC 地址表管理显示和维护

操　　作	命　　令
显示 MAC 地址表信息	display mac-address blackhole vlan vlan-id [count]
	display mac-address [mac-address[vlan vlan-id]][dynamic|static] [interface interface-type interface-number][vlan vlan-id][count]]
显示 MAC 地址表动态表项的老化时间	display mac-address aging-time
显示 MAC 地址表的统计信息	display mac-address statistics

5.4.4　地址表的管理应用举例

（1）在 MAC 地址转发表中添加或修改、删除地址表项。

mac-address { static | dynamic | blackhole } mac-address [interface interface-type interface-number]　vlan vlan-id

undo mac-address [mac-address-attribute]

〖视图〗

系统视图/以太网端口视图

〖参数〗

- static　配置静态 MAC 地址表项。
- dynamic　配置动态 MAC 地址表项。
- blackhole　配置黑洞 MAC 地址表项。
- mac-address　需要配置的 MAC 地址，形式为 H-H-H。在配置时，用户可以省去 MAC 地址中每段开头的"0"，例如输入"f-e2-1"即表示输入的 MAC 地址为"000f-00e2-0001"。
- interface-type interface-number　端口类型和端口编号，表示对应该 MAC 地址的转发端口。
- vlan-id　指定的 VLAN ID，取值范围为 1～4094，但该 VLAN 必须已经创建。
- mac-address-attribute　表示要删除的 MAC 地址属性的字符串。

【例】在系统视图下，配置静态 MAC 地址表项，MAC 地址为 000f-e20f-0101，使用端口 Ethernet1/0/1 来转发目的为该地址的报文，端口 Ethernet1/0/1 处于 VLAN 2 中。

```
[H3C] mac-address static 000f-e20f-0101 interface Ethernet 1/0/1 vlan 2
```

【例】在以太网端口 Ethernet1/0/1 视图下，配置静态 MAC 地址表项，MAC 地址为 000f-e20f-0101，使用该端口来转发目的为该地址的报文，端口处于 VLAN 2 中。

```
[H3C- Ethernet 1/0/1] mac-address static 000f-e20f-0101 vlan 2
```

(2)配置动态 MAC 地址表项的老化时间。

用户可以调整动态 MAC 地址表项的老化时间。如果用户配置的老化时间过长，设备可能会保存许多过时的 MAC 地址表项，从而耗尽 MAC 地址表资源，导致设备无法根据网络的变化更新 MAC 地址表。如果用户配置的老化时间太短，设备可能会删除有效的 MAC 地址表项，可能导致设备广播大量的数据报文，影响设备的运行性能。所以用户需要根据实际情况，配置合适的老化时间来有效地实现 MAC 地址老化功能，如表 5.21 所示。

表 5.21　配置动态 MAC 地址表项的老化时间

操　　作	命　　令	说　　明
进入系统视图	system-view	
配置动态 MAC 地址动态表项的老化时间	mac-address timer{aging seconds|no-aging}	可选 缺省情况下，MAC 地址老化时间为 300 秒

(3)设置/取消设置以太网端口最多可以学习到的 MAC 地址数。

mac-address max-mac-count count

undo mac-address max-mac-count

〖视图〗

以太网端口视图

〖参数〗

• count　端口可以学习到的最大 MAC 地址数，范围为 0~8192，为 0 即表示不允许该端口学习 MAC 地址。

【例】在以太网端口视图下，将以太网端口 Ethernet1/0/1 最多学习到的地址的数目设为 500。

```
[H3C -Ethernet1/0/1] mac-address max-mac-count 500
```

(4)禁止/恢复交换机在当前 VLAN 下学习 MAC 地址。

mac-address max-mac-count 0

undo mac-address max-mac-count

〖视图〗

VLAN 视图

【例】在 VLAN 视图下，禁止交换机在 VLAN 2 中学习 MAC 地址。

```
[H3C-vlan2] mac-address max-mac-count 0
```

(5)显示 MAC 地址转发表的信息，包括 MAC 地址所对应 VLAN 和以太网端口、地址状态(静态还是动态)、是否处在老化时间内等信息。

• display mac-address [display-option]

〖视图〗

任意视图

〖参数〗

• display-option　表示可以有选择的显示部分 MAC 地址表信息。

【例】查看本交换机所有 MAC 地址表的信息。

```
[H3C] display mac-address
MAC ADDR          VLAN ID    STATE       PORT INDEX        AGING TIME(s)
000f-e207-f2e0    1          Learned     Ethernet1/0/17    AGING
000f-e282-fc5a    1          Learned     Ethernet1/0/15    AGING
000f-e2d6-c031    1          Learned     Ethernet1/0/17    AGING
000f-e2d6-c049    1          Learned     Ethernet1/0/17    AGING
  --- 4 mac address(es) found ---
```

5.4.5　MAC 地址表典型配置原理与实践

假设案例中学校的网络环境如下：

由一台交换机连接网关服务器、网管服务器以及非法接入的计算机。主机 IP 地址、MAC 地址和连接的交换机端口如表 5.22 所示。以太网端口 Ethernet1/0/1、Ethernet1/0/2、Ethernet1/0/3 同属于 VLAN 2。

表 5.22　主机和交换机端口信息表

主机	MAC 地址	IP 地址	连接端口
网关服务器	0050-8d5b-402f	10.10.1.254/24	Ethernet1/0/1
网管服务器	0024-2305-6a62	10.10.1.1/24	Ethernet1/0/2
非法接入的计算机	0014-aa69-aa69	10.10.1.2/24	Ethernet1/0/3

根据需求做以下设置：

(1)交换机不再转发源地址或目的地址是非法接入计算机 MAC 地址的数据报文，即将该计算机的 MAC 地址设为黑洞 MAC 地址。

(2)在交换机 MAC 地址表中把网关服务器 MAC 地址添加为静态 MAC 地址表项，实现交换机通过 Ethernet1/0/1 端口单播发送去往网关服务器的报文。

(3)在交换机 MAC 地址表中把网管服务器 MAC 地址添加为静态 MAC 地址表项，并禁止交换机以太网端口 Ethernet1/0/2 学习新的 MAC 地址，实现端口 Ethernet1/0/2 只允许网管服务器接入。

(4)为了优化网络传输性能，将交换机的 MAC 地址表项老化时间设为 500 秒。

实验拓扑图如图 5.12 所示。

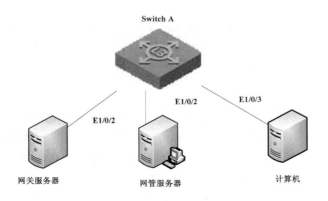

图 5.12　实验拓扑图

实验设备：

二层交换机 1 台，PC 机 3 台，标准网线 3 根。

说明： 本实验二层交换机选择 H3C S5120-EI 系列以太网交换机。

实验过程：

步骤 1

在交换机 Switch A 上创建 VLAN2，并将 Ethernet1/0/1、Ethernet1/0/2、Ethernet1/0/3 端口加入 VLAN 2。

(1)进入系统视图。

(2)创建 VLAN2。

(3)进入 VLAN2 视图，把交换机端口 Ethernet1/0/1、Ethernet1/0/2 口加入 VLAN2。

步骤 2

将非法接入的计算机 MAC 地址在交换机 MAC 地址表中添加为黑洞 MAC 地址表项，交换机将不再转发源地址或目的地址为该 MAC 地址的数据报文。

步骤 3

在交换机 MAC 地址表中添加网关服务器和网管服务器静态 MAC 地址表项。

步骤 4

禁止交换机以太网端口 Ethernet1/0/2 学习 MAC 地址，该端口只允许网管服务器接入。

步骤 5

设置交换机上动态 MAC 地址表项的老化时间为 500 秒。

步骤 6

测试：

(1)在非法接入的计算机上使用 ping 命令测试其与网关服务器的连通性。

(2)在网管服务器上使用 ping 命令测试其与网关服务器的连通性；换另一台计算机代替网管服务器接入交换机端口 Ethernet1/0/2，再次测试该计算机与网关服务器的连通性。

思考实验：

某单位有一台网管服务器和一台文件服务器连接到同一部交换机，网管人员为这两台服务器独立设置了一个 VLAN，为了保证 VLAN 内的服务器的稳定性和安全性，不允许其他任何设备占用这两台服务器连接的交换机以太网端口。应如何实现？

5.5　以太网链路聚合配置

5.5.1　以太网链路聚合简介

以太网链路聚合简称链路聚合，它通过将多条以太网物理链路捆绑在一起成为一条逻辑链路，从而实现增加链路带宽的目的。同时，这些捆绑在一起的链路通过相互间的动态备份，可以有效地提高链路的可靠性。如图 5.13 所示，Device A 与 Device B 之间通过 3 条以太网物理链路相连，将这 3 条链路捆绑在一起，就成为了一条逻辑链路 Link aggregation 1，这条逻辑链路的带宽等于原先 3 条以太网物理链路的带宽总和，从而达到了增加链路带宽的目的。同时，这 3 条以太网物理链路相互备份，有效地提高了链路的可靠性。

图 5.13　链路聚合示意图

将多个以太网接口捆绑在一起所形成的组合称为聚合组，而这些被捆绑在一起的以太网接口就称为该聚合组的成员端口。每个聚合组唯一对应着一个逻辑接口，我们称之为聚合接口。聚合组/聚合接口分为以下两种类型。

(1) 二层聚合组/二层聚合接口：二层聚合组的成员端口全部为二层以太网接口，其对应的聚合接口称为二层聚合接口 (Bridge-aggregation Interface，BAGG)。

(2) 三层聚合组/三层聚合接口：三层聚合组的成员端口全部为三层以太网接口，其对应的聚合接口称为三层聚合接口 (Route-aggregation Interface，RAGG)。

聚合组内的成员端口具有以下两种状态。

(1) 选中 (Selected) 状态：此状态下的成员端口可以参与用户数据的转发，处于此状态的成员端口简称为"选中端口"。

(2) 非选中 (Unselected) 状态：此状态下的成员端口不能参与用户数据的转发，处于此状态的成员端口简称为"非选中端口"。

操作 Key 是系统在进行链路聚合时用来表征成员端口聚合能力的一个数值，它是根据成员端口上的一些信息 (包括该端口的速率、双工模式等) 的组合自动计算生成的，该数值就称为操作 Key。这个信息组合中任何一项的变化都会引起操作 Key 的重新计算。在同一聚合组中，所有的选中端口都必须具有相同的操作 Key。

LACP (Link Aggregation Control Protocol，链路聚合控制协议) 是一种实现链路动态聚合的协议，该协议在端口启动后，通过发送 LACPDU (链路聚合控制协议数据单元) 与对端交互信息，包括系统优先级、系统 MAC 地址、端口优先级、端口号和操作 Key (操作 Key 是在端口聚合时，系统根据端口的速率、双工和基本配置生成的一个配置组合)。双方端口通过这些信息的比较，协商出哪个端口可以加入或者退出某个聚合组，也就是决定了聚合组的成员端口。

1) LACP 协议的功能

根据所使用的 LACPDU 字段的不同，可将 LACP 协议的功能分为基本功能和扩展功能两大类，如表 5.23 所示。

表 5.23　LACP 协议的功能分类

类　别	说　明
基本功能	利用 LACPDU 的基本字段可以实现 LACP 协议的基本功能，基本字段包含以下信息：系统 LACP 优先级、系统 MAC 地址、端口 LACP 优先级、端口编号和操作 Key 动态聚合组内的成员端口会自动使能 LACP 协议，并通过发送 LACPDU 向对端通告本端的上述信息。当对端收到该 LACPDU 后，将其中的信息与本端其他成员端口收到的信息进行比较，以选择能够处于选中状态的成员端口，使双方可以对各自接口的选中/非选中状态达成一致，从而决定哪些链路可以加入聚合组以及某链路何时可以加入聚合组

类　　别	说　　明
扩展功能	通过对 LACPDU 的字段进行扩展,可以实现对 LACP 协议的扩展。如,通过在扩展字段中定义一个新的 TLV(Type/Length/Value,类型/长度/值)数据域,可以实现 IRF(Intelligent ResilientFramework,智能弹性架构)中的 LACP MAD(Multi-Active Detection,多 Active 检测)机制。对于支持本扩展功能的 S5120-EI 系列以太网交换机来说,既可以作为成员设备,又可以作为中间设备来参与 LACP MAD

2)LACP 优先级

根据作用的不同,可以将 LACP 优先级分为系统 LACP 优先级和端口 LACP 优先级两类,如表 5.24 所示。

表 5.24　LACP 优先级表

类　　别	说　　明	比较标准
系统 LACP 优先级	系统 LACP 优先级用于区分两端设备优先级的高低。要想使两端设备的选中端口一致,可以使一端具有较高的优先级,另一端则根据优先级较高的一端来选择本端的选中端口	优先级数值越小,优先级越高
端口 LACP 优先级	端口 LACP 优先级用于区分各成员端口成为选中端口的优先程度	

3)聚合模式

根据成员端口上是否启用了 LACP 协议,可以将链路聚合分为静态聚合和动态聚合两种模式,它们各自的特点如表 5.25 所示。

表 5.25　不同聚合模式的特点

聚 合 模 式	成员端口是否开启 LACP 协议	优　　点	缺　　点
静态聚合模式	否	一旦配置好后,端口的选中/非选中状态就不会受网络环境的影响,比较稳定	不能根据对端的状态调整端口的选中/非选中状态,不够灵活
动态聚合模式	是	能够根据对端和本端的信息调整端口的选中/非选中状态,比较灵活	端口的选中/非选中状态容易受网络环境的影响,不够稳定

处于静态聚合模式和动态聚合模式下的聚合组分别称为静态聚合组和动态聚合组,动态聚合组内的选中端口以及处于 up 状态、与对应聚合接口的第二类配置相同的非选中端口均可以收发 LACPDU。

4)静态聚合模式

在静态聚合模式下,聚合组内的成员端口上不启用 LACP 协议,其端口状态通过手工进行维护。静态聚合模式的工作机制如下。

(1)选择参考端口。

当聚合组内有处于 up 状态的端口时,先比较端口的聚合优先级,优先级最小的端口作为参考端口;如果优先级相同,再按照端口的全双工/高速率→全双工/低速率→半双工/高速率→半双工/低速率的优先次序,选择优先次序最高且第二类配置与对应聚合接口相同的端口作为该组的参考端口;如果优先次序也相同,则选择端口号最小的端口作为参考端口。

（2）确定成员端口的状态。

静态聚合组内成员端口状态的确定流程如图 5.14 所示。

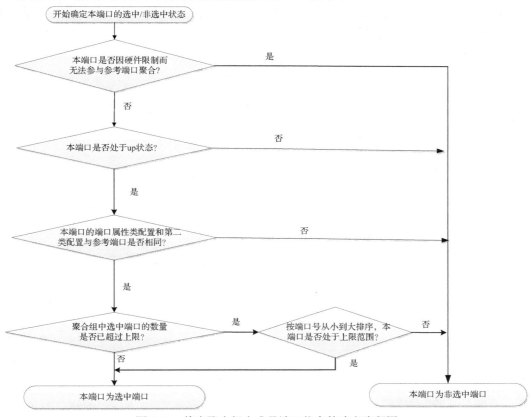

图 5.14　静态聚合组内成员端口状态的确定流程图

说明：当一个成员端口的端口属性类配置或第二类配置改变时，其所在静态聚合组内各成员端口的选中/非选中状态可能会发生改变。

当静态聚合组内选中端口的数量已达到上限时，后加入的成员端口即使满足成为选中端口的其他条件，也不会立刻成为选中端口。这样能够尽量维持当前选中端口上的流量不中断，但是由于设备重启时会重新计算选中端口，因此可能导致设备重启前、后各成员端口的选中/非选中状态不一致。

5）动态聚合模式

在动态聚合模式下，聚合组内的成员端口上均启用 LACP 协议，其端口状态通过该协议自动进行维护。动态聚合模式的工作机制如下。

（1）选择参考端口。

首先，从聚合链路的两端选出设备 ID（由系统的 LACP 优先级和系统的 MAC 地址共同构成）较小的一端：先比较两端的系统 LACP 优先级，优先级越小其设备 ID 越小；若优先级相同再比较其系统 MAC 地址，MAC 地址越小其设备 ID 越小。

其次，对于设备 ID 较小的一端，再比较其聚合组内各成员端口的端口 ID（由端口的 LACP 优先级和端口的编号共同构成），先比较端口的端口 LACP 优先级，优先级越小其端口 ID 越小；若优先级相同再比较其端口号，端口号越小其端口 ID 越小。端口 ID 最小的端口作为参考端口。

(2)确定成员端口的状态。

在设备 ID 较小的一端，动态聚合组内成员端口状态的确定流程如图 5.15 所示。与此同时，设备 ID 较大的一端也会随着对端成员端口状态的变化，随时调整本端各成员端口的状态，以确保聚合链路两端成员端口状态的一致。

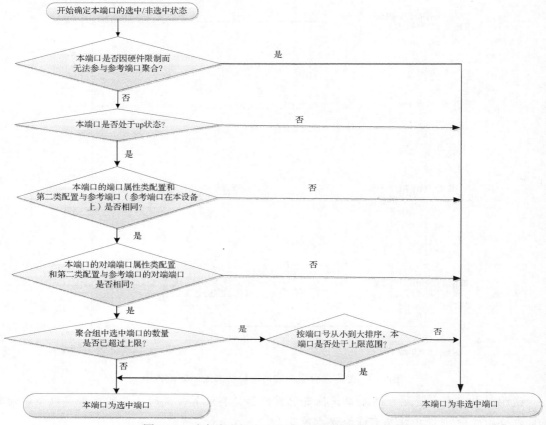

图 5.15　动态聚合组内成员端口状态的确定流程图

说明：当一个成员端口的端口属性类配置或第二类配置改变时，其所在聚合组内各成员端口的选中/非选中状态可能会发生改变。当本端端口的选中/非选中状态发生改变时，其对端端口的选中/非选中状态也将随之改变。

5.5.2　命令介绍

1. 创建/删除静态汇聚组

link-aggregation group agg-id mode static
undo link-aggregation group agg-id
〖视图〗
系统视图
〖参数〗
· agg-id　汇聚组 ID，取值范围为 1～28。
· static　创建静态汇聚组。

【例】在系统视图下，创建汇聚组号为 1 的静态汇聚组。

```
    [H3C] link-aggregation group 1 mode static
```

2. 将以太网端口加入/退出静态汇聚组

port link-aggregation group agg-id
undo port link-aggregation group

〖视图〗

系统视图

〖参数〗

• agg-id   汇聚组 ID，取值范围为 1～28。

【例】在系统视图下，将以太网端口 Ethernet1/0/1 加入汇聚组 1。

```
    [H3C -Ethernet1/0/1] port link-aggregation group 1
```

3. 开启/关闭当前端口的 LACP 协议

lacp enable
undo lacp enable

〖视图〗

以太网端口视图

【例】在以太网端口视图下，开启以太网端口 Ethernet1/0/1 的 LACP 协议。

```
    [H3C -Ethernet1/0/1] lacp enable
```

4. 配置/取消配置端口优先级

lacp port-priority port-priority
undo lacp port-priority

〖视图〗

以太网端口视图

〖参数〗

• port-priority   端口优先级，取值范围为 0～65535。缺省情况下，端口优先级为 32768。

5. 配置/取消配置系统优先级

lacp system-priority system-priority
undo lacp system-priority

〖视图〗

系统视图

〖参数〗

•system-priority   系统优先级，取值范围为 0～65535。缺省情况下，系统优先级为 32768。

6. 显示指定端口的端口汇聚的详细信息

display link-aggregation interface interface-type interface-number [to interface-type interface-number]

〖视图〗

任意视图

〖参数〗

• interface-type　端口类型。

• interface-number　端口编号。

• to　用来连接两个端口，表示在两个端口之间的所有端口（包含这两个端口），并且终止端口号必须大于起始端口号。

7. 显示指定汇聚组的详细信息

display link-aggregation verbose [agg-id]

〖视图〗

任意视图

〖参数〗

• agg-id　要显示的汇聚组 ID，必须是当前已经存在的汇聚组 ID，取值范围为 1～28。

5.5.3　以太网链路聚合典型配置举例

1. 二层静态聚合配置举例

1）组网需求

Device A 与 Device B 通过各自的以太网端口 GigabitEthernet1/0/1～GigabitEthernet1/0/3 相互连接。

在 Device A 和 Device B 上分别配置静态链路聚合组，并使两端的 VLAN 10 和 VLAN 20 之间分别互通。

通过按照报文的源 MAC 地址和目的 MAC 地址进行聚合负载分担的方式，来实现数据流量在各成员端口间的负载分担。

2）组网图

组网图如图 5.16 所示。

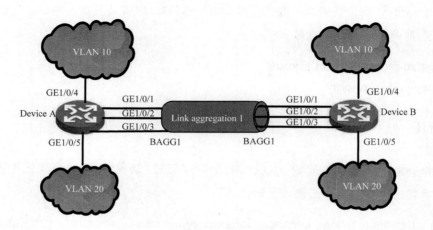

图 5.16　静态聚合配置组网图

3) 配置步骤

(1) 配置 Device A。

```
    # 创建 VLAN 10，并将端口 GigabitEthernet1/0/4 加入到该 VLAN 中
<DeviceA> system-view
[DeviceA] vlan 10
[DeviceA-vlan10] port gigabitEthernet 1/0/4
[DeviceA-vlan10] quit
    # 创建 VLAN 20，并将端口 GigabitEthernet1/0/5 加入到该 VLAN 中
[DeviceA] vlan 20
[DeviceA-vlan20] port gigabitEthernet 1/0/5
[DeviceA-vlan20] quit
    # 创建二层聚合接口 1
[DeviceA] interface bridge-aggregation 1
[DeviceA-Bridge-Aggregation1] quit
    # 分别将端口 GigabitEthernet1/0/1 至 GigabitEthernet1/0/3 加入到聚合组 1 中
[DeviceA] interface gigabitethernet 1/0/1
[DeviceA-gigabitethernet1/0/1] port link-aggregation group 1
[DeviceA-gigabitethernet1/0/1] quit
[DeviceA] interface gigabitethernet 1/0/2
[DeviceA-gigabitethernet1/0/2] port link-aggregation group 1
[DeviceA-gigabitethernet1/0/2] quit
[DeviceA] interface gigabitethernet 1/0/3
[DeviceA-gigabitethernet1/0/3] port link-aggregation group 1
[DeviceA-gigabitethernet1/0/3] quit
    # 配置二层聚合接口 1 为 Trunk 端口，并允许 VLAN 10 和 20 的报文通过
    # 说明：该配置将被自动同步到聚合组 1 内的所有成员端口上
[DeviceA] interface bridge-aggregation 1
[DeviceA-Bridge-Aggregation1] port link-type trunk
[DeviceA-Bridge-Aggregation1] port trunk permit vlan 10 20
Please wait... Done.
Configuring GigabitEthernet1/0/1... Done.
Configuring GigabitEthernet1/0/2... Done.
Configuring GigabitEthernet1/0/3... Done.
[DeviceA-Bridge-Aggregation1] quit
    # 配置全局按照报文的源 MAC 地址和目的 MAC 地址进行聚合负载分担
[DeviceA] link-aggregation load-sharing mode source-mac destination-mac
```

(2) 配置 Device B。

Device B 的配置与 Device A 相似，配置过程略。

(3) 检验配置效果。

```
    # 查看 Device A 上所有聚合组的摘要信息
[DeviceA] display link-aggregation summary
Aggregation Interface Type:
BAGG -- Bridge-Aggregation, RAGG -- Route-Aggregation
Aggregation Mode: S -- Static, D -- Dynamic
Loadsharing Type: Shar -- Loadsharing, NonS -- Non-Loadsharing
```

```
Actor System ID: 0x8000, 000f-e2ff-0001

AGG        AGG      Partner ID          Select    Unselect    Share
Interface  Mode                         Ports     Ports       Type
--------------------------------------------------------------------
BAGG1      S        none                3         0           Shar
```

以上信息表明，聚合组 1 为负载分担类型的静态聚合组，包含有 3 个选中端口。

```
# 查看 Device A 上全局采用的聚合负载分担类型
[DeviceA] display link-aggregation load-sharing mode
Link-Aggregation Load-Sharing Mode:
destination-mac address, source-mac address
```

以上信息表明，所有聚合组都按照报文的源 MAC 地址和目的 MAC 地址进行聚合负载分担。

2. 动态聚合配置举例

1）组网需求

Device A 与 Device B 通过各自的以太网端口 GigabitEthernet1/0/1～GigabitEthernet1/0/3 相互连接。

在 Device A 和 Device B 上分别配置动态链路聚合组，并使两端的 VLAN 10 和 VLAN 20 之间分别互通。

通过按照报文的源 MAC 地址和目的 MAC 地址进行聚合负载分担的方式，来实现数据流量在各成员端口间的负载分担。

2）组网图

组网图如图 5.17 所示。

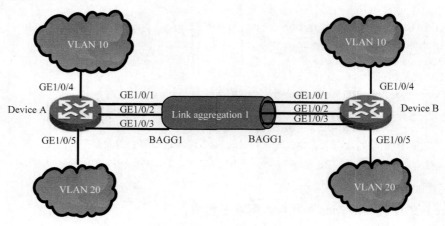

图 5.17　动态聚合配置组网图

3）配置步骤

（1）配置 Device A。

```
# 创建 VLAN 10，并将端口 GigabitEthernet1/0/4 加入到该 VLAN 中
<DeviceA> system-view
[DeviceA] vlan 10
```

```
[DeviceA-vlan10] port gigabitEthernet 1/0/4
[DeviceA-vlan10] quit
# 创建 VLAN 20，并将端口 GigabitEthernet1/0/5 加入到该 VLAN 中
[DeviceA] vlan 20
[DeviceA-vlan20] port gigabitEthernet 1/0/5
[DeviceA-vlan20] quit
# 创建二层聚合接口 1，并配置该接口为动态聚合模式
[DeviceA] interface bridge-aggregation 1
[DeviceA-Bridge-Aggregation1] link-aggregation mode dynamic
[DeviceA-Bridge-Aggregation1] quit
# 分别将端口 GigabitEthernet1/0/1 至 GigabitEthernet1/0/3 加入到聚合组 1 中
[DeviceA] interface gigabitethernet 1/0/1
[DeviceA-gigabitethernet1/0/1] port link-aggregation group 1
[DeviceA-gigabitethernet1/0/1] quit
[DeviceA] interface gigabitethernet 1/0/2
[DeviceA-gigabitethernet1/0/2] port link-aggregation group 1
[DeviceA-gigabitethernet1/0/2] quit
[DeviceA] interface gigabitethernet 1/0/3
[DeviceA-gigabitethernet1/0/3] port link-aggregation group 1
[DeviceA-gigabitethernet1/0/3] quit
# 配置二层聚合接口 1 为 Trunk 端口，并允许 VLAN 10 和 20 的报文通过
# 说明：该配置将被自动同步到聚合组 1 内的所有成员端口上
[DeviceA] interface bridge-aggregation 1
[DeviceA-Bridge-Aggregation1] port link-type trunk
[DeviceA-Bridge-Aggregation1] port trunk permit vlan 10 20
Please wait... Done.
Configuring GigabitEthernet1/0/1... Done.
Configuring GigabitEthernet1/0/2... Done.
Configuring GigabitEthernet1/0/3... Done.
[DeviceA-Bridge-Aggregation1] quit
# 配置全局按照报文的源 MAC 地址和目的 MAC 地址进行聚合负载分担
[DeviceA] link-aggregation load-sharing mode source-mac destination-mac
```

（2）配置 Device B。

Device B 的配置与 Device A 相似，配置过程略。

（3）检验配置效果。

```
# 查看 Device A 上所有聚合组的摘要信息
[DeviceA] display link-aggregation summary
Aggregation Interface Type:
BAGG -- Bridge-Aggregation, RAGG -- Route-Aggregation
Aggregation Mode: S -- Static, D -- Dynamic
Loadsharing Type: Shar -- Loadsharing, NonS -- Non-Loadsharing
Actor System ID: 0x8000, 000f-e2ff-0001
AGG         AGG      Partner ID        Select    Unselect    Share
Interface   Mode                       Ports     Ports       Type
-------------------------------------------------------------------------
BAGG1       D   0x8000, 000f-e2ff-0002   3          0         Shar
```

以上信息表明，聚合组 1 为负载分担类型的二层动态聚合组，包含有 3 个选中端口。

```
# 查看 Device A 上全局采用的聚合负载分担类型。
[DeviceA] display link-aggregation load-sharing mode
Link-Aggregation Load-Sharing Mode:
destination-mac address, source-mac address
```

以上信息表明，所有聚合组都按照报文的源 MAC 地址和目的 MAC 地址进行聚合负载分担。

3. 聚合负载分担配置举例

1) 组网需求

Device A 与 Device B 通过各自的以太网端口 GigabitEthernet1/0/1～ GigabitEthernet1/0/4 相互连接。

在 Device A 和 Device B 上分别配置两个静态链路聚合组，并使两端的 VLAN 10 和 VLAN 20 之间分别互通。

通过在聚合组 1 上按照源 MAC 地址进行聚合负载分担、在聚合组 2 上按照目的 MAC 地址进行聚合负载分担的方式，来实现数据流量在各成员端口间的负载分担。

2) 组网图

组网图如图 5.18 所示。

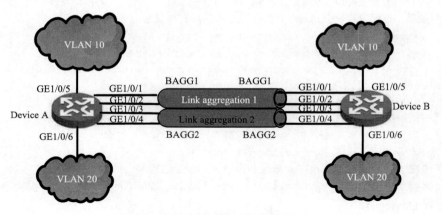

图 5.18　聚合负载分担配置组网图

3) 配置步骤

（1）配置 Device A。

```
# 创建 VLAN 10，并将端口 GigabitEthernet1/0/5 加入到该 VLAN 中
<DeviceA> system-view
[DeviceA] vlan 10
[DeviceA-vlan10] port gigabitEthernet 1/0/5
[DeviceA-vlan10] quit
# 创建 VLAN 20，并将端口 GigabitEthernet1/0/6 加入到该 VLAN 中
[DeviceA] vlan 20
[DeviceA-vlan20] port gigabitEthernet 1/0/6
[DeviceA-vlan20] quit
# 创建二层聚合接口 1，并配置该接口对应的聚合组内按照源 MAC 地址进行聚合负载分担
```

```
[DeviceA] interface bridge-aggregation 1
[DeviceA-Bridge-Aggregation1] link-aggregation load-sharing mode source-mac
[DeviceA-Bridge-Aggregation1] quit
# 分别将端口 GigabitEthernet1/0/1 和 GigabitEthernet1/0/2 加入到聚合组 1 中
[DeviceA] interface gigabitEthernet 1/0/1
[DeviceA-GigabitEthernet1/0/1] port link-aggregation group 1
[DeviceA-GigabitEthernet1/0/1] quit
[DeviceA] interface gigabitEthernet 1/0/2
[DeviceA-GigabitEthernet1/0/2] port link-aggregation group 1
[DeviceA-GigabitEthernet1/0/2] quit
# 配置二层聚合接口 1 为 Trunk 端口，并允许 VLAN 10 和 20 的报文通过
# 说明：该配置将被自动同步到聚合组 2 内的所有成员端口上
[DeviceA] interface bridge-aggregation 2
[DeviceA-Bridge-Aggregation2] port link-type trunk
[DeviceA-Bridge-Aggregation2] port trunk permit vlan 10 20
Please wait... Done.
Configuring GigabitEthernet1/0/3... Done.
Configuring GigabitEthernet1/0/4... Done.
[DeviceA-Bridge-Aggregation2] quit
```

（2）配置 Device B。

Device B 的配置与 Device A 相似，配置过程略。

（3）检验配置效果。

```
# 查看 Device A 上所有聚合组的摘要信息
[DeviceA] display link-aggregation summary
Aggregation Interface Type:
BAGG -- Bridge-Aggregation, RAGG -- Route-Aggregation
Aggregation Mode: S -- Static, D -- Dynamic
Loadsharing Type: Shar -- Loadsharing, NonS -- Non-Loadsharing
Actor System ID: 0x8000, 000f-e2ff-0001
AGG         AGG      Partner ID    Select    Unselect   Share
Interface   Mode                   Ports     Ports      Type
-------------------------------------------------------------------------
BAGG1       S        none          2         0          Shar
BAGG2       S        none          2         0          Shar
```

以上信息表明，聚合组 1 和聚合组 2 都是负载分担类型的静态聚合组，各包含有两个选中端口。

```
# 查看 Device A 上所有聚合接口所对应聚合组内采用的聚合负载分担类型
[DeviceA] display link-aggregation load-sharing mode interface
Bridge-Aggregation1 Load-Sharing Mode:
source-mac address
Bridge-Aggregation2 Load-Sharing Mode:
destination-mac address
```

以上信息表明，二层聚合组 1 按照报文的源 MAC 地址进行聚合负载分担，二层聚合组 2 按照报文的目的 MAC 地址进行聚合负载分担。

考虑上图中的网络环境，如果不配置链路聚合，直接在两台交换机之间连接两根网线，交换机能正常工作吗？会出现什么现象？

5.6 MSTP 配置

生成树协议是一种二层管理协议，它通过选择性地阻塞网络中的冗余链路来消除二层环路，同时还具备链路备份的功能。与众多协议的发展过程一样，生成树协议也是随着网络的发展而不断更新的，从最初的 STP(Spanning Tree Protocol，生成树协议)到 RSTP(Rapid Spanning Tree Protocol，快速生成树协议)，再到最新的 MSTP(Multiple Spanning Tree Protocol，多生成树协议)。本文将渐进式地对 STP、RSTP 和 MSTP 各自的特点及其关系进行介绍。

5.6.1 STP

STP 由 IEEE 制定的 802.1D 标准定义，用于在局域网中消除数据链路层物理环路的协议。运行该协议的设备通过彼此交互信息发现网络中的环路，并有选择的对某些端口进行阻塞，最终将环路网络结构修剪成无环路的树型网络结构，从而防止报文在环路网络中不断增生和无限循环，避免设备由于重复接收相同的报文造成的报文处理能力下降的问题发生。

STP 包含了两个含义，狭义的 STP 是指 IEEE 802.1D 中定义的 STP 协议，广义的 STP 是指包括 IEEE 802.1D 定义的 STP 协议以及各种在它的基础上经过改进的生成树协议。

1. STP 的协议报文

STP 采用的协议报文是 BPDU(Bridge Protocol Data Unit，桥协议数据单元)，也称为配置消息。STP 通过在设备之间传递 BPDU 来确定网络的拓扑结构。BPDU 中包含了足够的信息来保证设备完成生成树的计算过程。

BPDU 在 STP 协议中分为两类：配置 BPDU(Configuration BPDU)，用来进行生成树计算和维护生成树拓扑的报文；TCN BPDU(Topology Change Notification BPDU)，当拓扑结构发生变化时，用来通知相关设备网络拓扑结构发生变化的报文。

2. STP 的基本概念

1)根桥

树形的网络结构必须有树根，于是 STP 引入了根桥(Root Bridge)的概念。根桥在全网中有且只有一个，而且根桥会根据网络拓扑的变化而改变，因此根桥并不是固定的。

在网络初始化过程中，所有设备都视自己为根桥，生成各自的配置 BPDU 并周期性地向外发送；但当网络拓扑稳定以后，只有根桥设备才会向外发送配置 BPDU，其他设备则对其进行转发。

2)根端口

所谓根端口，是指一个非根桥的设备上离根桥最近的端口。根端口负责与根桥进行通信。非根桥设备上有且只有一个根端口。根桥上没有根端口。

3)指定桥与指定端口

指定桥与指定端口的含义如表 5.26 所示。

表 5.26　指定桥与指定端口含义表

分　类	指　定　桥	指定端口
对于一台设备而言	与本机直接相连并且负责向本机转发配置消息的设备	指定桥向本机转发配置消息的端口
对于一个局域网而言	负责向本网段转发配置消息的设备	指定桥向本网段转发配置消息的端口

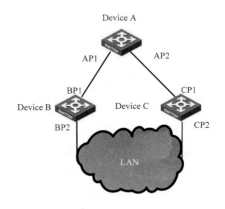

图 5.19　指定桥与指定端口示意图

指定桥与指定端口如图 5.19 所示。AP1、AP2、BP1、BP2、CP1、CP2 分别表示设备 Device A、Device B、Device C 的端口。

Device A 通过端口 AP1 向 Device B 转发配置消息，则 Device B 的指定桥就是 Device A，指定端口就是 Device A 的端口 AP1；与局域网 LAN 相连的有两台设备：Device B 和 Device C，如果 Device B 负责向 LAN 转发配置消息，则 LAN 的指定桥就是 Device B，指定端口就是 Device B 的 BP2。

4)路径开销

路径开销是 STP 协议用于选择链路的参考值。STP 协议通过计算路径开销，选择较为"强壮"的链路，阻塞多余的链路，将网络修剪成无环路的树型网络结构。

3．STP 的基本原理

STP 通过在设备之间传递 BPDU 来确定网络的拓扑结构。配置消息中包含了足够的信息来保证设备完成生成树的计算过程，其中包含的几个重要信息如下。

- 根桥 ID：由根桥的优先级和 MAC 地址组成。
- 根路径开销：到根桥的路径开销。
- 指定桥 ID：由指定桥的优先级和 MAC 地址组成。
- 指定端口 ID：由指定端口的优先级和端口名称组成。
- 配置消息在网络中传播的生存期：Message Age。
- 配置消息在设备中能够保存的最大生存期：Max Age。
- 配置消息发送的周期：Hello Time。
- 端口状态迁移的延时：Forward Delay。

说明：为描述方便，在下面的描述及举例中仅考虑配置消息的其中 4 项内容。

- 根桥 ID（以设备的优先级表示）
- 根路径开销（与端口所连的链路速率相关）
- 指定桥 ID（以设备的优先级表示）
- 指定端口 ID（以端口名称表示）

1)STP 算法实现的具体过程

(1)初始状态。

各台设备的各个端口在初始时会生成以自己为根桥的配置消息，根路径开销为 0，指定桥 ID 为自身设备 ID，指定端口为本端口。

(2)最优配置消息的选择。

各台设备都向外发送自己的配置消息，同时也会收到其他设备发送的配置消息。

最优配置消息的选择过程如表 5.27 所示。

表 5.27　最优配置消息的选择过程

步　骤	内　容
1	每个端口收到配置消息后的处理过程如下： •当端口收到的配置消息比本端口配置消息的优先级低时，设备会将接收到的配置消息丢弃，对该端口的配置消息不做任何处理 •当端口收到的配置消息比本端口配置消息的优先级高时，设备就用接收到的配置消息中的内容替换该端口的配置消息中的内容
2	设备将所有端口的配置消息进行比较，选出最优的配置消息

说明：配置消息的比较原则如下。

(1)根桥 ID 较小的配置消息优先级高。

(2)若根桥 ID 相同，则比较根路径开销，比较方法为，用配置消息中的根路径开销加上本端口对应的路径开销，假设两者之和为 S，则 S 较小的配置消息优先级较高。

(3)若根路径开销也相同，则依次比较指定桥 ID、指定端口 ID、接收该配置消息的端口 ID 等，上述值较小的配置消息优先级较高。

2)根桥的选择

网络初始化时，网络中所有的 STP 设备都认为自己是"根桥"，根桥 ID 为自身的设备 ID。通过交换配置消息，设备之间比较根桥 ID，网络中根桥 ID 最小的设备被选为根桥。

根端口、指定端口的选择过程如表 5.28 所示。

表 5.28　根端口和指定端口的选择过程

步　骤	内　容
1	非根桥设备将接收最优配置消息的那个端口定为根端口
2	设备根据根端口的配置消息和根端口的路径开销，为每个端口计算一个指定端口配置消息： 根桥 ID 替换为根端口的配置消息的根桥 ID 根路径开销替换为根端口配置消息的根路径开销加上根端口对应的路径开销 指定桥 ID 替换为自身设备的 ID 指定端口 ID 替换为自身端口 ID
3	设备使用计算出来的配置消息和需要确定端口角色的端口上的配置消息进行比较，并根据比较结果进行不同的处理： 　如果计算出来的配置消息优，则设备就将该端口定为指定端口，端口上的配置消息被计算出来的配置消息替换，并周期性向外发送 　如果端口上的配置消息优，则设备不更新该端口的配置消息并将此端口阻塞，此端口将不再转发数据，只接收但不发送配置消息

说明：在拓扑稳定状态，只有根端口和指定端口转发流量，其他端口都处于阻塞状态，它们只接收 STP 协议报文而不转发用户流量。一旦根桥、根端口和指定端口选举成功，则整个树形拓扑就建立完毕了。

下面结合例子说明 STP 算法实现的计算过程。具体的组网如图 5.20 所示。Device A 的优先级为 0，Device B 的优先级为 1，Device C 的优先级为 2，3 个链路的路径开销分别为 5、10、4。

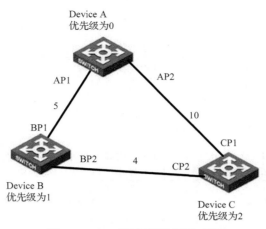

Device A
优先级为0

AP1

AP2

5

10

BP1

CP1

BP2   4   CP2

Device B
优先级为1

Device C
优先级为2

图 5.20　STP 算法计算过程组网图

各台设备的初始状态如表 5.29 所示。

表 5.29　各台设备的初始状态表

设备	端口名称	端口的配置消息
Device A	AP1	{0, 0, 0, AP1}
	AP2	{0, 0, 0, AP2}
Device B	BP1	{1, 0, 1, BP1}
	BP2	{1, 0, 1, BP2}
Device C	CP1	{2, 0, 2, CP1}
	CP2	{2, 0, 2, CP2}

各台设备的比较过程及结果如表 5.30 所示。

表 5.30　各台设备的比较过程及结果表

设　备	比　较　过　程	比较后端口的配置消息
Device A	• 端口 AP1 收到 Device B 的配置消息{1, 0, 1, BP1}，Device A 发现本端口的配置消息{0, 0, 0, AP1}优于接收到的配置消息，就把接收到的配置消息丢弃 • 端口 AP2 收到 Device C 的配置消息{2, 0, 2, CP1}，Device A 发现本端口的配置消息{0, 0, 0, AP2}优于接收到的配置消息，就把接收到的配置消息丢弃 • Device A 发现自己各个端口的配置消息中根桥和指定桥都是自己，则认为自己是根桥，各个端口的配置消息不做任何修改，以后周期性地向外发送配置消息	AP1：{0, 0, 0, AP1} AP2：{0, 0, 0, AP2}
Device B	• 端口 BP1 收到来自 Device A 的配置消息{0, 0, 0, AP1}，Device B 发现接收到的配置消息优于本端口的配置消息{1, 0, 1, BP1}，于是更新端口 BP1 的配置消息 • 端口 BP2 收到来自 Device C 的配置消息{2, 0, 2, CP2}，Device B 发现本端口的配置消息{1, 0, 1, BP2}优于接收到的配置消息，就把接收到的配置消息丢弃	BP1：{0, 0, 0, AP1} BP2：{1, 0, 1, BP2}
	• Device B 对各个端口的配置消息进行比较，选出端口 BP1 的配置消息为最优配置消息，然后将端口 BP1 定为根端口，它的配置消息不做改变 • Device B 根据根端口 BP1 的配置消息和根端口的路径开销 5，为 BP2 端口计算一个指定端口配置消息{0, 5, 1, BP2} • Device B 使用计算出来的配置消息{0, 5, 1, BP2}和端口 BP2 上的配置消息进行比较，比较的结果是计算出来的配置消息较优，则 Device B 将端口 BP2 定为指定端口，它的配置消息被计算出来的配置消息替换，并周期性地向外发送	根端口 BP1： {0, 0, 0, AP1} 指定端口 BP2： {0, 5, 1, BP2}

设 备	比 较 过 程	比较后端口的配置消息
Device C	· 端口 CP1 收到来自 Device A 的配置消息{0, 0, 0, AP2}，Device C 发现接收到的配置消息优于本端口的配置消息{2, 0, 2, CP1}，于是更新端口 CP1 的配置消息 · 端口 CP2 收到来自 Device B 端口 BP2 更新前的配置消息{1, 0, 1, BP2}，Device C 发现接收到的配置消息优于本端口的配置消息{2, 0, 2, CP2}，于是更新端口 CP2 的配置消息	CP1：{0, 0, 0, AP2} CP2：{1, 0, 1, BP2}
	经过比较：端口 CP1 的配置消息被选为最优的配置消息，端口 CP1 就被定为根端口，它的配置消息不做改变 将计算出来的指定端口配置消息{0, 10, 2, CP2}和端口 CP2 的配置消息进行比较后，端口 CP2 转为指定端口，它的配置消息被计算出来的配置消息替换	根端口 CP1： {0, 0, 0, AP2} 指定端口 CP2： {0, 10, 2, CP2}
	端口 CP2 会收到 Device B 更新后的配置消息{0, 5, 1, BP2}，由于收到的配置消息比原配置消息优，则 Device C 触发更新过程。同时端口 CP1 收到 Device A 周期性地发送来的配置消息，比较后 Device C 不会触发更新过程	CP1：{0, 0, 0, AP2} CP2：{0, 5, 1, BP2}
	经过比较：端口 CP2 的根路径开销 9(配置消息的根路径开销 5+端口 CP2 对应的路径开销 4)小于端口 CP1 的根路径开销 10(配置消息的根路径开销 0+端口 CP1 对应的路径开销 10)，所以端口 CP2 的配置消息被选为最优的配置消息，端口 CP2 就被定为根端口，它的配置消息就不做改变 将端口 CP1 的配置消息和计算出来的指定端口配置消息比较后，端口 CP1 被阻塞，端口配置消息不变，同时不接收从 Device A 转发的数据，直到新的情况触发生成树的计算，比如从 Device B 到 DeviceC 的链路 down 掉	阻塞端口 CP1： {0, 0, 0, AP2} 根端口 CP2： {0, 5, 1, BP2}

经过上表的比较过程，此时以 Device A 为根桥的生成树就确定下来了，形状如图 5.21 所示。

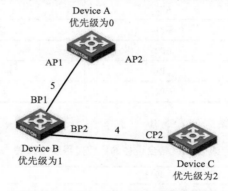

图 5.21　以 Device A 为根桥的生成树

说明：为了便于描述，本例简化了生成树的计算过程，实际的过程要更加复杂。

3）STP 的配置消息传递机制

当网络初始化时，所有的设备都将自己作为根桥，生成以自己为根的配置消息，并以 Hello Time 为周期，定时向外发送。

接收到配置消息的端口如果是根端口，且接收的配置消息比该端口的配置消息优，则设备将配置消息中携带的 Message Age 按照一定的原则递增，并启动定时器为这条配置消息计时，同时将此配置消息从设备的指定端口转发出去。

如果指定端口收到的配置消息比本端口的配置消息优先级低时，会立刻发出自己的更好的配置消息进行回应。

如果某条路径发生故障，则这条路径上的根端口不会再收到新的配置消息，旧的配置消息将会因为超时而被丢弃，设备重新生成以自己为根的配置消息并向外发送，从而引发生成树的重新计算，得到一条新的通路替代发生故障的链路，恢复网络连通性。

不过，重新计算得到的新配置消息不会立刻就传遍整个网络，因此旧的根端口和指定端口由于没有发现网络拓扑变化，将仍按原来的路径继续转发数据。如果新选出的根端口和指定端口立刻就开始数据转发的话，可能会造成暂时性的环路。

4）STP 定时器

STP 计算中，需要使用 3 个重要的时间参数：Forward Delay、Hello Time 和 Max Age。

（1）Forward Delay 为设备状态迁移的延迟时间。链路故障会引发网络重新进行生成树的计算，生成树的结构将发生相应的变化。不过重新计算得到的新配置消息无法立刻传遍整个网络，如果新选出的根端口和指定端口立刻就开始数据转发的话，可能会造成暂时性的环路。为此，STP 采用了一种状态迁移的机制，新选出的根端口和指定端口要经过 2 倍的 Forward Delay 延时后才能进入转发状态，这个延时保证了新的配置消息已经传遍整个网络。

（2）Hello Time 用于设备检测链路是否存在故障。设备每隔 Hello Time 时间会向周围的设备发送 hello 报文，以确认链路是否存在故障。

（3）Max Age 是用来判断配置消息在设备内保存时间是否"过时"的参数，设备会将过时的配置消息丢弃。

4. H3C S5120-EI 系列交换机 STP 相关命令介绍

1）设置交换机的 STP 工作模式

stp mode { stp | rstp | mstp }

undo stp mode

〖视图〗

系统视图

〖参数〗

· stp 用来设定 MSTP 的运行模式为 STP 模式。

【例】设定 MSTP 的运行模式为 STP 模式。

```
<H3C> system-view
System View: return to User View with Ctrl+Z.
[H3C] stp mode stp
```

2）启动或关闭交换机全局或端口的 STP 特性

stp { enable | disable }

undo stp

〖视图〗

系统视图/以太网端口视图

〖参数〗

· enable 用来开启全局或端口的 STP 特性。

· disable 用来关闭全局或端口的 STP 特性。

【例】关闭以太网端口 Ethernet 1/0/1 上的 STP 特性。

```
# 启动全局 STP 特性
<H3C> system-view
System View: return to User View with Ctrl+Z.
```

```
[H3C] stp enable
 # 关闭以太网端口 Ethernet 1/0/1 上的 STP 特性
<H3C> system-view
System View: return to User View with Ctrl+Z.
[H3C] interface Ethernet 1/0/1
[H3C-Ethernet1/0/1] stp disable
```

3) 启动或关闭交换机上端口的 STP 特性

stp interface interface-list { enable | disable }

〖视图〗

系统视图

〖参数〗

- interface-list 以太网端口列表，表示多个以太网端口，表示方式为 interface-list＝ { interface-type interface-number [to interface-type interface-number] } &<1-10>。 &<1-10>表示前面的参数最多可以输入 10 次。
- enable 用来开启端口的 STP 特性。
- disable 用来关闭端口的 STP 特性。

【例】在系统视图下启动 Ethernet 1/0/1 上的 STP 特性。

```
<H3C> system-view
System View: return to User View with Ctrl+Z.
[H3C] stp interface Ethernet 1/0/1 enable
```

4) 配置交换机在指定生成树的优先级

stp priority priority

undo stp priority

〖视图〗

系统视图

〖参数〗

- priority 交换机的优先级，取值为 0～61440，步长为 4096，交换机可以设置 16 个优先级取值，如 0、4096、8192 等。

【例】在系统视图下，设定以太网交换机在生成树中的 bridge 优先级为 4096。

```
[H3C] stp priority 4096
```

5) 指定当前交换机作为生成树的根桥

stp   root primary [bridge-diameter bridgenum] [hello-time centi-seconds]

undo stp root

〖视图〗

系统视图

〖参数〗

- bridgenum 生成树的网络直径，取值范围为 2～7，缺省值为 7。
- centi-seconds 生成树的 Hello Time 时间参数，取值范围为 100～1000，单位为厘秒。 缺省情况下，交换机的 Hello Time 时间参数取值为 200 厘秒。

【例】在系统视图下，指定当前交换机为生成树的根桥，同时指定交换网络的网络直径为3，本交换机的 Hello Time 时间为 200 厘秒。

```
[H3C] stp root primary bridge-diameter 3 hello-time 200
```

6) 显示交换机所在域的根端口的相关信息

display stp root

〖视图〗

任意视图

5.6.2　STP 配置原理与实践

案例：

小王为公司办公楼设计网络，楼层之间使用三层交换机连接，初步设计方案如图 5.22 中的左图所示。

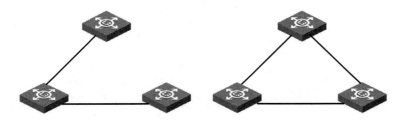

图 5.22　办公楼网络拓扑图

考虑到一旦中间的网线断了，两层之间就完全不能通信了，因此为保证楼层间通信，增加冗余链路，小王将交换机两两互连，如图 5.22 图中的右图所示。这样做后却出现了严重的网络故障，网络根本无法正常运行。

实验案例分析：

增加冗余链路为网络提供了设备间的连接备份，但是不可避免地使网络产生环路。组建企业网络时，通常会在交换机中实施生成树协议 (STP)，确保网络不会产生环路而出现广播风暴等传输问题，同时也可以利用生成树协议进行网络链路的冗余备份。另外，实施高级生成树协议时还会进一步提供链路的负载均衡能力。

解决方案：

利用 STP 解决本案例的广播风暴问题，从逻辑上阻断网络中的环路，并达到链路冗余备份的效果。要达到此目的，在冗余链路上的所有交换机都要运行 STP 协议。考虑设备具体的性能及实际的链路应用情况，网络管理员指定交换机 Switch B 作为根网桥。实验拓扑图如图 5.23 所示。

实验设备：

三层交换机 3 台，PC 机 3 台，标准网线 6 根。

说明： 本实验三层交换机选择 H3C S5120-EI 系列交换机。

实验步骤：

步骤 1

按照图 5.23 拓扑图所示连接设备，并配置 PC 机的 IP 地址。

步骤 2

体验广播风暴的产生。

(1) 用 ping 命令测试 PC1 和 PC2、PC1 和 PC3 的连通性，发现都不能互通。此时观察 3 个交换机的端口指示灯，可以看到所有指示灯均频繁闪烁。这正是由于网络环路引起了广播风暴，造成交换机通信瘫痪。

(2) 拔掉交换机 Switch A 以太网端口 Ethernet1/0/1 的网线，手动解除环路，交换机恢复正常通信。

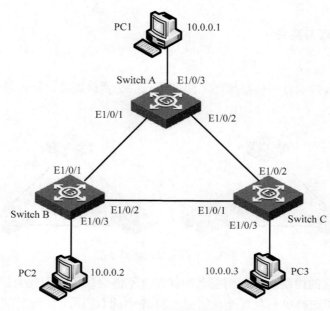

图 5.23　实验拓扑图

步骤 3

在 3 台交换机上使能 STP 协议，并配置 Switch B 为根桥。

1) 在 SwitchA 上配置 STP

(1) 使能全局 STP 协议。

(2) 配置 STP 模式，S3600-28P-EI 交换机缺省 STP 模式为 MSTP。

2) 将 SwtichB 配置为根桥

这里有两种方法：一种是将 Switch B 的根桥优先级设置为 0；另一种方法是直接将 Switch B 指定为树根，效果是一样的。

步骤 4

验证 STP 配置。

(1) 重新把交换机 Switch A 以太网端口 Ethernet1/0/1 的网线连上，恢复网络环路。再次用 ping 命令测试 PC1 和 PC2、PC1 和 PC3 的连通性，都能互通，交换机在冗余链路下也能正常通信，STP 配置生效。

(2) 在交换机 Switch A 上查看 STP 根端口信息。

(3) 分别查看 3 台交换机的 MAC 地址，与根桥 ID 相比较。

(4) 查看 3 台交换机参与 STP 计算的各端口的角色。

(5)根据以上信息，可以画出 STP 生成树。

拓展思考：

以太网交换机 Switch D 所处网络需备份冗余链路，网管人员在 Switch D 上启动了全局生成树协议，这样，交换机 Switch D 所有的端口都将参与生成树计算。实际上，Switch D 只有 2 个端口需要参与生成树计算，其余端口均属于边缘端口（直接与终端连接），可以确定不会产生环路。为了降低交换机的运算负荷，应如何启动生成树协议？

5.6.3 RSTP

当网络故障或拓扑结构发生变化时，生成树将重新计算，但新的配置消息要经过一定的时延才能传播到整个网络，在所有网桥收到这个拓扑变化消息之前，在旧的拓扑结构中某些处于转发的端口可能还没有发现自己在新的拓扑结构中应停止转发，从而继续转发消息，形成临时环路，并有可能会产生网络风暴。STP 规定，端口由阻塞状态进入转发状态时，需要经过一定延时，延时时间一般是配置消息传播到整个网络所需时间的两倍。所以 STP 规定端口共有以下 4 种状态。

（1）Blocking　接收 BPDU，不学习 MAC 地址，不转发数据帧。

（2）Listening　接收 BPDU，不学习 MAC 地址，不转发数据帧，但交换机向其他交换机通告该端口，参与选举根端口或指定端口。

（3）Learning　接收和发送 BPDU，学习 MAC 地址，不转发数据帧。

（4）Forwarding　正常转发数据帧。

为了解决 STP 的这个缺陷，IEEE 推出了 802.1W 标准，定义了快速生成树协议（Rapid Spanning Tree Protocal，RSTP）。RSTP 在 STP 协议基础上做了 3 项重要改进，减少了收敛时间。

（1）为根端口和指定端口设置了快速切换用的替换端口（Alternat　Port）和备份端口（Backup Port）两种角色，当根端口/指定端口失效的情况下，替换端口/备份端口就会无时延地进入转发状态。

（2）在只连接了两个交换机的点到点链路中，指定端口向下游网桥发送一个握手请求报文，如果下游网桥发送了一个同意报文，则这个指定端口就可以无时延地进入转发状态。如果是连接 3 个以上网桥的共享链路，下游网桥是不会响应上游指定端口发出的握手请求的，只能等待 2 倍 Forward Delay 时间进入转发状态。

（3）在 RSTP 中，把直接与主机相连而不与其他网桥相连的端口定义为边缘端口。边缘端口可以直接进入转发状态，不需要任何延时。

5.6.4 MSTP

1.　MSTP 产生的背景

1）STP、RSTP 存在的不足

STP 不能快速迁移，即使是在点对点链路或边缘端口（边缘端口指的是该端口直接与用户终端相连，而没有连接到其他设备或共享网段上），也必须等待 2 倍的 Forward Delay 的时间延迟，端口才能迁移到转发状态。

RSTP 可以快速收敛，但是和 STP 一样存在以下缺陷：局域网内所有网桥共享一棵生成树，不能按 VLAN 阻塞冗余链路，所有 VLAN 的报文都沿着一棵生成树进行转发。

2）MSTP 的特点

（1）MSTP 设置 VLAN 映射表（即 VLAN 和生成树的对应关系表），把 VLAN 和生成树联系起来。通过增加"实例"（将多个 VLAN 整合到一个集合中）这个概念，将多个 VLAN 捆绑到一个实例中，以节省通信开销和资源占用率。

（2）MSTP 把一个交换网络划分成多个域，每个域内形成多棵生成树，生成树之间彼此独立。

（3）MSTP 将环路网络修剪成为一个无环的树型网络，避免报文在环路网络中的增生和无限循环。同时还提供了数据转发的多个冗余路径，在数据转发过程中实现 VLAN 数据的负载分担。

（4）MSTP 兼容 STP 和 RSTP。

2. MSTP 的基本概念

MSTP 的基本概念示意图如图 5.24 所示。

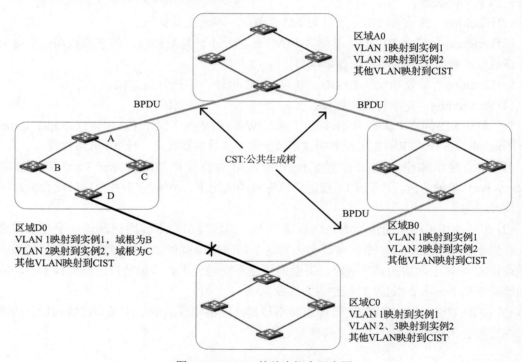

图 5.24　MSTP 的基本概念示意图

1）MST 域

MST 域（Multiple Spanning Tree Regions，多生成树域）由交换网络中的多台设备以及它们之间的网段所构成。这些设备具有下列特点：

（1）都使用了 MSTP 协议；

（2）具有相同的域名；

（3）具有相同的 VLAN 到生成树实例映射配置；

（4）具有相同的 MSTP 修订级别配置；

(5) 这些设备之间在物理上有链路连通。

例如图 5.24 中的区域 A0，域内所有设备都有相同的 MST 域配置：域名相同；VLAN 与生成树实例的映射关系相同（VLAN 1 映射到生成树实例 1，VLAN 2 映射到生成树实例 2，其余 VLAN 映射到 CIST。其中，CIST 即指生成树实例 0）；MSTP 修订级别相同（此配置在图中没有体现）。

一个交换网络可以存在多个 MST 域。用户可以通过 MSTP 配置命令把多台设备划分在同一个 MST 域内。

2）VLAN 映射表

VLAN 映射表是 MST 域的一个属性，用来描述 VLAN 和生成树实例的映射关系。

例如图 5.24 中，域 A0 的 VLAN 映射表就是：VLAN 1 映射到生成树实例 1，VLAN 2 映射到生成树实例 2，其余 VLAN 映射到 CIST。MSTP 就是根据 VLAN 映射表来实现负载分担的。

3）IST

IST（Internal Spanning Tree，内部生成树）是 MST 域内的一棵生成树。

IST 和 CST（Common Spanning Tree，公共生成树）共同构成整个交换网络的生成树 CIST（Common and Internal Spanning Tree，公共和内部生成树）。IST 是 CIST 在 MST 域内的片段。例如图 5.24 中 CIST 在每个 MST 域内都有一个片段，这个片段就是各个域内的 IST。

4）CST

CST 是连接交换网络内所有 MST 域的单生成树。如果把每个 MST 域看作一个"设备"，CST 就是这些"设备"通过 STP 协议、RSTP 协议计算生成的一棵生成树。如图 5.24 中箭头所指的线条就是 CST。

5）CIST

CIST 是连接一个交换网络内所有设备的单生成树，由 IST 和 CST 共同构成。如图 5.24 中，每个 MST 域内的 IST 加上 MST 域间的 CST 就构成整个网络的 CIST。

6）MSTI

一个 MST 域内可以通过 MSTP 生成多棵生成树，各棵生成树之间彼此独立。每棵生成树都称为一个 MSTI（Multiple Spanning Tree Instance，多生成树实例）。

如图 5.24 中每个域内可以存在多棵生成树，每棵生成树和相应的 VLAN 对应。这些生成树就被称为 MSTI。

7）域根

MST 域内 IST 和 MSTI 的根桥就是域根。MST 域内各棵生成树的拓扑不同，域根也可能不同。例如图 5.24 中，区域 D0 中，生成树实例 1 的域根为设备 B，生成树实例 2 的域根为设备 C。

8）总根

总根（Common Root Bridge）是指 CIST 的根桥。例如图 5.24 中，总根为区域 A0 内的某台设备。

9）域边界端口

域边界端口是指位于 MST 域的边缘，用于连接不同 MST 域、MST 域和运行 STP 的区域、MST 域和运行 RSTP 的区域的端口。

在进行 MSTP 计算的时候，域边界端口在 MST 实例上的角色与 CIST 的角色保持一致，但 Master 端口除外——Master 端口在 CIST 上的角色为根端口，在其他实例上的角色才为 Master 端口。例如在图 5.24 中，如果区域 A0 的一台设备和区域 D0 的一台设备的第一个端口相连，整个交换网络的总根位于 A0 内，则区域 D0 中这台设备上的第一个端口就是区域 D0 的域边界端口。

10）端口角色

在 MSTP 的计算过程中，端口角色主要有根端口、指定端口、Master 端口、Alternate 端口、Backup 端口等。

（1）根端口：负责向根桥方向转发数据的端口。

（2）指定端口：负责向下游网段或设备转发数据的端口。

（3）Master 端口：连接 MST 域到总根的端口，位于整个域到总根的最短路径上。从 CST 上看，Master 端口就是域的"根端口"（把域看作一个节点）。Master 端口在 IST/CIST 上的角色是根端口，在其他各个实例上的角色都是 Master 端口。

（4）Alternate 端口：根端口和 Master 端口的备份端口。当根端口或 Master 端口被阻塞后，Alternate 端口将成为新的根端口或 Master 端口。

（5）Backup 端口：指定端口的备份端口。当指定端口被阻塞后，Backup 端口就会快速转换为新的指定端口，并无时延地转发数据。当使用了 MSTP 协议的同一台设备的两个端口互相连接时就存在一个环路，此时设备会将其中一个端口阻塞，Backup 端口是被阻塞的那个端口。

端口在不同的生成树实例中可以担任不同的角色，如图 5.25 所示。

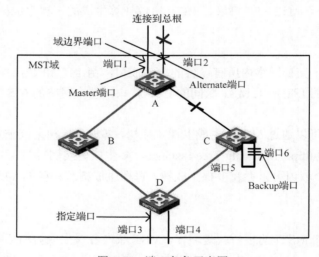

图 5.25　端口角色示意图

图中：

· 设备 A、B、C、D 构成一个 MST 域。

· 设备 A 的端口 1、端口 2 向总根方向连接。

· 设备 C 的端口 5、端口 6 构成了环路。

· 设备 D 的端口 3、端口 4 向下连接其他 MST 域。

11) 端口状态

MSTP 中的端口状态可分为 3 种，如表 5.31 所示。

表 5.31　MSTP 的端口状态表

状　态	描　述
Forwarding	该状态下的端口可以接收和发送 BPDU，也转发用户流量
Learning	是一种过渡状态，该状态下的端口可以接收和发送 BPDU，但不转发用户流量
Discarding	该状态下的端口可以接收和发送 BPDU，但不转发用户流量

同一端口在不同的生成树实例中的端口状态可以不同。端口状态和端口角色是没有必然联系的，表 5.32 给出了各种端口角色能够具有的端口状态（"√"表示此端口角色能够具有此端口状态；"—"表示此端口角色不能具有此端口状态）。

表 5.32　各种端口角色能够具有的端口状态表

端口特色 / 端口状态	根端口/Master 端口	指定端口	Alternate 端口	Backup 端口
Forwarding	√	√	—	—
Learning	√	√	—	—
Discarding	√	√	√	√

3. MSTP 的基本工作原理

MSTP 将整个二层网络划分为多个 MST 域，各个域之间通过计算生成 CST；域内则通过计算生成多棵生成树，每棵生成树都被称为一个多生成树实例。其中实例 0 被称为 IST，其他多生成树实例为 MSTI。MSTP 同 STP 一样，使用配置消息进行生成树的计算，只是配置消息中携带的是设备上 MSTP 的配置信息。

1) CIST 生成树的计算

通过比较配置消息后，在整个网络中选择一个优先级最高的设备作为 CIST 的根桥。在每个 MST 域内 MSTP 通过计算生成 IST；同时 MSTP 将每个 MST 域作为单台设备对待，通过计算在域间生成 CST。CST 和 IST 构成了整个网络的 CIST。

2) MSTI 的计算

在 MST 域内，MSTP 根据 VLAN 和生成树实例的映射关系，针对不同的 VLAN 生成不同的生成树实例。每棵生成树独立进行计算，计算过程与 STP 计算生成树的过程类似，请参见 5.6.2 节。

MSTP 中，一个 VLAN 报文将沿着如下路径进行转发：

· 在 MST 域内，沿着其对应的 MSTI 转发；

· 在 MST 域间，沿着 CST 转发。

MSTP 与 STP/RSTP 一脉相承，三者有很好的兼容性。在同一个域内的交换机将互相传播和接收不同生成树实例的配置消息，保证所有生成树实例的计算在全域内进行；而不同域的交换机仅仅互相传播和接收 CIST 生成树的配置消息，MSTP 协议利用 CIST 保证全网络拓扑结构的无环路存在，也是利用 CIST 保持了同 STP/RSTP 的向上兼容。因此，从外部来看，一个 MSTP 域就相当于一个交换机，对不同的域、STP、RSTP 交换机是透明的。

与 STP 和 RSTP 相比，MSTP 具有 VLAN 认知能力，可以实现负载均衡，可以实现类似

RSTP 的端口状态快速切换；MSTP 可以捆绑多个 VLAN 到一个实例中，以降低资源占用率，并且可以很好地向下兼容 STP/RSTP 协议。

4. mstp 相关命令介绍

1) 配置 MST 域

分别在根桥设备和叶子节点设备上进行配置的命令，如表 5.33 所示。

表 5.33　配置 MST 域命令

操　　作	命　　令	说　　明
进入系统视图	system-view	
进入 MST 域视图	stp region-configuration	
配置 MST 域的域名	region-name name	可选，缺省情况下，MST 域的域名为设备的 MAC 地址
配置 VLAN 映射表	instance instance-id vlan vlan-list	二者可选其一
	vlan-mapping modulo modulo	缺省情况下，所有 VLAN 都映射到 CIST（即实例 0）上
配置 MSTP 的修订级别	revision-level level	可选，缺省情况下，MSTP 的修订级别为 0
显示 MST 域的预配置信息	check region-configuration	可选
激活 MST 域的配置	active region-configuration	必选
显示当前生效的 MST 域配置信息	display stp region-configuration	可选 display 命令可以在任意视图执行

说明：在两台或者多台使用了 MSTP 协议的设备上，只有当选择因子（缺省为 0，不可配）、域名、VLAN 映射表和 MSTP 修订级别的配置都相同，且这些设备之间有链路相通时，它们才能属于同一个 MST 域。

在配置 MST 域的相关参数（特别是 VLAN 映射表）时，会引发生成树的重新计算，从而引起网络拓扑的振荡。为了减少网络振荡，新配置的 MST 域参数并不会马上生效，而是在使用 activeregion-configuration 命令激活，或使用命令 stp enable 使能 MSTP 协议后才会生效。

2) 配置根桥和备份根桥

MSTP 可以通过计算来自动确定生成树的根桥，用户也可以通过手工配置将设备指定为生成树实例的根桥和备份根桥。

设备在各生成树实例中的角色互相独立，在作为一个生成树实例的根桥或备份根桥的同时，也可以作为其他生成树实例的根桥或备份根桥；但在同一个生成树实例中，一台设备不能既作为根桥，又作为备份根桥。

在一个生成树实例中，生效的根桥只有一个；当两台或两台以上的设备被指定为同一个生成树实例的根桥时，MSTP 将选择 MAC 地址最小的设备作为根桥。

可以在每个生成树实例中指定多个备份根桥。当根桥出现故障或被关机时，备份根桥可以取代根桥成为指定生成树实例的根；但此时若配置了新的根桥，则备份根桥将不会成为根桥。

如果配置了多个备份根桥，则 MAC 地址最小的备份根桥将成为指定生成树实例的根。

根桥及备份根桥配置命令如表 5.34、表 5.35 所示。

表 5.34　根桥配置命令

操　　作	命　　令
进入系统	system-view
配置当前设备为指定生成树实例的根桥	stp [instance instance-id] root primary

表 5.35 备份根桥配置命令

操 作	命 令
进入系统	system-view
配置当前设备为指定生成树实例的备份根桥	stp [instance instance-id] root secondary

说明：当设备被配置为根桥或者备份根桥之后，不能再修改该设备的优先级。也可以通过配置设备的优先级为 0 来达到将当前设备指定为根桥的目的。

3）配置 MSTP 的工作模式

MSTP 和 RSTP 可以互相兼容，能够互相识别对方的协议报文，而 STP 无法识别 MSTP 的报，MSTP 为了实现与 STP 设备的混合组网，并完全兼容 RSTP，设定了以下 3 种工作模式。

（1）STP 兼容模式：设备的各端口都将向外发送 STP BPDU。

（2）RSTP 模式：设备的各端口都向外发送 RSTP BPDU，当某端口发现其对端设备上运行 STP 时，该端口会自动迁移到 STP 兼容模式。

（3）MSTP 模式：设备的各端口都向外发送 MSTP BPDU，当某端口发现其对端设备上运行 STP 时，该端口会自动迁移到 STP 兼容模式。

分别在根桥设备和叶子节点设备上进行配置，如表 5.36 所示。

表 5.36 MSTP 的工作模式配置命令

操 作	命 令
进入系统	system-view
配置 MSTP 的工作模式	stp mode { stp	rstp	mstp }

4）配置设备的优先级

设备的优先级参与生成树计算，其大小决定了该设备是否能够被选作生成树的根桥。数值越小表示优先级越高，通过配置较小的优先级，可以达到指定某台设备成为生成树根桥的目的。可以在不同的生成树实例中为设备配置不同的优先级。

在根桥设备上进行配置的命令如下：

stp [instance instance-id] priority priority

undo stp [instance instance-id] priority

〖视图〗

系统视图

〖参数〗

• instance-id 生成树实例 ID，取值范围为 0～16，取值为 0 表示的是 CIST。

• priority 交换机的优先级，取值为 0～61440，步长为 4096，交换机可以设置 16 个优先级取值，如 0、4096、8192 等。

【例】在系统视图下，设定以太网交换机在生成树实例 1 中的 bridge 优先级为 4096。

```
[H3C] stp instance 1 priority 4096
```

5）配置 MST 域的最大跳数

MST 域的最大跳数限制了 MST 域的规模，在域根上配置的最大跳数将作为该 MST 域的最大跳数。从 MST 域内的生成树的根桥开始，域内的配置消息（即 BPDU）每经过一台设备的转发，跳数就被减 1；设备将丢弃跳数为 0 的配置消息，以使处于最大跳数外的设备无法参与生成树的计算，从而限制了 MST 域的规模。

在根桥设备上进行配置的命令如表 5.37 所示。非根桥设备将采用根桥设备的配置值。

表 5.37 MST 域的最大跳数配置命令

操　作	命　令
进入系统视图	system-view
配置 MST 域的最大跳数	stp max-hops hops

6）配置交换网络的网络直径

交换网络中任意两台终端设备都通过特定路径彼此相连，这些路径由一系列的设备构成。网络直径就是指交换网络中任意两台终端设备间的最大设备数。网络直径越大，说明网络的规模越大。

在根桥设备上进行配置的命令如表 5.38 所示。

表 5.38 交换网络的网络直径配置命令

操　作	命　令
进入系统视图	system-view
配置交换网络的网络直径	stp ridge-diameter diameter

7）配置 MSTP 的时间参数

MSTP 包括以下 3 个时间参数：

（1）MSTP 为了防止产生临时环路，在端口由 Discarding 状态转向 Forwarding 状态时设置了中间状态 Learning，并且状态切换需要等待一定的时间，以保持与远端的设备状态切换同步。根桥的 Forward Delay 时间就用来确定状态迁移的时间间隔。

（2）Hello Time 时间用于生成树协议定时发送配置消息维护生成树的稳定。如果设备在一段时间内没有收到 BPDU，则会由于消息超时而对生成树进行重新计算。

（3）MSTP 可以检测链路故障，并自动恢复冗余链路为转发状态。在 CIST 上，设备根据 Max Age 时间来确定端口收到的配置消息是否超时。如果端口上收到的配置消息超时，则需要对该生成树实例重新计算。Max Age 时间对 MSTI 无效。

在根桥设备上进行配置的命令，如表 5.39 所示。整个交换网络中所有的设备都将采用 CIST 根桥上的时间参数值。

表 5.39 时间参数配置命令

操　作	命　令	说　明
进入系统视图	system-view	
配置 Forward Delay 时间参数	stp timer forward-delay time	缺省情况下，Forward Delay 时间为 1500 厘秒（即 15 秒）
配置 Hello Time 时间参数	stp timer hello time	缺省情况下，Hello Time 时间为 200 厘秒（即 2 秒）
配置 Max Age 时间参数	stp timer max-age time	可选，缺省情况下，Max Age 时间为 2000 厘秒（即 20 秒）

注意：

（1）Forward Delay 时间的长短与交换网络的网络直径有关。一般来说，网络直径越大，Forward Delay 时间就应该配置得越长。如果 Forward Delay 时间配置得过小，可能引入临时的冗余路径；如果 Forward Delay 时间配置得过大，网络可能较长时间不能恢复连通。建议用户采用缺省值。

(2) 合适的 Hello Time 时间可以保证设备能够及时发现网络中的链路故障，又不会占用过多的网络资源。如果 Hello Time 时间配置得过长，在链路发生丢包时，设备会误以为链路出现了故障，从而引发网络设备重新计算生成树；如果 Hello Time 时间配置得过短，设备将频繁发送重复的配置消息，增加了设备的负担，浪费了网络资源。建议用户采用缺省值。

(3) 如果 Max Age 时间配置得过小，网络设备会频繁地计算生成树，而且有可能将网络拥塞误认成链路故障；如果 Max Age 时间配置得过大，网络设备很可能不能及时发现链路故障，不能及时重新计算生成树，从而降低网络的自适应能力。建议用户采用缺省值。

(4) 根桥的 Hello Time、Forward Delay 和 Max Age 这 3 个时间参数的取值应满足以下关系，否则会引起网络的频繁震荡。

① $2 \times (\text{Forward Delay-1 second}) <= \text{Max Age}$；

② $\text{Max Age} <= 2 \times (\text{Hello Time} + 1 \text{ second})$。

(5) 建议使用 stp bridge-diameter 命令配置交换网络的网络直径，MSTP 会根据网络直径自动计算出这 3 个时间参数的较优值。

8) 配置超时时间因子

超时时间因子用来确定设备的超时时间：超时时间＝超时时间因子×3×Hello Time。

当网络拓扑结构稳定后，非根桥设备会每隔 Hello Time 时间向周围相连设备转发根桥发出 BPDU，以确认链路是否存在故障。通常如果设备在 9 倍的 Hello Time 时间内没有收到上游设备发来的 BPDU，就会认为上游设备已经故障，从而重新进行生成树的计算。

有时设备在较长时间内收不到上游设备发来的 BPDU，可能是由于上游设备的繁忙导致的，在这种情况下一般不应重新进行生成树的计算。因此在稳定的网络中，可以通过延长超时时间来减少网络资源的浪费。在一个稳定的网络中，建议将超时时间因子配置为 5～7。

在根桥设备上进行配置的命令如表 5.40 所示。

表 5.40　超时时间因子配置命令

操　作	命　令
进入系统视图	system-view
配置设备的超时时间因子	stp timer-factor factor

9) 配置端口的最大发送速率

端口的最大发送速率是指每 Hello Time 时间内端口能够发送的 BPDU 最大数目。端口的最大发送速率与端口的物理状态和网络结构有关，用户可以根据实际的网络情况对其进行配置。

分别在根桥设备和叶子节点设备上进行配置的命令如表 5.41 所示。

表 5.41　端口的最大发送速率配置命令

操　作	命　令
进入系统视图	system-view
进入二层以太网端口或二层聚合端口视图或进入端口组视图	interface interface-type/interface-number |port-group manual port-group-name
配置端口的最大发送速率	stp transmit-limit limit

注：二层以太网端口或二层聚合端口视图和进入端口组视图二者选一即可。

10) 路径开销

路径开销(Path Cost)是与端口相连的链路速率相关的参数。在支持 MSTP 的设备上，端口在不同的生成树实例中可以有不同的路径开销。设置合适的路径开销可以使不同 VLAN 的流量沿不同的物理链路转发，从而实现按 VLAN 负载分担的功能。

设备可以自动计算端口的缺省路径开销，用户也可以直接配置端口的路径开销。

在叶子节点设备上进行如下配置。

(1)配置设备计算端口的缺省路径开销所采用的标准。

在设备自动计算端口的缺省路径开销时，用户可以指定计算时所采用的标准，有以下 3 种。

• dot1d-1998   按照 IEEE 802.1D-1998 标准来计算路径开销缺省值。

• dot1t   按照 IEEE 802.1t 标准来计算路径开销缺省值。

• legacy   按照私有标准来计算路径开销缺省值。

端口速率与路径开销值的对应关系表如表 5.42 所示。

表 5.42　端口速率与路径开销值的对应关系表

链路速率	双工状态	802.1D-1998	802.1t	私有标准
0	—	65535	200,000,000	200,000
10Mbps	Single Port	100	2,000,000	2,000
	Aggregated Link 2 Ports	100	1,000,000	1,800
	Aggregated Link 3 Ports	100	666,666	1,600
	Aggregated Link 4 Ports	100	500,000	1,400
100Mbps	Single Port	19	200,000	200
	Aggregated Link 2 Ports	19	100,000	180
	Aggregated Link 3 Ports	19	66,666	160
	Aggregated Link 4 Ports	19	50,000	140
1000Mbps	Single Port	4	20,000	20
	Aggregated Link 2 Ports	4	10,000	18
	Aggregated Link 3 Ports	4	6,666	16
	Aggregated Link 4 Ports	4	5,000	14
	Single Port	2	2,000	2
	Aggregated Link 2 Ports	2	1,000	1
	Aggregated Link 3 Ports	2	666	1
	Aggregated Link 4 Ports	2	500	1

在计算聚合端口的路径开销时，IEEE 802.1D-1998 标准不考虑聚合端口所对应聚合组成员的链路数量，IEEE 802.1t 标准则对此予以考虑，计算公式为：路径开销＝200000000÷链路速率(单位为 100Kbps)，其中链路速率为聚合端口所对应聚合组的成员端口中处于非阻塞状态的端口速率之和。

端口的路径开销配置命令如表 5.43 所示。

表 5.43　端口的路径开销配置命令

操　作	命　令	说　明
进入系统视图	system-view	
进入二层以太网端口或二层聚合端口视图或进入端口组视图	interface interface-type interface-number port-group manual port-group-name	二者选一
配置端口的路径开销	stp [instance instance-id] cost cost	

(2)配置举例如下。

  # 配置按照标准 IEEE 802.1D-1998 来计算路径开销缺省值

```
<Sysname> system-view
[Sysname] stp pathcost-standard dot1d-1998
# 配置端口 GigabitEthernet1/0/3 在指定生成树实例 2 上的路径开销为 200
<Sysname> system-view
[Sysname] interface gigabitethernet 1/0/3
[Sysname-GigabitEthernet1/0/3] stp instance 2 cost 200
```

11) 配置端口的优先级

端口优先级是确定该端口是否会被选为根端口的重要依据，同等条件下优先级高的端口将被选为根端口。在支持 MSTP 的设备上，端口可以在不同的生成树实例中拥有不同的优先级，同一端口可以在不同的生成树实例中担任不同的角色，从而使不同 VLAN 的数据沿不同的物理路径传播，实现按 VLAN 进行负载分担的功能。用户可以根据组网的实际需要来设置端口的优先级。

在叶子节点设备上进行配置的命令如表 5.44 所示。

表 5.44　端口的优先级配置命令

操　作	命　令	说　明
进入系统视图	system-view	
进入二层以太网端口或二层聚合端口视图或进入端口组视图	interface interface-type interface-number port-group manual port-group-name	二者选一
配置端口的优先级	stp [instance instance-id] port　priority priority	

说明：端口优先级改变时，MSTP 会重新计算端口的角色并进行状态迁移。一般情况下，配置的值越小，端口的优先级就越高。如果设备所有端口都采用相同的优先级参数值，则端口优先级的高低就取决于该端口的索引号的大小，索引号越小优先级高。改变端口的优先级会引起生成树重新计算。

12) MSTP 显示和维护

在完成上述配置后，在任意视图下执行 display 命令都可以显示配置后 MSTP 的运行情况，通过查看显示信息验证配置的效果，如表 5.45 所示。

在用户视图下执行 reset 命令可以清除 MSTP 的统计信息，如表 5.45 所示。

表 5.45　MSTP 显示和维护命令

操　作	命　令
显示非正常阻塞的端口信息	display stp abnormal-port
显示被 STP 保护功能 down 掉的端口信息	display stp down-port
显示生成树实例端口角色计算的历史信息	display stp [instance instance-id] history [slot slot-number]
显示生成树实例的所有端口收发的 TC 或 TCN 报文数	display stp [instance instance-id] tc [slot slot-number]
显示生成树实例的状态和统计信息	display stp [instance instance-id] [interface interface-list |slot slot-number] [brief]
显示当前生效的 MST 域配置信息	display stp region-configuration
显示所有生成树实例的根桥信息	display stp root
清除生成树的统计信息	reset stp [interface interface-list]

5.6.5　MSTP 典型配置原理与实践

1. MSTP 典型配置实验一

1) 组网需求

网络中所有设备都属于同一个 MST 域。Device A 和 Device B 为汇聚层设备，Device C

和 Device D 为接入层设备。通过配置使不同 VLAN 的报文按照不同的生成树实例转发：VLAN 10 的报文沿实例 1 转发，VLAN 30 沿实例 3 转发，VLAN 40 沿实例 4 转发，VLAN 20 沿实例 0 转发。

由于 VLAN 10 和 VLAN 30 在汇聚层设备终结、VLAN 40 在接入层设备终结，因此配置实例 1 和实例 3 的根桥分别为 Device A 和 Device B，实例 4 的根桥为 Device C。

2）组网图

组网图如图 5.26 所示。

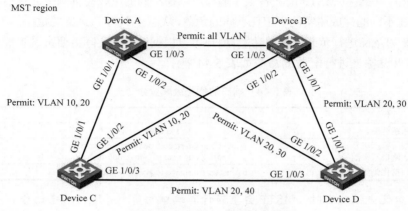

图 5.26　MSTP 典型配置组网图

3）配置步骤

（1）配置 VLAN 和端口。

请按照图 5.26 在 Device A 和 Device B 上分别创建 VLAN 10、20 和 30，在 Device C 上创建 VLAN 10、20 和 40，在 Device D 上创建 VLAN 20、30 和 40；将各设备的各端口配置为 Trunk 端口并允许相应的 VLAN 通过。具体配置过程略。

（2）配置 Device A。

```
# 配置 MST 域的域名为 example，将 VLAN 10、30、40 分别映射到生成树实例 1、3、4 上，
   并配置 MSTP 的修订级别为 0
<DeviceA> system-view
[DeviceA] stp region-configuration
[DeviceA-mst-region] region-name example
[DeviceA-mst-region] instance 1 vlan 10
[DeviceA-mst-region] instance 3 vlan 30
[DeviceA-mst-region] instance 4 vlan 40
[DeviceA-mst-region] revision-level 0
# 激活 MST 域的配置
[DeviceA-mst-region] active region-configuration
[DeviceA-mst-region] quit
# 配置本设备为生成树实例 1 的根桥
[DeviceA] stp instance 1 root primary
# 全局使能 MSTP 协议
[DeviceA] stp enable
```

(3) 配置 Device B。

```
# 配置 MST 域的域名为 example，将 VLAN 10、30、40 分别映射到生成树实例 1、3、4 上，
  并配置 MSTP 的修订级别为 0
<DeviceB> system-view
[DeviceB] stp region-configuration
[DeviceB-mst-region] region-name example
[DeviceB-mst-region] instance 1 vlan 10
[DeviceB-mst-region] instance 3 vlan 30
[DeviceB-mst-region] instance 4 vlan 40
[DeviceB-mst-region] revision-level 0
# 激活 MST 域的配置
[DeviceB-mst-region] active region-configuration
[DeviceB-mst-region] quit
# 配置本设备为生成树实例 3 的根桥
[DeviceB] stp instance 3 root primary
# 全局使能 MSTP 协议
[DeviceB] stp enable
```

(4) 配置 Device C。

```
# 配置 MST 域的域名为 example，将 VLAN 10、30、40 分别映射到生成树实例 1、3、4 上，
  并配置 MSTP 的修订级别为 0
<DeviceC> system-view
[DeviceC] stp region-configuration
[DeviceC-mst-region] region-name example
[DeviceC-mst-region] instance 1 vlan 10
[DeviceC-mst-region] instance 3 vlan 30
[DeviceC-mst-region] instance 4 vlan 40
[DeviceC-mst-region] revision-level 0
# 激活 MST 域的配置
[DeviceC-mst-region] active region-configuration
[DeviceC-mst-region] quit
# 配置本设备为生成树实例 4 的根桥
[DeviceC] stp instance 4 root primary
# 全局使能 MSTP 协议
[DeviceC] stp enable
```

(5) 配置 Device D。

```
# 配置 MST 域的域名为 example，将 VLAN 10、30、40 分别映射到生成树实例 1、3、4 上，并
  配置 MSTP 的修订级别为 0
<DeviceD> system-view
[DeviceD] stp region-configuration
[DeviceD-mst-region] region-name example
[DeviceD-mst-region] instance 1 vlan 10
[DeviceD-mst-region] instance 3 vlan 30
[DeviceD-mst-region] instance 4 vlan 40
[DeviceD-mst-region] revision-level 0
# 激活 MST 域的配置
```

```
[DeviceD-mst-region] active region-configuration
[DeviceD-mst-region] quit
# 全局使能 MSTP 协议
[DeviceD] stp enable
```

(6) 检验配置效果。

当网络拓扑稳定后，通过使用 display stp brief 命令可以查看各设备上生成树的简要信息。例如：

```
# 查看 Device A 上生成树的简要信息
[DeviceA] display stp brief
MSTID Port                    Role   STP State    Protection
0     GigabitEthernet1/0/1    ALTE   DISCARDING   NONE
0     GigabitEthernet1/0/2    DESI   FORWARDING   NONE
0     GigabitEthernet1/0/3    ROOT   FORWARDING   NONE
1     GigabitEthernet1/0/1    DESI   FORWARDING   NONE
1     GigabitEthernet1/0/3    DESI   FORWARDING   NONE
3     GigabitEthernet1/0/2    DESI   FORWARDING   NONE
3     GigabitEthernet1/0/3    ROOT   FORWARDING   NONE
# 查看 Device B 上生成树的简要信息
[DeviceB] display stp brief
MSTID Port                    Role   STP State    Protection
0     GigabitEthernet1/0/1    DESI   FORWARDING   NONE
0     GigabitEthernet1/0/2    DESI   FORWARDING   NONE
0     GigabitEthernet1/0/3    DESI   FORWARDING   NONE
1     GigabitEthernet1/0/2    DESI   FORWARDING   NONE
1     GigabitEthernet1/0/3    ROOT   FORWARDING   NONE
3     GigabitEthernet1/0/1    DESI   FORWARDING   NONE
3     GigabitEthernet1/0/3    DESI   FORWARDING   NONE
# 查看 Device C 上生成树的简要信息
[DeviceC] display stp brief
MSTID Port                    Role   STP State    Protection
0     GigabitEthernet1/0/1    DESI   FORWARDING   NONE
0     GigabitEthernet1/0/2    ROOT   FORWARDING   NONE
0     GigabitEthernet1/0/3    DESI   FORWARDING   NONE
1     GigabitEthernet1/0/1    ROOT   FORWARDING   NONE
1     GigabitEthernet1/0/2    ALTE   DISCARDING   NONE
4     GigabitEthernet1/0/3    DESI   FORWARDING   NONE
# 查看 Device D 上生成树的简要信息
[DeviceD] display stp brief
MSTID  Port                   Role   STP State    Protection
0      GigabitEthernet1/0/1   ROOT   FORWARDING   NONE
0      GigabitEthernet1/0/2   ALTE   DISCARDING   NONE
0      GigabitEthernet1/0/3   ALTE   DISCARDING   NONE
3      GigabitEthernet1/0/1   ROOT   FORWARDING   NONE
3      GigabitEthernet1/0/2   ALTE   DISCARDING   NONE
4      GigabitEthernet1/0/3   ROOT   FORWARDING   NONE
```

根据上述显示信息，可以绘出各 VLAN 所对应的 MSTI，如图 5.27 所示。

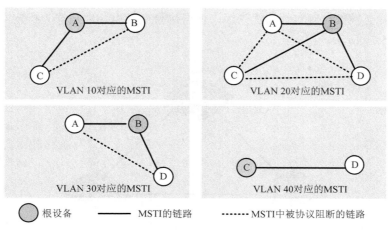

图 5.27　各 VLAN 对应的 MSTI 示意图

2. MSTP 典型配置实验二

网管小王为交换机配置好 STP 后，发现 STP 是基于整个交换网络产生一个树形拓扑结构，但是公司网络是划分了 VLAN 的，那么所有的 VLAN 只能共享一棵生成树。

如图 5.28 所示，交换机之间配置的 Trunk 链路上实际上担负着多个 VLAN 的数据传输，起着均衡负载的作用。但是经过 STP 计算后，所有 VLAN 共用一棵生成树，交换机 SW1 和 SW3 之间的链路就会被断开，这样就使得交换机 SW2 非常繁忙，也无法实现不同 VLAN 的流量在多条 Trunk 链路上的负载分担。那么如何克服这个问题呢？

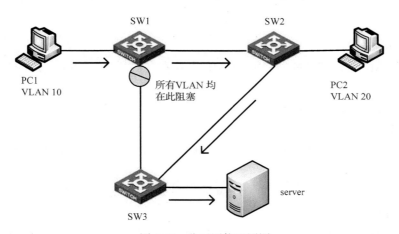

图 5.28　公司网络配置图

分析：构建企业内网通常需要根据部门职能划分 VLAN，但是传统的 STP 是单生成树协议，并没有考虑到 VLAN 的情况，不能形成基于 VLAN 的多生成树，不能实现链路的分担。因此实际环境中要解决网络链路冗余和避免环路问题，需要更高级的生成树协议，如多生成树协议 MSTP。

通过以上对 MSTP 的学习，我们也应该学会配置该案例的解决方案，具体如下：

为了解决多 VLAN 网络中因链路冗余产生的环路问题，并有效实现链路负载均衡，需要开启交换机的 MSTP 特性，将公司内部的 VLAN 映射到相应的生成树实例上。同时，可以根据需要分别配置交换机对应实例的优先级，使得每台交换机均能被选为指定实例的域根。实验拓扑图如图 5.29 所示。

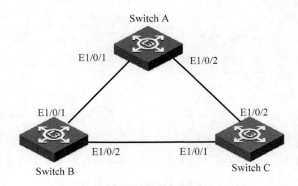

图 5.29　实验拓扑图

假设网络中设置的 VLAN 有 VLAN 1（默认）、VLAN 10 和 VLAN 20。3 台交换机同属一个 MSTP 域，VLAN 10 映射到生成树实例 1，VLAN 20 映射到生成树实例 2，其余 VLAN 映射到生成树实例 0。并且指定交换机 Switch A 为实例 0 的域根，Switch B 为实例 1 的域根，Switch C 为实例 2 的域根。

实验设备：

三层交换机 3 台，标准网线 3 根。

说明： 本实验三层交换机选择 H3CS5120-EI 系列交换机。

实验步骤：

步骤 1

配置 Switch A。

（1）创建 VLAN 10、VLAN 20（VLAN 1 是默认存在的），配置 Switch A 与其他交换机相连的 Trunk 主干链路。

（2）配置 Switch A 为实例 0 的域根。

（3）开启 MSTP。

（4）配置 MSTP 域，将 VLAN 10 映射到实例 1，VLAN 20 映射到实例 2（其余 VLAN 默认映射到实例 0）。

步骤 2

配置 Switch B。

（1）创建 VLAN 10、VLAN 20（VLAN 1 是默认存在的），配置 Switch B 与其他交换机相连的 Trunk 主干链路。

（2）配置 Switch B 为实例 1 的域根。

（3）开启 MSTP。

（4）配置 MSTP 域，将 VLAN 10 映射到实例 1，VLAN 20 映射到实例 2（其余 VLAN 默认映射到实例 0）。

步骤 3

配置 Switch C。

（1）创建 VLAN 10、VLAN 20（VLAN 1 是默认存在的），配置 Switch C 与其他交换机相连的 Trunk 主干链路。

（2）配置 Switch C 为实例 2 的域根。

（3）开启 MSTP。

（4）配置 MSTP 域，将 VLAN 10 映射到实例 1，VLAN 20 映射到实例 2（其余 VLAN 默认映射到实例 0）。

步骤 4

按图 5.29 将 3 台交换机互连。由于事先已经配置好 MSTP，观察交换机的指示灯可得知没有产生广播风暴。

步骤 5

查看各交换机端口角色，验证 MSTP 中的实例与 VLAN 的映射关系。

（1）查看 Switch A 各端口在 3 个实例中的角色。

（2）查看 Switch B 各端口在 3 个实例中的角色。

（3）查看 Switch C 各端口在 3 个实例中的角色。

（4）根据以上信息可以得出各 VLAN 对应的生成树。

第6章 路 由 技 术

本章介绍路由技术，包括路由基础知识和路由配置。路由配置包括了静态路由和动态路由，动态路由有 RIP 路由、OSPF 路由等。

6.1　IP 路由基础知识

在网络中路由器根据所收到的报文的目的地址选择一条合适的路径，并将报文转发到下一个路由器。路径中最后的路由器负责将报文转发给目的主机。

路由就是报文在转发过程中的路径信息，用来指导报文转发。

根据路由目的地的不同，路由可划分为：

- 网段路由，目的地为网段，子网掩码长度小于 32 位。
- 主机路由，目的地为主机，子网掩码长度为 32 位。

另外，根据目的地与该路由器是否直接相连，路由又可划分为：

- 直接路由，目的地所在网络与路由器直接相连。
- 间接路由，目的地所在网络与路由器非直接相连。

6.1.1　路由简介

1. 路由表

路由器通过路由表选择路由，把优选路由下发到 FIB(Forwarding Information Base，转发信息库)表中，通过 FIB 表指导报文转发。每个路由器中都至少保存着一张路由表和一张 FIB 表。

路由表中保存了各种路由协议发现的路由，根据来源不同，通常分为以下 3 类。

- 直连路由：链路层协议发现的路由，也称为接口路由。
- 静态路由：网络管理员手工配置的。静态路由配置方便，对系统要求低，适用于拓扑结构简单并且稳定的小型网络。其缺点是每当网络拓扑结构发生变化，都需要手工重新配置，不能自动适应。
- 动态路由：动态路由协议发现的路由。

FIB 表中每条转发项都指明了要到达某子网或某主机的报文应通过路由器的哪个物理接口发送，就可到达该路径的下一个路由器，或者不需再经过别的路由器便可传送到直接相连的网络中的目的主机。

2. 路由表内容

路由表中包含了下列关键项。

(1)Destination：目的地址。用来标识 IP 报文的目的地址或目的网络。

(2)Mask：网络掩码。与目的地址一起来标识目的主机或路由器所在的网段的地址。将目的地址和网络掩码"逻辑与"后可得到目的主机或路由器所在网段的地址。例如：目的地址为 129.102.8.10、掩码为 255.255.0.0 的主机或路由器所在网段的地址为 129.102.0.0。掩码由若干个连续"1"构成，既可以用点分十进制法表示，也可以用掩码中连续"1"的个数来表示。

（3）Pre：路由优先级。对于同一目的地，可能存在若干条不同下一跳的路由，这些不同的路由可能是由不同的路由协议发现的，也可能是手工配置的静态路由。优先级高（数值小）的路由将成为当前的最优路由。

（4）Cost：路由的度量值。当到达同一目的地的多条路由具有相同的优先级时，度量值越小的路由将成为当前的最优路由。

（5）NextHop：下一跳地址。此路由的下一跳 IP 地址。

（6）Interface：出接口。指明 IP 报文将从该路由器哪个接口转发。

通过命令 display ip routing-table 可以显示路由表的摘要信息，例如：

```
<Sysname> display ip routing-table
Routing Tables: Public
Destinations: 7    Routes : 7
Destination/Mask    Proto    Pre   Cost      NextHop      Interface
1.1.1.0/24          Direct   0     0         1.1.1.1      Eth1/1
2.2.2.0/24          Static   60    0         12.2.2.2     Eth1/2
80.1.1.0/24         OSPF     10    2         80.1.1.1     Eth1/3
......（省略部分显示信息）
```

3．路由协议分类

路由协议有自己的路由算法，能够自动适应网络拓扑的变化，适用于具有一定规模的网络拓扑。其缺点是配置比较复杂，对系统的要求高于静态路由，并占用一定的网络资源。

根据不同的标准，对路由协议的分类也不同。

根据作用范围可以分为：

- 内部网关协议（Interior Gateway Protocol，IGP），在一个自治系统内部运行，常见的 IGP 协议包括 RIP、OSPF 和 IS-IS。
- 外部网关协议（Exterior Gateway Protocol，EGP），运行于不同自治系统之间，BGP 是目前最常用的 EGP。

说明：AS(Autonomous System，自治系统)是拥有同一选路策略，并在同一技术管理部门下运行的一组路由器。

根据使用算法可以分为：

- 距离矢量（Distance-Vector）协议，包括 RIP 和 BGP。其中，BGP 也被称为路径矢量协议（Path-Vector）。
- 链路状态协议，包括 OSPF 和 IS-IS。
- 混合型协议，EIGRP 是 Cisco 公司的私有协议，是一种混合协议，它既有距离矢量路由协议的特点，同时又继承了链路状态路由协议的优点。

根据目的地址类型可以分为：

- 单播路由协议，包括 RIP、OSPF、BGP 和 IS-IS 等。
- 组播路由协议，包括 PIM-SM、PIM-DM 等。

在本书中仅介绍单播路由协议。

根据 IP 协议版本可以分为：

- IPv4 路由协议，包括 RIP、OSPF、BGP 和 IS-IS 等。
- IPv6 路由协议，包括 RIPng、OSPFv3、IPv6 BGP 和 IPv6 IS-IS 等。

4. 路由优先级

对于相同的目的地，不同的路由协议、直连路由和静态路由可能会发现不同的路由，但这些路由并不都是最优的。为了判断最优路由，各路由协议、直连路由和静态路由都被赋予了一个优先级，具有较高优先级的路由协议发现的路由将成为当前路由。

除直连路由外，各路由协议的优先级都可由用户手工进行配置。另外，每条静态路由的优先级都可以不相同。缺省的路由优先级如表 6.1 所示，数值越小表明优先级越高。

表 6.1　缺省的路由优先级

路由协议或路由种类	缺省的路由优先级
DIRECT（直连路由）	0
OSPF	10
IS-IS	15
STATIC（静态路由）	60
RIP	100
OSPF ASE	150
OSPF NSSA	150
IBGP	255
EBGP	255
UNKNOWN（来自不可信源端的路由）	256

5. 负载分担

对同一路由协议来说，允许配置多条目的地相同且开销也相同的路由，即等价路由。当到同一目的地的路由中，没有更高优先级的路由时，这几条路由都被采纳，在转发去往该目的地的报文时，依次通过各条路径发送，从而实现网络的负载分担。

说明：目前支持负载分担有静态路由/IPv6 静态路由、RIP/RIPng、OSPF/OSPFv3、BGP/IPv6 BGP 和 IS-IS/IPv6 IS-IS。

6. 路由备份

使用路由备份可以提高网络的可靠性。用户可根据实际情况，配置到同一目的地的多条路由，其中优先级最高的一条路由作为主路由，其余优先级较低的路由作为备份路由。

正常情况下，路由器采用主路由转发数据。

(1)当链路出现故障时，主路由变为非激活状态，路由器选择备份路由中优先级最高的转发数据。这样，也就实现了从主路由到备份路由的切换。

(2)当链路恢复正常时，路由器重新选择路由。由于主路由的优先级最高，路由器选择主路由来发送数据。这就是从备份路由到主路由的切换。

7. 路由迭代

对于 BGP 路由(直连 EBGP 路由除外)和静态路由(配置了下一跳)以及多跳 RIP 路由而言,其所携带的下一跳信息可能并不是直接可达,需要找到到达下一跳的直连出接口。路由迭代的过程就是通过路由的下一跳信息来找到直连出接口的过程。而对于 OSPF 和 IS-IS 等链路状态路由协议而言,其下一跳是直接在路由计算时得到的,不需要进行路由迭代。

8. 路由信息共享

由于各路由协议采用的路由算法不同,不同的路由协议可能会发现不同的路由。如果网络规模较大,当使用多种路由协议时,往往要在不同的路由协议间能够共享各自发现的路由。各路由协议都可以引入其他路由协议的路由、直连路由和静态路由。

6.1.2 路由表显示和维护

在任意视图下执行 display 命令可以显示路由表信息;在用户视图下执行 reset 命令可以清除路由表的统计信息,如表 6.2 所示。

表 6.2　路由表显示和维护命令

操　作	命　令
显示路由表的信息	display ip routing-table [vpn-instance *vpn-instance-name*] [verbose] [	{ begin	exclude	include } *regular-expression*]
显示通过指定基本访问控制列表过滤的路由	display ip routing-table [vpn-instance *vpn-instance-name*] acl *acl-number* [verbose] [	{ begin	exclude	include } *regular-expression*]
显示指定目的地址的路由	Display ip routing-table[vpn-instance *vpn-instance-name*]ip-address[*mask*	*mask-length*] [longer-match] [verbose] [	{begin	exclude	include } *regular-expression*]
显示指定目的地址范围内的路由	Display ip routing-table [vpn-instance vpn-instance-name]ip-address1 { mask	mask-length } ip-address2 { mask |mask-length } [verbose] [	{ begin	exclude	include }regular-expression]
显示通过指定前缀列表过滤的路由	display ip routing-table [vpn-instance vpn-instance-name] ip-prefix ip-prefix-name [verbose] [	{ begin	exclude	include } regular-expression]
显示指定协议发现的路由	display ip routing-table [vpn-instance vpn-instance-name] protocol protocol [inactive	verbose] [	{ begin	exclude	include } regular-expression]
显示路由表中的路由统计信息	display ip routing-table [vpn-instance vpn-instance-name] statistics [	{ begin	exclude	include } regular-expression]
清除路由表中的综合路由统计信息	reset ip routing-table statistics protocol [vpn-instance vpn-instance-name] { protocol	all }
显示 IPv6 路由表的信息	display ipv6 routing-table [vpn-instance vpn-instance-name] [verbose] [	{ begin	exclude	include } regular-expression]
显示经过指定的基本 IPv6 ACL(访问控制列表)过滤的路由	display ipv6 routing-table [vpn-instance vpn-instance-name] acl acl6-number [verbose] [	{ begin	exclude	include } regular-expression]
显示指定目的地址的 IPv6 路由信息	display ipv6 routing-table [vpn-instance vpn-instance-name] ipv6-address [prefix-length] [longer-match] [verbose] [	{ begin	exclude	include } regular-expression]

操　作	命　令
显示指定地址范围内的 IPv6 路由信息	display ipv6 routing-table [vpn-instance vpn-instance-name] ipv6-address1 prefix-length1 ipv6-address2 prefix-length2 [verbose] [| { begin | exclude | include } regular-expression]
显示经过指定 IPv6 前缀列表过滤的路由信息	display ipv6 routing-table [vpn-instance vpn-instance-name] ipv6-prefix ipv6-prefix-name [verbose] [| { begin | exclude | include } regular-expression]
显示指定协议发现的 IPv6 路由信息	display ipv6 routing-table [vpn-instance vpn-instance-name] protocol protocol [inactive | verbose] [| { begin | exclude | include } regular-expression]
显示 IPv6 路由表中的综合路由统计信息	display ipv6 routing-table [vpn-instance vpn-instance-name]statistics[|{begin|exclude| include }regular-expression]
清除 IPv6 路由表中的综合路由统计信息	reset ipv6 routing-table statistics protocol [vpn-instance vpn-instance-name] { protocol | all }

6.2　静态路由配置

6.2.1　基本原理

静态路由是一种特殊的路由，它由管理员手工配置而成。通过静态路由的配置可建立一个互通的网络，但这种配置的缺点在于，当一个网络故障发生后，静态路由不会自动发生改变，必须有管理员的介入。

静态路由适用于比较简单的网络环境，在这样的环境中，网络管理员能够清楚地了解网络的拓扑结构，便于设置正确的路由信息。

静态路由除了具有简单、高效、可靠的优点外，还有一个好处是其安全保密性。使用动态路由时，需要路由器之间频繁地交换各自的路由表信息，而通过对路由表的分析可以揭示网络的拓扑结构和网络地址等信息，因此，出于安全方面考虑也可以采用静态路由。

在大型、复杂的网络环境中，往往不宜采用静态路由，一方面，网络管理员难以全面地了解整个网络的拓扑结构；另一方面，当网络的拓扑结构和链路状态发生变化时，需要大范围调整路由器中的静态路由信息，这一工作的难度和复杂程度是可想而知的。

6.2.2　缺省路由

缺省路由是一种特殊的路由，可以通过静态路由配置，某些动态路由协议也可以生成缺省路由，如 OSPF（Open Shortest Path First，开放最短路径优先）和 IS-IS（Intermediate System to Intermediate System Routing Protocol，中间系统到中间系统的路由选择协议）。

简单地说，缺省路由就是在没有找到匹配的路由时才使用的路由，或者说只有当没有合适的路由时，缺省路由才被使用。在路由表中，缺省路由以目的网络地址为 0.0.0.0（掩码为 0.0.0.0）的路由形式出现。

可通过命令 display ip routing-table 的输出看它是否被设置。如果报文的目的地址不能与任何路由相匹配，那么系统将使用缺省路由转发该报文。如果没有缺省路由且报文的目的地不在路由表中，那么该报文被丢弃，同时，向源端返回一个 ICMP 报文，报告该目的地址或网络不可达。

　　缺省路由在网络中是非常有用的。在一个包含上百个路由器的网络中，选择动态路由协议可能会耗费大量的带宽资源，使用缺省路由意味着采用适当带宽的链路来代替高带宽的链路，以满足大量用户通信的需要。Internet 上绝大多数路由器上都存在一条缺省路由。

6.2.3　命令介绍

　　1) 配置静态路由

ip route-static ip-address { mask | mask-length } [interface-type interface-number] [nexthop-address] [preference preference-value] [reject | blackhole] [tag tag-value] [description string]

　　undo ip route-static

　　〖视图〗

　　系统视图

　　〖参数〗

- ip-address　　目的 IP 地址，用点分十进制格式表示。
- mask　　掩码。
- mask-length　　掩码长度。由于要求 32 位掩码中的"1"必须是连续的，因此点分十进制格式的掩码也可以用掩码长度 mask-length 来代替(掩码长度是掩码中连续"1"的位数)。
- interface-type interface-number　　指定该静态路由的出接口类型及接口号。可以指定公网或者其他 vpn-instance 下面的接口作为该静态路由的出接口。
- nexthop-address　　指定该静态路由的下一跳 IP 地址(点分十进制格式)。
- preference-value　　为该静态路由的优先级别，范围 1～255。缺省值为 60。
- reject　　指明为不可达路由。
- blackhole　　指明为黑洞路由。
- tag tag-value　　静态路由 tag 值，用于路由策略。
- description string　　静态路由描述信息。

归纳静态路由的属性如下。

　　(1) 接口静态路由：表示直接连接到路由器接口上的目的网络，其优先级为 0。

　　(2) 可达路由：正常的路由都属于这种情况，即 IP 报文按照目的地标识的路由被送往下一跳，这是静态路由的一般用法。

　　(3) 目的地不可达的路由：当到某一目的地的静态路由具有"reject"属性时，任何去往该目的地的 IP 报文都将被丢弃，并且通知源主机该目的地不可达。

　　(4) 目的地为黑洞的路由：当到某一目的地的静态路由具有"blackhole"属性时，任何去往该目的地的 IP 报文都将被丢弃，并且不通知源主机。

　　其中"reject"和"blackhole"属性一般用来控制本路由器可达目的地的范围，辅助网络故障的诊断。

　　2) 查看路由表

　　(1) 查看路由表摘要信息：

display ip routing-table

〖视图〗

任意视图

（2）查看路由表详细信息：

display ip routing-table verbose

〖视图〗

任意视图

3）配置默认路由

ip route-static 0.0.0.0 0.0.0.0 nexthop-address

〖视图〗

系统视图

静态路由的一种特殊情况就是默认路由，配置默认路由的目的是当查找所有已知路由信息都查不到数据包如何转发时，路由器按默认路由的信息进行转发。

【例】配置默认路由的下一跳为 129.102.0.2。

```
[H3C] ip route-static 0.0.0.0 0.0.0.0 129.102.0.2
```

6.2.4 静态路由表实践

原东、西校区两个网络分别连接着一台路由器作为出口网关，现利用网络线路直接连接起来，通过配置静态路由实现两个校区网络系统的互联互通。

拓扑图如图 6.1 所示。两校区网络的各设备地址如表 6.3 所示。

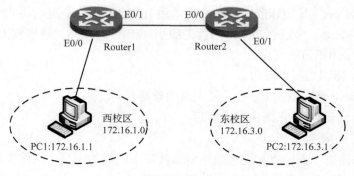

图 6.1　拓扑图

表 6.3　设备各接口 IP 地址

设备名称	设备端口	IP 地址
Router1	Ethernet0/0	172.16.1.2/24
	Ethernet0/1	172.16.2.1/24
Router2	Ethernet0/0	172.16.2.2/24
	Ethernet0/1	172.16.3.2/24
PC1		172.16.1.1/24　（默认网关 172.16.1.2）
PC2		172.16.3.1/24（默认网关 172.16.3.2）

实验设备：

路由器 2 台，标准网线 3 根，PC 机 2 台。

说明：本实验路由器选择 RT-MSR2021-AC-H3。

实验步骤：

步骤 1

按照图 6.1 所示连接好设备。分别设置 PC1 和 PC2 的 IP 地址、子网掩码以及默认网关地址。

步骤 2

配置 Router1，包括配置路由器端口地址和静态路由。

步骤 3

配置 Router2，与步骤 2 类似。

步骤 4

测试网络的连通性。

在 PC1 上使用 ping 命令测试 PC1 到 PC2 的互通性，结果表示能够互通。

思考题 1

某公司的网络结构如图 6.2 所示，要求配置静态路由和缺省路由，使任意两台主机或路由器之间都能互通。

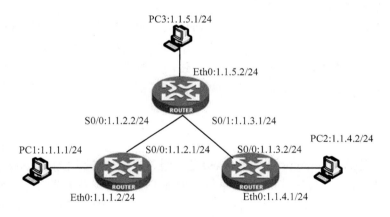

图 6.2　某公司的网络结构图

思考题 2

图 6.3 是一种常见的组网，Router1 下面连接了很多小路由器，由于这些小路由器的路由很有规律，恰好可以聚合成一条 10.1.0.0/16 的路由，于是 Router1 将此聚合后的路由发送到上一级路由器 Router2。同理，Router2 上必定有一条相同的路由 10.1.0.0/16 指回 Router1。由于网络出口唯一，Router1 上还存在一条缺省路由指向 Router2。

如果 Router_a 和 Router1 之间的链路发生故障中断，这时 Router_b 下的一个用户发送目的地址为 10.1.1.1 的报文，这个报文将会传送到哪里？怎样才能解决这个问题？

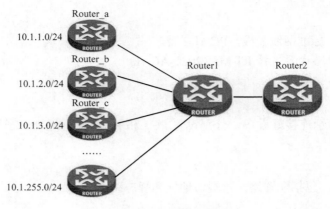

图 6.3   关于聚合路由的思考

6.3   RIP 路由配置

6.3.1   基本原理

1. 动态路由协议基本工作原理

动态路由协议用于路由器动态地寻找网络最佳路径。

路由器之间的路由信息交换是基于路由协议实现的。当路由器启用相同的动态路由协议后，每台路由器将周期性地将自己已知的路由信息发送给相邻的路由器，最终每台路由器都会收到网络中所有的路由信息。在此基础上，路由器执行路由选择算法，计算出本地路由器到其他网段的最终路由，自动地建立自己的路由表，并且能够根据实际情况的变化重新计算，适时地调整路由。

2. 自治系统

一个自治系统（Autonomous System，AS）是一组共享相似的路由策略的路由器集合，并且一个 AS 内的所有网络都属于一个行政单位，例如一所大学、一个公司等。外部世界将视整个 AS 为一个实体。一个 AS 最重要的特点是它有权自主地决定本系统内采用何种路由选择协议。每个 AS 拥有一个唯一的 AS 编号，由因特网授权管理机构 IANA 分配。

3. 动态路由协议的分类

按照工作区域，动态路由协议可以分为 IGP（Interior Gateway Protocols，内部网关协议）和 EGP（Exterior Gateway Protocal，外部网关协议）。

IGP 是在同一个 AS 内交换路由信息，主要目的是发现和计算 AS 内的路由信息。IGP 的典型代表有 RIP（Routing Information Protocols，路由信息协议）和 OSPF（Open Shortest Path First，开放最短路径优先）。

EGP 用于连接不同的 AS，在不同的 AS 之间交换路由信息，主要使用路由策略和路由过滤等控制路由信息在 AS 间的传播，其典型代表有 BGP（Border Gateway Protocal，边界网关协议）。

4. RIP

RIP 是由施乐(Xerox)公司在 20 世纪 70 年代开发的。目前具有两个版本，RIP-1 提出较早，只适用于类路由选择(即在该网络中的所有设备必须使用相同的子网掩码)，RIP-2 使用了网络前缀的路由选择方法，支持可变长度子网掩码(VLSM)。RIP-2 支持不连续的子网划分，支持 CIDR 和组播，并提供认证功能。

RIP 是一种分布式、基于距离矢量(Distance-Vector，V-D)算法的路由协议，通过广播的方式公告路由信息，然后各自计算到达目的网络所经过路由器的跳数来生成自己的路由表。

RIP 每隔 30 秒向外发送一次更新报文。如果路由器经过 180 秒没有收到来自对端的路由更新报文，则将所有来自此路由器的路由标志为不可达，若在其后 120 秒内仍未收到更新报文，就将该条路由从路由表中删除。

一台路由器从相邻的路由器学习到新的路由信息，将其追加到自己的路由表中，再将该路由表传递给所有的相邻路由器，按照最新的时间进行刷新。相邻的路由器进行同样的操作，经过若干次传递，所有路由器都能获得完整的、最新的网络路由信息。RIP 通过计算抵达目的地的最少跳数来选取最佳路径。

跳数(Hop Count)被用来衡量到达目的网络的距离，称为路由权值(Routing Cost)。RIP 规定了最大跳数为 15，如果从网络的一个终端到另一个终端的路由跳数超过 15，就被认为目的地是不可到达的，继而从路由表中将其删除。

当收到邻居路由器发来的更新报文时，RIP 计算报文中的路由项的度量值，计算公式为：metric'=min(metric+cost,16)，metric 为报文中携带的度量值，cost 为接收报文的网络的度量值开销，缺省为 1 跳，16 代表不可达。RIP 将比较新的度量值和本地路由表上相应的路由项度量值，据此更新自己的路由表。

RIP 路由表的更新原则如下：

(1)对本路由表已有的路由项，当发送更新报文的网关相同时，不论度量值增大或减少，都更新该路由项。

(2)对本路由表已有的路由项，当发送更新报文的网关不同时，当度量值减少时，更新路由项。

(3)对本路由表没有的定时项，在度量值小于 16 时，在路由表增加该路由项。

(4)路由表中的每一条路由项都对应一个老化定时器，当路由项在 180 秒内没有任何更新时，定时器超时，该路由项的度量值变为不可达。

为了实现 RIP 的功能，RIP 使用了多种定时器。

(1)路由更新定时器：用于设置路由 30 秒的更新时间间隔，每隔 30 秒路由器就会发送自己完全的路由表信息给它所有的邻居路由器。

(2)路由失效定时器：路由器在一定的时间内(如 180 秒)得不到某路由的更新，便认为此路由为无效路由。在路由器认定某路由失效时，便将此消息向其所有邻居路由通知。

(3)保持失效定时器：用于设置路由信息被抑制的时间(默认 180 秒)。当指示某个路由为不可达的更新数据包被接收时，路由器将会进入保持失效状态。这个状态会一直持续到有一个带有更好度量的数据包被接收到或者保持失效定时器到期。

(4)路由清除定时器：无效路由在路由表中删除前的时间间隔(如 240 秒)。当无效路由器从路由表删除后，路由器会通知它所有的邻居路由此无效路由即将被删除。

注意：整个 RIP 路由域中所有路由器的 RIP 定时器必须相同。

6.3.2 命令介绍

1）启动 RIP 并进入 RIP 视图

rip

undo rip

〖视图〗

系统视图

RIP 的大部分特性都需要在 RIP 视图下配置，接口视图下也有部分 RIP 相关属性的配置。如果启动 RIP 前先在接口视图下进行了 RIP 相关的配置，这些配置只有在 RIP 启动后才会生效。需要注意的是，在执行 undo rip 命令关闭 RIP 后，接口上与 RIP 相关的配置也将被删除。

2）在指定网段使能 RIP

network network-address

undo network network-address

〖视图〗

RIP 视图

〖参数〗

• network-address　使能或不使能的网络的地址，其取值可以为各个接口 IP 网络地址。

RIP 只在指定网段上的接口运行；对于不在指定网段上的接口，RIP 既不在它上面接收和发送路由，也不将它的接口路由转发出去。因此，RIP 启动后必须指定其工作网段。network-address 为使能或不使能的网络的地址，也可配置为各个接口 IP 网络的地址。

3）允许接口接收 RIP 报文

rip input

undo rip input

〖视图〗

接口视图

rip input 命令用来允许接口接收 RIP 报文。undo rip input 命令用来禁止接口接收 RIP 报文。缺省情况下，允许接口接收 RIP 报文。

【例】指定接口 Ethernet1/1 接收 RIP 报文。

```
<H3C> system-view
[H3C] interface ethernet 1/1
[H3C-Ethernet1/1] rip input
```

4）允许接口发送 RIP 报文

rip output

undo rip output

〖视图〗

接口视图

rip output 命令用来允许接口发送 RIP 报文。undo rip output 命令用来禁止接口发送 RIP 报文。缺省情况下，允许接口发送 RIP 报文。

【例】允许接口 Serial 2/0 发送 RIP 报文。

```
<H3C> system-view
[H3C] interface serial 2/0
[H3C-Serial2/0] rip output
```

5）配置 RIP 协议的优先级

preference value

undo preference

〖视图〗

RIP 视图

〖参数〗

• value　优先级，取值范围为 1～255，缺省值为 100。

preference 命令用来指定 RIP 协议的路由优先级，undo preference 命令用来恢复路由优先级的缺省值。

每一种路由协议都有自己的优先级，它的缺省取值由具体的路由策略决定。优先级的高低将最后决定 IP 路由表中的路由采取哪种路由算法获取的最佳路由。优先级的数值越大，其实际的优先级越低，如表 6.4 所示。缺省情况下，RIP 的优先级为 100。可以利用此命令手动调整 RIP 的优先级。

表 6.4　H3C 路由器路由协议缺省优先级

路由协议或路由种类	缺省优先级
DIRECT（直接连接路由）	0
OSPF	10
STATIC	60
RIP	100
IBGP	256

【例】指定 RIP 的优先级为 20。

```
[H3C-rip] preference 20
```

6）从其他协议引入路由

import-route protocol [process-id | all-processes | allow-ibgp] [cost cost]

undo import-route protocol [process-id]

〖视图〗

RIP 视图

〖参数〗

• protocol　指定引入的路由协议，可以是 bgp、direct、isis、ospf、rip 或 static。

• process-id　路由协议进程号，取值范围为 1～65535，缺省值为 1。只有当 protocol 是 isis、ospf 或 rip 时该参数可选。

- all-processes　引入指定路由协议所有进程的路由，只有当 protocol 是 rip、ospf 或 isis 时可以指定该参数。
- allow-ibgp　当 protocol 为 bgp 时，allow-ibgp 为可选关键字。
- cost　所要引入路由的度量值，取值范围为 0～16。如果没有指定度量值，则使用 default cost 命令设置的缺省度量值。

缺省情况下，RIP 不引入其他路由，并且只能引入路由表中状态为 active 的路由。是否为 active 状态可以通过 display rip routing-table protocol 命令来查看。display rip 命令如表 6.5 所示。

【例】引入静态路由，并将其度量值设置为 4。

```
<H3C> system-view
[H3C] rip 1
[H3C-rip-1] import-route static cost 4
```

【例】显示所有已配置的 RIP 进程的当前运行状态及配置信息。

```
<H3C> display rip
 Public VPN-instance name :
   RIP process : 1
   RIP version : 1
   Preference : 100
   Checkzero : Enabled
   Default-cost : 0
   Summary : Enabled
   Hostroutes : Enabled
   Maximum number of balanced paths : 8
   Update time  :  30 sec(s)  Timeout time     :  180 sec(s)
   Suppress time : 120 sec(s)  Garbage-collect time : 120 sec(s)
   update output delay :  20(ms)  output count :   3
   TRIP retransmit time :   5 sec(s)
   TRIP response packets retransmit count :   36
   Silent interfaces : None
   Default routes : Only  Default route cost : 3
   Verify-source : Enabled
   Networks :
      192.168.1.0
   Configured peers : None
   Triggered updates sent : 0
   Number of routes changes : 0
   Number of replies to queries : 0
```

表 6.5　display rip 命令部分显示信息描述表

字　　段	描　　述
RIP process	RIP 进程号
RIP version	RIP 版本
Preference	RIP 路由优先级
Summary	路由聚合功能是否使能，Enable 表示已使能，Disabled 表示关闭
Update time	更新定时器的值

字　　段	描　　述
Timeout time	失效定时器的值
Suppress time	保持失效定时器的值
Garbage-collect time	清除定时器的值
update output delay	接口发送 RIP 报文的时间间隔
Silent interfaces	抑制接口数(这些接口不发送周期更新报文)
Networks	使能 RIP 的网段地址
Triggered updates sent	发送的触发更新报文数
Number of routes changes	RIP 进程改变路由数据库的统计数据
Number of replies to queries	RIP 请求的响应报文数

7) 显示指定 RIP 进程发布数据库的所有激活路由

display rip process-id database

〖视图〗

任意视图

〖参数〗

• process-id　RIP 进程号，取值范围为 1～65535。

【例】显示进程号为 100 的 RIP 进程发布数据库中的激活路由，如表 6.6 所示。

```
<H3C> display rip 100 database
    10.0.0.0/8, cost 1, ClassfulSumm
    10.0.0.0/24, cost 1, nexthop 10.0.0.1, Rip-interface
    11.0.0.0/8, cost 1, ClassfulSumm
    11.0.0.0/24, cost 1, nexthop 10.0.0.1, Imported
```

表 6.6　display rip database 命令部分显示信息描述表

字　　段	描　　述
Cost	度量值
ClassfulSumm	表示该条路由是 RIP 的聚合路由
Nexthop	下一跳地址
Rip-interface	从使能 RIP 协议的接口学来的路由
Imported	表示该条路由是从其他路由协议引入的

8) 显示指定 RIP 进程的路由信息

display rip process-id route

〖视图〗

任意视图

〖参数〗

• process-id　RIP 进程号，取值范围为 1～65535。

【例】显示进程号为 1 的 RIP 进程所有的路由信息，如表 6.7 所示。

```
<H3C> display rip 1 route
Route Flags: R - RIP, T - TRIP
        P - Permanent, A - Aging, S - Suppressed, G - Garbage-collect
        ----------------------------------------------------------------
```

```
Peer 111.1.1.2  on Ethernet1/1
Destination/Mask        Nexthop        Cost     Tag     Flags    Sec
122.0.0.0/8             111.1.1.2        1        0       RA       22
```

表 6.7　display rip route 命令显示信息描述表

字　　段	描　　述
Route Flags	路由标志： R——RIP 生成的路由 T——TRIP（触发 RIP）生成的路由 P——该路由永不过期 A——该路由处于老化时期 S——该路由处于抑制时期 G——该路由处于 Garbage-collect 时期
Peer 21.0.0.23 on Ethernet1/1	在 RIP 接口上从指定邻居学到的路由信息
Flags	路由信息所处状态
Sec	路由信息所处状态对应的定时器时间

6.3.3　在路由器上配置 RIP 实践

把公司各部门网络的路由器通过交换机连接起来。使用 RouterB 和 RouterC 模拟部门路由器，并通过出口路由器 RouterA 连到 Internet，拓扑图如图 6.4 所示。

在 3 个路由器上都配置 RIP，使得 RouterA 只接收从外部网络发来的路由信息，但不对外发布内部网络的路由信息；RouterA、B、C 之间能够交互 RIP 信息。

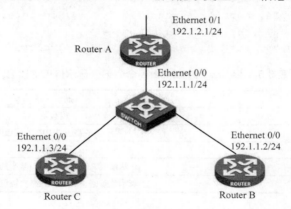

图 6.4　公司网络拓扑图

实验设备：

路由器 3 台，二层交换机 1 台，PC 机 3 台，标准网线 4 根。

说明： 本实验路由器选择 RT-MSR2021-AC-H3，二层交换机选择 LS-S3100-16C-SI-AC。

实验步骤：

步骤 1

按照图 6.4 把路由器连接到交换机上，并检查设备的软件版本，确保设备软件版本符合要求，配置设备恢复出厂设置。

（1）检查设备软件版本。

```
<H3C>display version
```

(2)在用户模式下擦除设备配置文件，重启设备使系统恢复缺省配置。

```
<H3C>reset saved-configuration<H3C>reboot
```

步骤 2

配置 RouterA。

(1)配置接口 Ethernet0/0 和 Ethernet0/1 的 IP 地址。

```
<H3C>system-view
[H3C] sysname RouterA
[RouterA] interface ethernet 0/0
[RouterA-Ethernet 0/0] ip address 192.1.1.1 255.255.255.0
[RouterA-Ethernet 0/0] quit
[RouterA] interface ethernet 0/1
[RouterA-Ethernet 0/1] ip address 192.1.2.1 255.255.255.0
```

(2)启动 RIP，并配置在接口 Ethernet 0/0 和 Ethernet 0/1 上运行 RIP。

```
[RouterA] rip
[RouterA-rip] network 192.1.1.0
[RouterA-rip] network 192.1.2.0
```

(3)配置接口 Ethernet 0/1 只接收 RIP 报文。

```
[RouterA] interface ethernet 0/1
[RouterA-Ethernet 0/1] undo rip output
[RouterA-Ethernet 0/1] rip input
```

步骤 3

配置 RouterB。

(1)配置接口 Ethernet 0/0 IP 地址。

```
<H3C>system-view
[H3C] sysname RouterB
[RouterB] interface Ethernet 0/0
[RouterB-Ethernet 0/0] ip address 192.1.1.2 255.255.255.0
```

(2)启动 RIP，并配置在接口 Ethernet 0/0 上运行 RIP。

```
[RouterB] rip
[RouterB-rip] network 192.1.1.0
```

(3)引入直接连接路由。

```
[RouterB-rip] import_route direct
```

步骤 4

配置 RouterC。

(1)配置接口 Ethernet 0/0 IP 地址。

```
<H3C>system-view
```

```
[H3C] sysname RouterC
[RouterC] interface Ethernet 0/0
[RouterC-Ethernet 0/0] ip address 192.1.1.3 255.255.255.0
```

(2)启动 RIP，并配置在接口 Ethernet 0/0 运行 RIP。

```
[RouterC] rip
[RouterC-rip] network 192.1.1.0
```

(3)引入直接连接路由。

```
[RouterC-rip] import direct
```

步骤 5

分别查看 Router A、Router B、Router C 的路由表信息和 RIP 进程的状态、配置及激活路由等信息。

思考题

某公司的网络结构如图 6.5 所示，要求在路由器上配置 RIP，使任意两台主机或路由器之间都能互通。

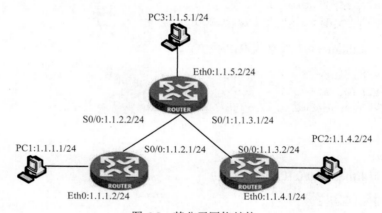

图 6.5　某公司网络结构

6.4　OSPF 单区域路由配置

6.4.1　基本原理

1．OSPF 简介

OSPF 是 Open Shortest Path First（开放最短路由优先协议）的缩写，它是 IETF 组织开发的一个基于链路状态的内部网关协议，已被证明是一种健壮的、可扩展的路由选择协议。OSPF 对于小型网络，可以在单个区域中应用，对于大型网络，也可以在多个区域中应用，并且允许随着网络的扩展和缩小相应地增加、删除或改变某个区域。

OSPF 目前使用的是版本 2（RFC2328），其特性如下：

(1)适应范围。支持各种规模的网络，最多可支持几百台路由器。

(2)快速收敛。在网络的拓扑结构发生变化后立即发送更新报文，使这一变化在自治系统中同步。

(3)无自环。由于 OSPF 根据收集到的链路状态用最短路径树算法计算路由，算法本身保证了不会生成自环路由。

(4)区域划分。允许将自治系统的网络划分成区域来管理，区域间传送的路由信息被进一步抽象，从而减少了占用的网络带宽。

(5)等值路由。支持到同一目的地址的多条等值路由。

(6)路由分级。使用 4 类不同的路由，按优先顺序来说分别是，区域内路由、区域间路由、第一类外部路由、第二类外部路由。

(7)支持验证。支持基于接口的报文验证，以保证路由计算的安全性。

(8)组播发送。支持组播地址，使用组播方式收发报文。

2. OSPF 的基本术语

1) Router ID

路由器 ID 是一个长度为 32 位的无符号二进制数，用于标识 OSPF 区域内的每一个路由器。这个编号在整个自治系统内部是唯一的。

路由器 ID 是否稳定对于 OSPF 协议的运行来说是很重要的。通常会采用路由器上处于激活状态的物理接口中 IP 地址最大的那个接口的 IP 作为路由器 ID。如果配置了逻辑回环接口（Loopback Interface），则采用具有最大 IP 地址的回环接口的 IP 地址作为路由器 ID。采用回环接口的好处是，它不像物理接口那样随时可能失效。因此，用回环接口的 IP 地址作为路由器 ID 更稳定可靠。

2) DR(指定路由器)和 BDR(备份指定路由器)

(1) DR。在广播网络或者多点访问网络中，为使每台路由器能将本地状态信息广播到整个自治系统中，在路由器之间要建立多个邻居关系，但这使得任何一台路由器的路由变化都会导致多次传递，浪费了宝贵的带宽资源。为解决这一问题，OSPF 协议定义了 DR，所有路由器都将信息发送给 DR，由 DR 将网络链路状态广播出去，除 DR/BDR 以外的路由器(DR Other)之间将不再建立邻居关系，也不再交换任何路由信息。哪一台路由器会成为本网段内的 DR 并不是人为指定的，而是由本网段中所有的路由器共同选举出来的。

(2) BDR。如果 DR 由于某种故障而失效，这时必须重新选举 DR，并与之同步。这需要较长的时间，在这段时间内，路由计算是不正确的。为了能够缩短这个过程，OSPF 提出了 BDR 的概念。BDR 实际上是对 DR 的一个备份，在选举 DR 的同时也选举出 BDR，BDR 也和本网段内的所有路由器建立邻接关系并交换路由信息。当 DR 失效后，BDR 会立即成为 DR，并重新选举 BDR。

3) Area——OSPF 区域

随着网络规模日益扩大，当一个网络中的 OSPF 路由器数量非常多时，会导致链路状态数据库(Link State Database，LSDB)变得很庞大，占用大量存储空间，并消耗很多 CPU 资源来计算路由。并且，网络规模增大后，拓扑结构发生变化的概率也会增大，这将导致大量的 OSPF 协议报文在网络中传递，降低网络的带宽利用率。

OSPF 协议将自治系统划分成多个区域(Area)来解决上述问题。区域在逻辑上将路由器划分为不同的组。不同的区域以区域号(Area ID)标识，其中一个最重要的区域是 0 区域，也称为骨干区域(Backbone Area)。如果网络只配置单区域的 OSPF 协议，该区域号应为 0。

骨干区域完成非骨干区域之间的路由信息交换，因此它必须是连续的。对于物理上不连续的区域，需要配置虚连接(Virtual Links)来保持骨干区域在逻辑上的连续性。连接骨干区域和非骨干区域的路由器称作区域边界路由器(Area Border Router，ABR)。

OSPF 中还有一类自治系统边界路由器(Autonomous System Boundary Router，ASBR)。实际上，这里的 AS 并不是严格意义上的自治系统，连接 OSPF 路由域(Routing Domain)和其他路由协议域的路由器都是 ASBR，可以认为 ASBR 是引入 OSPF 外部路由信息的路由器。

4) 路由聚合

AS 被划分成不同的区域，每一个区域通过 OSPF 边界路由器(ABR)相连，区域间可以通过路由汇聚来减少路由信息，减小路由表的规模，提高路由器的运算速度。ABR 在计算出一个区域的区域内路由之后，查询路由表，将其中每一条 OSPF 路由封装成一条链路状态广播发送到区域之外。

3. OSPF 路由计算过程

OSPF 协议的路由计算过程可简单描述如下：

(1) 每个支持 OSPF 协议的路由器都维护着一个描述整个自治系统拓扑结构的链路状态数据库(LSDB)。每台路由器根据自己周围的网络拓扑结构生成链路状态广播(Link State Advertisement，LSA)，通过相互之间发送协议报文将 LSA 发送给网络中其他路由器。这样每台路由器都收到了其他路由器的 LSA，所有的 LSA 一起组成 LSDB。

(2) 由于 LSA 是对路由器周围网络拓扑结构的描述，那么 LSDB 则是对整个网络的拓扑结构的描述。路由器很容易将 LSDB 转换成一张带权的有向图，这张图便是对整个网络拓扑结构的真实反映。显然，每个路由器得到的是一张完全相同的图。

(3) 每台路由器都使用最短路径优先算法(SPF)计算出一棵以自己为根的最短路径树，这棵树给出了到自治系统中各节点的路由，外部路由信息为叶子节点，外部路由可由广播它的路由器进行标记，以记录关于自治系统的额外信息。显然，各个路由器各自得到的路由表是不同的。

此外，为使每台路由器能将本地状态信息(如可用接口信息、可达邻居信息等)广播到整个自治系统中，在路由器之间要建立多个邻接关系，这使得任何一台路由器的路由变化都会导致多次传递，既没有必要，也浪费了宝贵的带宽资源。为解决这一问题，OSPF 协议定义了指定路由器(DR)，所有路由器都只将信息发送给 DR，由 DR 将网络链路状态广播出去。这样就减少了多址访问网络上各路由器之间邻接关系的数量。

4. OSPF 的协议报文

OSPF 有 5 种报文类型。

1) Hello 报文

最常用的一种报文，周期性地发送给本路由器的邻居。内容包括一些定时器的数值、DR、BDR 以及自己已知的邻居。

2) DD 报文(Database Description Packet)

两台路由器进行数据库同步时，用 DD 报文来描述自己的 LSDB，内容包括 LSDB 中每一条 LSA 的摘要（摘要是指 LSA 的 HEAD，通过该 HEAD 可以唯一标识一条 LSA）。这样做是为了减少路由器之间传递信息的量，因为 LSA 的 HEAD 只占一条 LSA 的整个数据量的一小部分，根据 HEAD，对端路由器就可以判断出自己是否已有这条 LSA。

3）LSR 报文（Link State Request Packet）

两台路由器互相交换 DD 报文之后，知道对端的路由器有哪些 LSA 是本地的 LSDB 所缺少的，这时需要发送 LSR 报文向对方请求所需的 LSA。内容包括所需要的 LSA 的摘要。

4）LSU 报文（Link State Update Packet）

用来向对端路由器发送所需要的 LSA，内容是多条 LSA（全部内容）的集合。

5）LSAck 报文（Link State Acknowledgment Packet）

用来对接收到的 LSU 报文进行确认。内容是需要确认的 LSA 的 HEAD（一个报文可对多个 LSA 进行确认）。

6.4.2 命令介绍

1. 配置路由器 ID

router id router-id
undo router id
〖视图〗
系统视图
〖参数〗
 • router-id   IPv4 地址形式的 Router ID。
router id 命令用来配置全局 Router ID。undo router id 命令用来删除已配置的全局 Router ID。缺省情况下，未配置全局 Router ID。

路由器的 ID 是一个 32 位无符号整数，采用 IP 地址形式，是一台路由器在自治系统中的唯一标识。路由器的 ID 可以手工配置，如果没有配置 ID 号，系统会从当前 UP 的接口的 IP 地址中自动选一个最小的 IP 地址作为路由器的 ID 号。最好手工配置路由器的 ID，而且需要保证自治系统中任意两台路由器的 ID 都不相同，通常的做法是将路由器的 ID 配置为与该路由器某个接口的 IP 地址一致。

【例】配置全局 Router ID 为 1.1.1.1。

```
<H3C> system-view
[H3C] router id 1.1.1.1
```

2. 启动 OSPF

ospf [process-id [router-id router-id]]
undo ospf [process-id]
〖视图〗
系统视图
〖参数〗
 • process-id   OSPF 进程号，取值范围为 1～65535。如果不指定进程号，将使用缺省进程号 1。

- router-id   OSPF 进程使用的 Router ID，点分十进制形式。

OSPF 支持多进程，一台路由器上启动的多个 OSPF 进程之间用不同的进程号区分。OSPF 进程号在启动 OSPF 时进行设置，它只在本地有效，不影响与其他路由器之间的报文交换。缺省情况下，路由器是不启动 OSPF 的。

启动 OSPF 时应该注意：如果在启动 OSPF 时不指定进程号，将使用缺省的进程号 1；关闭 OSPF 时不指定进程号，缺省关闭进程 1。

在同一个区域中的进程号必须一致，否则会造成进程之间的隔离。

当在一台路由器上运行多个 OSPF 进程时，建议使用命令中的 router-id 为不同进程指定不同的 Router ID。

【例】启动进程号为 120 的 OSPF 进程，运行 OSPF 协议。

```
[H3C] router id 10.110.1.10
[H3C] ospf 120
[H3C-ospf-120]
```

3. 创建 OSPF 区域并进入 OSPF 区域视图

area area-id
undo area area-id
〖视图〗
OSPF 视图
〖参数〗

- area-id   区域的标识，可以是十进制整数（取值范围为 0～4294967295，系统会将其处理成 IP 地址格式）或者 IP 地址格式。

area 命令用来创建 OSPF 区域并进入 OSPF 区域视图。undo area 命令用来删除指定区域。缺省情况下，没有配置 OSPF 区域。

【例】创建 OSPF 区域 0 并进入 OSPF 区域视图。

```
<H3C> system-view
[H3C] ospf 100
[H3C-ospf-100] area 0
[H3C-ospf-100-area-0.0.0.0]
```

4. 在指定网段使能 OSPF

network ip-address wildcard
undo network ip-address wildcard
〖视图〗
OSPF 视图
〖参数〗

- ip-address   接口所在网段地址。
- wildcard   为 IP 地址通配符屏蔽字，类似于 IP 地址的掩码取反之后的形式。但是配置时，可以按照 IP 地址掩码的形式配置，系统会自动将其取反。

network 命令用来指定运行 OSPF 的接口，undo network 命令用来取消运行 OSPF 的接口。缺省情况下，接口不属于任何区域。

为了在一个接口上运行 OSPF 协议，必须使该接口的主 IP 地址落入该命令指定的网段范围内。如果只有接口的从 IP 地址落入该命令指定的网段范围，则该接口不会运行 OSPF 协议。

【例】指定主 IP 地址在 10.110.36.0 网段范围内的接口运行 OSPF 协议，并指定这些接口所在的 OSPF 区域号为 6。

```
[H3C-ospf] area 6
[H3C-ospf-1-area-0.0.0.6] network 10.110.36.0 0.0.0.255
# 在路由器上启动 OSPF 进程 100，并指定接口所在的区域号为 2
[H3C] router id 10.110.1.9
[H3C] ospf 100
[H3C-ospf-100] area 2
[H3C-ospf-100-area-0.0.0.2] network 131.108.20.0 0.0.0.255
```

5. 重启 OSPF

reset ospf [statistics]{all|process id}

〖视图〗

用户视图

〖参数〗

• process id：OSPF 进程号，如果不指定 OSPF 进程号，将重启所有 OSPF 进程。

如果对路由器先执行 undo ospf，再执行 ospf 来重启 OSPF 进程，路由器上原来的 OSPF 配置会丢失。而使用 reset ospf all 命令，可以在不丢失原有 OSPF 配置的前提下重启 OSPF。

重启路由器的 OSPF 进程，可以立即清除无效的 LSA、使改变的 Router ID 立即生效，或者进行 DR、BDR 的重新选举。

6. 设置指定路由器的优先级

ospf dr-priority value

undo ospf dr-priority

〖视图〗

接口视图

〖参数〗

• value 接口在选举："指定路由器" 时的优先级，取值范围为 0～255，缺省值为 1。

ospf dr-priority 命令用来设置接口在选举 DR 时的优先级，undo ospf dr-priority 命令用来恢复其缺省值。

接口的优先级决定了该接口在选举 DR 时所具有的资格，优先级高的在选举权发生冲突时被首先考虑。

【例】设置接口 Ethernet 0/0 在选举 DR 时的优先级为 8。

```
[H3C] interface Ethernet 0/0
[H3C-Ethernet 0/0] ospf dr-priority 8
```

7. 显示 OSPF 中各区域邻居的信息

display ospf [process-id] peer [verbose] [interface-type interface-number] [neighbor-id]

〖视图〗

任意视图

〖参数〗

- process-id　OSPF 进程号，取值范围为 1～65535。
- verbose　显示 OSPF 各区域邻居的详细信息。
- interface-type interface-number　接口类型和编号。
- neighbor-id　邻居路由器的 Router ID。

需要注意的是：

(1)如果指定 OSPF 进程号，将显示指定 OSPF 进程的各区域邻居的信息，否则将显示所有 OSPF 进程的各区域邻居的信息。

(2)如果指定 verbose，则显示指定或所有 OSPF 进程各区域邻居的详细信息。

(3)如果指定 interface-type interface-number，则显示指定接口的 OSPF 邻居的详细信息。

(4)如果指定 neighbor-id，则显示指定邻居路由器的详细信息。

(5)如果既不指定 verbose、也不指定 interface-type interface-numbe 和 neighbor-id，则显示指定或所有 OSPF 进程各区域邻居的概要信息。

【例】显示 OSPF 邻居概要信息，如表 6.8 所示。

```
<H3C> display ospf peer
OSPF Process 1 with Router ID 1.1.1.1
Neighbor Brief Information
Area: 0.0.0.0
Router ID     Address      Pri     Dead-Time     Interface     State
1.1.1.2       1.1.1.2      1       40            Eth1/1        Full/DR
```

表 6.8　display ospf peer 命令显示信息描述表

字　段	描　述
Area	邻居所属的区域
Router ID	邻居路由器 ID
Address	邻居接口 IP 地址
Pri	邻居路由器优先级
Dead-Time	OSPF 的邻居失效时间
Interface	与邻居相连的接口
state	邻居状态(Down、Init、Attempt、2-Way、Exstart、Exchange、Loading、Full)

6.4.3　OSPF 单域的配置问题及实践

在整个高新园区采用 OSPF 路由协议。在特别大的网络里，为了避免每个设备的链路状态数据库(即网络拓扑图)过于庞大和复杂，通常需要划分成多个区域来解决。

在这里先解决 OSPF 单域的配置问题。

以园区的一家大型企业为例，该企业由多个部门组成，每个部门的网络通过路由器与其他部门相连，形成公司网络，拓扑图如图 6.6 所示。将这几台路由器都配置为区域号为 0 的 OSPF 路由器，并进行 DR 和 BDR 选择。

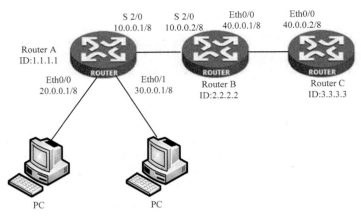

图 6.6   OSPF 单区域实验拓扑

实验设备：

路由器 3 台，PC 机 2 台，直通网线 3 根，V.35 背对背电缆 1 根。

说明：本实验路由器选择 RT-MSR2021-AC-H3。

实验步骤：

步骤 1

配置 RouterA。

（1）配置 Router ID。

```
<H3C> system-view
[H3C] sysname RouterA
[RouterA] router id 1.1.1.1
```

（2）配置端口 IP 地址。

```
[RouterA] interface serial 2/0
[RouterA -serial 2/0] ip address 10.0.0.1 255.0.0.0
[RouterA -serial 2/0] interface Ethernet 0/0
[RouterA -ethernet 0/0] ip address 20.0.0.1 255.0.0.0
[RouterA - ethernet 0/1] interface Ethernet 0/1
[RouterA - ethernet 0/1] ip address 30.0.0.1 255.0.0.0
[RouterA - ethernet 0/1] quit
```

（3）启用 OSPF。

```
[RouterA] ospf
```

（4）配置区域 0 及发布的网段。

```
[RouterA -ospf-1] area 0
[RouterA -ospf-1-area-0.0.0.0] network 10.0.0.0 0.255.255.255
[RouterA -ospf-1 -area-0.0.0.0] network 20.0.0.0 0.255.255.255
[RouterA -ospf-1 -area-0.0.0.0] network 30.0.0.0 0.255.255.255
[RouterA -ospf-1 -area-0.0.0.0] quit
```

步骤 2

配置 RouterB。

(1)配置 Router ID。

```
<H3C> system-view
[H3C] sysname RouterB
[RouterB] router id 2.2.2.2
```

(2)配置端口 IP 地址。

```
[RouterB] internet serial 2/0
[RouterB -serial 2/0] ip address 10.0.0.2 255.0.0.0
[RouterB -serial 2/0] interface ethernet 1/0/0
[RouterB -ethernet 0/0] ip address 40.0.0.1 255.0.0.0
[RouterB -ethernet 0/0] quit
```

(3)启用 OSPF。

```
[RouterB] ospf
```

(4)配置区域 0 及发布的网段。

```
[RouterB -ospf-1] area 0
[RouterB -ospf-1-area-0.0.0.0] network 10.0.0.0 0.255.255.255
[RouterB -ospf-1-area-0.0.0.0] network 40.0.0.0 0.255.255.255
[RouterB -ospf-1 -area-0.0.0.0] quit
```

步骤 3

配置 RouterC。

(1)配置 Router ID。

```
<H3C> system-view
[H3C] sysname RouterC
[RouterC] router id 3.3.3.3
```

(2)配置端口 IP 地址。

```
[RouterC] interface ethernet 0/0
[RouterC -ethernet 0/0] ip address 40.0.0.2 255.0.0.0
[RouterC -ethernet 0/0] quit
```

(3)启用 OSPF。

```
[RouterC] ospf
```

(4)配置区域 0 及发布的网段。

```
[RouterC -ospf-1] area 0
[RouterC -ospf-1-area-0.0.0.0] network 40.0.0.0 0.255.255.255
[RouterC -ospf-1 -area-0.0.0.0] quit
```

其他路由器的配置参照以上配置依次进行即可。

步骤 4

设置各路由器的优先级，使得路由器 B 成为指定路由器。

(1)配置路由器 A。

```
[RouterA] interface serial 2/0
[RouterA -serial 2/0] ospf dr-priority 1
[RouterA-serial 2/0] quit
```

(2)配置路由器 B。

```
[RouterB] interface serial 2/0
[RouterB -serial 2/0] ospf dr-priority 100
[RouterB -serial 2/0] quit
[RouterB] interface ethernet 0/0
[RouterB ethernet 0/0] ospf dr-priority 100
[RouterB -ethernet 0/0] quit
```

(3)配置路由器 C。

```
[RouterC] interface ethernet 0/0
[RouterC -ethernet 0/0] ospf dr-priority 2
[RouterC -ethernet 0/0] quit
```

配置完成后,可以使用 display ospf peer 命令查看现任的 DR 和 BDR,使用 display ip routing-table 命令查看路由表。

思考题

某公司的网络拓扑图如图 6.7 所示。要求配置 OSPF 协议,使得路由器之间能够正确地转发 IP 数据包,并且使得路由器 A 成为 DR,路由器 C 成为 BDR。

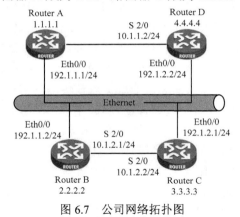

图 6.7　公司网络拓扑图

6.5　OSPF 多区域路由配置

6.5.1　基本原理

1) OSPF 的区域类型

OSPF 协议将自治系统划分成多个区域(Area),区域在逻辑上将路由器划分为不同的组。不同的区域以区域号(Area ID)标识。

骨干区域指派为 0 区域或 0.0.0.0。骨干区域完成非骨干区域之间的路由信息交换。所有区域都必须直接连接或者用一个虚链路连接到骨干区域。0 区域通常包含形成核心层的高速路由器和冗余连接。

默认情况下,连接到骨干区域的任何区域都称为标准区域。在标准区域内,所有 LSA 都是许可的,而且可以正常传播。一个区域不可能既是标准区域又是骨干区域。

OSPF 区域类型中还有存根区域、完全存根区域、非完全存根区域等，它们是为了提高 OSPF 性能而设置的。

2）OSPF 的 LSA

OSPF 路由器使用 LSA 进行交互。LSA 有以下类型。

（1）1 类 LSA：路由器 LSA（Router-LSA）。是最基本的 LSA，由所有路由器产生，包含路由器的每一个启用了 OSPF 的端口及链路状态费用信息，仅在本路由器所在区域中通过洪泛的方法进行传播。

（2）2 类 LSA：网络 LSA（Network-LSA）。存在于多路访问网络中，由 DR 产生，包含了所有与 DR 邻接的路由器 ID 的列表信息，仅在 DR 所在区域中通过洪泛的方法进行传播。

（3）3 类 LSA：网络聚合 LSA（Net-Summary-LSA）。由 ABR 产生，发送到 ABR 所连的每个区域。当 ABR 发送 3 类 LSA 到所连的某个区域时，ABR 把目的网络在本 AS 但不在该区域的所有 OSPF 路由聚合成 3 类 LSA，然后向该区域内的路由器传播。ABR 为每个新收到的 1 类 LSA 产生一个聚合通告，直到全部实现聚合为止。

（4）4 类 LSA：ASBR 聚合 LSA（Asbr-Summary-LSA）。由 ABR 产生，包含到达本区域内的 ASBR 的路由信息，传播范围是本 ABR 所连的除 ASBR 所在区域以外的其他区域。

（5）5 类 LSA：自治系统外部 LSA（AS-External-LSA）。由 ASBR 产生，假设 ASBR 连接 AS-x，则 5 类 LSA 包含到 AS-x 之外的多个外部目的网络路由信息，传播范围是 AS-x 内的所有区域。

（6）6 类 LSA：分组成员 LSA，它描述了多播 OSPF 包的多播成员信息。

（7）7 类 LSA：非完全存根区域外部 LSA（NSSA-External-LSA）。由 ASBR 产生，包含到 AS 之外的多个外部目的网络的路由信息，通过扩散被传送到 NSSA 区域。

对于不同类型的区域，LSA 有不同的传输方式。在此仅对 LSA 在标准区域中的传播进行介绍。如图 6.8 所示，Router1 是标准区域的内部路由器，它产生包含了 10.17.0.0 和 10.11.0.0 路由信息的路由器 LSA（1 类 LSA）在本区域（区域 1）扩散。

Router3 是一台区域边界路由器（ABR），在它的数据库中记录下这些信息后，产生网络聚合 LAS（3 类 LSA）并发送给 Router4 和 Router5。Router4 产生自身的网络聚合 LSA（3 类 LSA），向区域 2 中的路由器通告到达目的网络 10.17.0.0 和 10.11.0.0 的路由信息。

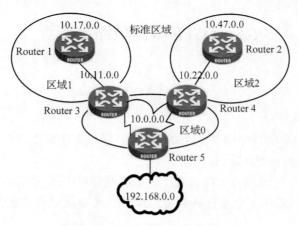

图 6.8　通过标准区域的传播

6.5.2　命令介绍

1）创建并配置一条虚连接

vlink-peer　router-id [hello seconds] [retransmit seconds] [trans-delay seconds] [dead seconds]

undo vlink-peer router-id

〖视图〗

OSPF 区域视图

〖参数〗

- router-id：虚连接邻居的路由器的 ID。
- hello seconds：接口发送 Hello 报文的时间间隔，单位为秒，取值范围为 1～8192，缺省为 10 秒。该值必须与其建立虚连接路由器上的 hello seconds 值相等。
- retransmit seconds：接口重传 LSA 报文的时间间隔，单位为秒，取值范围为 1～3600，缺省为 5 秒。
- trans-delay seconds：接口延迟发送 LSA 报文的时间间隔，单位为秒，取值范围为 1～3600，缺省为 1 秒。
- dead seconds：死亡定时器的时间间隔，单位为秒，取值范围为 1～8192，缺省为 40 秒。该值必须与其建立虚连接路由器的 dead seconds 值相等，并至少为 hello seconds 值的 4 倍。

OSPF 协议规定：所有非骨干区域必须与骨干区域保持连通，即 ABR 上至少有一个端口应在区域 0.0.0.0 中。如果一个区域与骨干区域 0.0.0.0 没有直接的物理连接，就必须建立虚连接来保持逻辑上的连通。

虚连接是在两台 ABR 之间，通过一个非骨干区域内部路由的区域而建立的一条逻辑上的连接通道。它的两端必须都是 ABR，并且必须在两端同时配置。虚连接由对端路由器的 Router ID 来标识。为虚连接提供非骨干区域内部路由的区域称为运输区域（Transit Area）。

虚连接在穿过转换区域的路由计算出来后被激活，相当于在两个端点之间形成一个点到点连接，这个连接与物理接口类似，可以配置接口的各参数，如 Hello 报文的发送间隔等。在某种程度上，可以将虚连接看作一个普通的使用了 OSPF 的接口，因此在其上配置的 hello、retrasmit 和 trans-delay 等参数的原理是类似的。

【例】配置虚连接，对端路由器 Router ID 为 1.1.1.1。

```
<H3C> system-view
[H3C] ospf 100
[H3C-ospf-100] area 2
[H3C-ospf-100-area-0.0.0.2] vlink-peer 1.1.1.1
```

2）配置 OPSF 路由聚合

abr-summary ip-address mask [advertise | not-advertise]

undo abr-summary ip-address mask

〖视图〗

OSPF 区域视图

〖参数〗

- ip-address　网段地址。
- mask　网络掩码。
- advertise　将到这一聚合网段路由的摘要信息广播出去。
- not-advertise　不将到这一聚合网段路由的摘要信息广播出去。

abr-summary 命令用来在区域边界路由器（ABR）上配置路由聚合，undo abr-summary 命令用来取消在区域边界路由器上进行路由聚合的功能。缺省情况下，区域边界路由器不对路由聚合。

本命令只适用于区域边界路由器（ABR），用来对某一个区域进行路由聚合。ABR 向其他区域只发送一条聚合后的路由。路由聚合是指路由信息在 ABR 处进行处理，对于每一个配置了聚合的网段，只有一条路由被发送到其他区域。一个区域可配置多条聚合网段，这样 OSPF 可对多个网段进行聚合。

【例】将 OSPF 区域 1 中两个网段 36.42.10.0、36.42.110.0 的路由，聚合成一条聚合路由 36.42.0.0 向其他区域发送。

```
[H3C-ospf-1] area 1
[H3C-ospf-1-area-0.0.0.1] network 36.42.10.0 0.0.0.255
[H3C-ospf-1-area-0.0.0.1] network 36.42.110.0 0.0.0.255
[H3C-ospf-1-area-0.0.0.1] abr-summary 36.42.0.0 255.255.0.0
```

6.5.3　园区的网络分为 3 个区的方法及实践

以将园区网络划分为两个区域为例，Router A 与 Router B 通过串口相连，Router B 与 Router C 通过以太网口相连。Router A 属于 Area 0，Router C 属于 Area 1，Router B 同时属于 Area 0 和 Area 1。拓扑结构如图 6.9 所示。

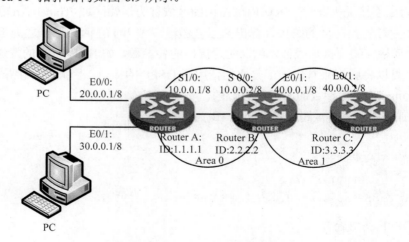

图 6.9　OSPF 多区域实验拓扑

实验设备：

路由器 3 台，PC 机 2 台，直通网线 3 根，V.35 背对背电缆 1 根。

说明：本实验路由器选择 RT-MSR2021-AC-H3。

实验步骤：

步骤 1

配置 Router A。

(1) 配置 Router ID。

```
<H3C> system-view
[H3C] sysname RouterA
[RouterA] router id 1.1.1.1
```

(2) 配置端口 IP 地址。

```
[RouterA] interface serial 1/0
[RouterA-serial1/0] ip address 10.0.0.1 255.0.0.0
[RouterA-serial1/0] interface Ethernet 0/0
[RouterA-ethernet 0/0] ip address 20.0.0.1 255.0.0.0
[RouterA- ethernet 0/0] interface Ethernet 0/1
[RouterA- ethernet 0/1] ip address 30.0.0.1 255.0.0.0
[RouterA- ethernet 0/1] quit
```

(3) 启用 OSPF。

```
[RouterA] ospf
```

(4) 配置区域 0 及发布的网段。

```
[RouterA-ospf-1] area 0
[RouterA-ospf-1-area-0.0.0.0] network 10.0.0.0 0.255.255.255
[RouterA-ospf-1 -area-0.0.0.0] network 20.0.0.0 0.255.255.255
[RouterA-ospf-1 -area-0.0.0.0] network 30.0.0.0 0.255.255.255
```

步骤 2

配置 Router B。

(1) 配置 Router ID。

```
<H3C> system-view
[H3C] sysname RouterB
```

(2) 配置端口 IP 地址。

```
[RouterB] router id 2.2.2.2
[RouterB] internet serial 0/0
[RouterB-serial0/0] ip address 10.0.0.2 255.0.0.0
[RouterB-serial0/0] interface ethernet 0/1
[RouterB-ethernet 0/1] ip address 40.0.0.1 255.0.0.0
[RouterB-ethernet 0/1] quit
```

(3) 启用 OSPF。

```
[RouterB] ospf
```

(4) 配置区域 0 及发布的网段。

```
[RouterB-ospf-1] area 0
[RouterB-ospf-1-area-0.0.0.0] network 10.0.0.0 0.255.255.255
```

(5)配置区域 1 及发布的网段。

```
[RouterB-ospf-1-area-0.0.0.0] area 1
[RouterB-ospf-1-area-0.0.0.1] network 40.0.0.0 0.255.255.255
```

步骤 3

配置 Router C。

(1)配置 Router ID。

```
<H3C> system-view
[H3C] sysname RouterC
```

(2)配置端口 IP 地址。

```
[RouterC] router id 3.3.3.3
```

(3)配置端口 IP 地址。

```
[RouterC] interface ethernet 0/1
[RouterC-ethernet 0/1] ip address 40.0.0.2 255.0.0.0
[RouterC-ethernet 0/1] quit
```

(4)启用 OSPF。

```
[RouterC] ospf
```

(5)配置区域 1 及发布的网段。

```
[RouterC-ospf-1] area 1
[RouterC-ospf-1-area-0.0.0.1] network 40.0.0.0 0.255.255.255
```

步骤 4

在 Router A 与 Router C 上执行 display ip routing-table 命令，可以发现二者通过 OSPF 获得了到对方的路由（即都有 10.0.0.0/8、20.0.0.0/8、30.0.0.0/8、40.0.0.0/8 网段的路由）。

思考题

在上面实验的基础上，将该园区的网络分为 3 个区域，如图 6.10 所示。配置 OSPF 协议使得各区域的路由器都能交换路由信息。这时，Area 2 没有与 Area 0 直接相连。Area 1 被用作运输区域（Transit Area）来连接 Area 2 和 Area 0。Router B 和 Router C 之间需要配置一条虚链路。

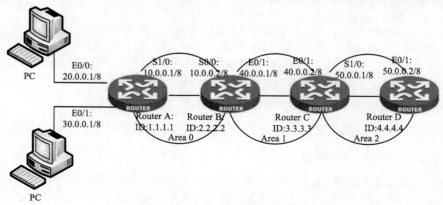

图 6.10　OSPF 实验拓扑

6.6 BGP 配置

6.6.1 基本原理

BGP（Border Gateway Protocol，边界网关协议）是一种自治系统间的动态路由发现协议。BGP 协议早期发布的 3 个版本分别是 BGP-1、BGP-2 和 BGP-3，当前使用的版本是 BGP-4。BGP-4 适用于分布式结构，并支持无类域间路由 CIDR，利用 BGP 还可以实施用户配置的策略。BGP-4 迅速成为事实上的 Internet 外部路由协议标准。

1）BGP 的特点

（1）BGP 是一种外部路由协议，与 OSPF、RIP 等内部路由协议不同，其着眼点不在于发现和计算路由，而在于控制路由的传播和选择最好的路由。

（2）通过在 BGP 路由中携带 AS 路径信息，可以彻底解决路由循环问题。

（3）使用 TCP 作为其传输层协议，提高了协议的可靠性。

（4）路由更新时，BGP 只发送更新的路由，大大减少了 BGP 传播路由所占用的带宽，适用于在 Internet 上传播大量的路由信息。

（5）出于管理和安全方面的考虑，每个自治系统都希望能够对进出自治系统的路由进行控制，BGP-4 提供了丰富的路由策略，能够对路由实现灵活的过滤和选择，并且易于扩展以支持网络新的发展。

2）BGP 的工作原理

BGP 系统作为高层协议运行在一个特定的路由器上。系统初启时 BGP 路由器通过发送整个 BGP 路由表与对等体交换路由信息，之后只交换更新消息（Update Message）。系统在运行过程中，是通过接收和发送 Keep-Alive 消息来检测相互之间的连接是否正常的。

发送 BGP 消息的路由器称为 BGP 发言人（Speaker），它不断地接收或产生新路由信息，并将它广告（Advertise）给其他的 BGP 发言人。当 BGP 发言人收到来自其他自治系统的新路由广告时，如果该路由比当前已知路由好或者当前还没有该接收路由，它就把这个路由广告给自治系统内所有其他的 BGP 发言人。

一个 BGP 发言人也将同它交换消息的其他的 BGP 发言人称为对等体（Peer），若干相关的对等体可以构成对等体组（Group）。

BGP 在路由器有两种方式运行：IBGP（Internal BGP）和 EBGP（External BGP）。当 BGP 运行于同一自治系统（AS）内部时，称为 IBGP；当 BGP 运行于不同自治系统之间时，称为 EBGP。

BGP 协议机的运行是通过消息驱动的，其消息共可分为 4 类。

（1）Open Message 是连接建立后发送的第一个消息，它用于建立 BGP 对等体间的连接关系。

（2）Update Message 是 BGP 系统中最重要的信息，用于在对等体之间交换路由信息，它最多由 3 部分构成：不可达路由（Unreachable）、路径属性（Path Attributes）、网络可达性信息（Network Layer Reach/Reachable Information，NLRI）。

（3）Notification Message 错误通告消息。

（4）Keep-alive Message 用于检测连接有效性的消息。

6.6.2 命令介绍

1）启动 BGP

bgp as-number

undo bgp [as-number]

〖视图〗

系统视图

〖参数〗

· as-number：为指定的本地 AS 号，参数范围为 1～65535。

bgp 命令用来启动 BGP，进入 BGP 视图；undo bgp 命令用来关闭 BGP。缺省情况下，系统不运行 BGP。

启动 BGP 时应指定本地的自治系统号。启动 BGP 后，本地路由器监听相邻路由器的 BGP 连接请求。要使本地路由器主动向相邻路由器发出 BGP 连接请求，请参照 peer 命令的配置。关闭 BGP 时，BGP 将切断所有已经建立的 BGP 连接。

【例】启动 BGP 运行。

```
[H3C] bgp 100
[H3C-bgp]
```

2）创建 BGP 对等体组

group group-name { [internal] | external }

undo group group-name

〖视图〗

BGP 视图

〖参数〗

· group-name　对等体组的名称。可使用字母和数字，长度范围为 1～47。

· internal　创建的对等体组为内部对等体组。

· external　创建的对等体组为外部对等体组，包括联盟内其他子 AS 的组。

group 命令用来创建一个对等体组，undo group 命令用来删除创建的对等体组。

交换 BGP 报文的 BGP 发言人形成对等体。BGP 对等体不能够脱离对等体组而独立存在，即对等体必须隶属于某一个特定的对等体组。在配置 BGP 对等体时，必须首先配置对等体组，然后再将对等体加入该对等体组中。

当对等体组的配置变化时，每个组员的配置也相应变化。对某些属性可以指定组员的 IP 地址进行配置，从而使指定组员在这些属性上不受对等体组配置的影响。

BGP 对等体组的使用是方便用户配置。当用户启动若干配置相同的对等体时，可先创建一个对等体组，并将其配置好。然后将各对等体加入到此对等体组中，以使其获得与此对等体组相同的配置。

缺省时，IBGP 对等体会加入默认的对等体组中，不需要进行配置，对任何一个 IBGP 对等体的路由更新策略的配置对它所在的组内的其他 IBGP 对等体有效。具体说，若路由器不是路由反射器，所有 IBGP 对等体在同一个组内；若路由器是路由反射器，所有的路由反射客户在一个组内，非客户在另一个组内。

外部对等体组的成员必须在同一网段内，否则某些 EBGP 对等体可能会丢弃发送的路由更新。

对等体组的成员不能配置不同于对等体组的路由更新策略，但可以配置不同的入口策略。

【例】创建一个对等体组 test。

```
[H3C-bgp] group test
```

3）指定对等体组的自治系统号

peer　group-name　as-number as-number

undo peer group-name as-number

〖视图〗

BGP 视图

〖参数〗

· group-name　对等体组的名称。

· as-number　对等体/对等体组的对端 AS 号，取值范围为 1～65535。

peer as-number 命令用来配置指定对等体组的对端 AS 号，undo peer as-number 命令用来删除对等体组的 AS 号。缺省情况下，对等体组对端无 AS 号。

可以为类型为 external 的对等体组指定自治系统号，internal 类型的对等体组无需配置自治系统号。如果为对等体组指定了自治系统号，那么，加入该对等体组的所有对等体都继承了该对等体组的自治系统号。

【例】配置指定对等体组 test 的对端 AS 号为 100。

```
[H3C-bgp] peer test as-number 100
```

4）将对等体加入对等体组

（1）对于组播/VPNv4 地址族：

peer peer-address group group-name

undo peer peer-address

（2）单播/VPN-INSTANCE 地址族：

peer peer-address group group-name [as-number as-number]

undo peer peer-address

〖视图〗

BGP 视图

〖参数〗

· group-name　对等体组的名称。可使用字母和数字，长度范围为 1～47。

· peer-address　对等体的 IP 地址。

· as-number　为对等体指定 AS 号。

peer group 命令用来将对等体加入对等体组，undo peer 命令删除对等体组中指定的对等体。

BGP 的对等体不能够脱离对等体组而独立存在，在配置对等体的同时必须指定其所属的对等体组，同时可以指定对等体的自治系统号。

加入对等体组的配置类型为 internal，则命令中不能够指定自治系统号参数。加入的对等体为 IBGP 对等体。

加入对等体组的配置类型为 external，如果对等体没有指定自治系统号，那么对等体加入对等体组的同时必须同时指定该对等体的自治系统号；如果对等体组已经配置了自治系统号，对等体将继承对等体组的自治系统号，无需再为对等体指定。

在单播/VPN-INSTANCE 地址族，当将对等体加入没有指定 AS 号的外部对等体组时，需要同时指定对等体的 AS 号；将对等体加入内部对等体组或指定了 AS 号的外部对等体组时，可以不指定对等体的 AS 号。

在组播或 VPNv4 地址族下，要将一个对等体加入一个对等体组，要求在单播地址族下已经存在此对等体，即在单播地址族下此对等体已经加入了某一个组中（此对等体在单播地址族下可以是未使能的）。

在不同的地址族下，同一对等体可以加入不同的对等体组，同一个组在不同的地址族下也可以有不同的成员。

【例】将 IP 地址为 10.1.1.1 的对等体加入对等体组 test。

```
[H3C-bgp] group test
[H3C-bgp] peer 10.1.1.1 group test
```

5) 配置允许同不直接相连网络上的 EBGP 对等体组建立连接

peer group-name ebgp-max-hop [ttl]

undo peer group-name ebgp-max-hop

〖视图〗

BGP 视图

〖参数〗

• group-name　对等体组的名称。

• ttl　最大步跳计数，范围为 1～255，缺省值为 64。

peer ebgp-max-hop 命令用来配置允许同非直连相连网络上的邻居建立 EBGP 连接，undo peer ebgp-max-hop 命令用来取消已有的配置。缺省情况下，该功能取消。

通常情况下，EBGP 对等体之间必须是物理上直接相连的，如果无法满足，可使用该命令进行配置。

【例】允许同不直接相连网络上的 EBGP 对等体组 test 建立连接。

```
[H3C-bgp] peer test ebgp-max-hop
```

6) 配置联盟的 ID

confederation id as-number

undo confederation id

〖视图〗

BGP 视图

〖参数〗

• as-number　为内部包括多个子自治系统的自治系统号，取值范围为 1～4294967295。

confederation id 命令用来配置联盟的 ID。 undo confederation id 命令用来取消 BGP 联盟体。缺省情况下，未配置联盟的 ID。

为解决在一个大的 AS 域中可能存在的 IBGP 全连接数过大的问题，可以考虑采用联盟的方法：先将这个 AS 域划分为几个较小的子自治系统(每个子自治系统中均保持全连接的状态)，这些子自治系统组成一个联盟体；路由的一些关键的 BGP 属性(下一跳、MED、本地优先级)在通过每个子自治系统时没有丢弃，因此每个子自治系统之间虽然存在 EBGP 关系，但是从联盟外部来看还是一个整体。这样做既保证了原来 AS 域的完整性，同时还可以缓解域中过多的连接数的问题。

【例】ID 号是 9 的联盟体由 38、39、40、41 四个子自治系统组成，其中对端 10.1.1.1 是 AS 联盟体中的成员，而对端 200.1.1.1 则是 AS 联盟体的外部成员。对于外部成员来讲，9 号联盟体就是一个统一的 AS 域。以子 AS 41 为例。

```
<H3C> system-view
[H3C] bgp 41
[H3C-bgp] confederation id 9
[H3C-bgp] confederation peer-as 38 39 40
[H3C-bgp] group Confed38 external
[H3C-bgp] peer Confed38 as-number 38
[H3C-bgp] peer 10.1.1.1 group Confed38
[H3C-bgp] group Remote98 external
[H3C-bgp] peer Remote98 as-number 98
[H3C-bgp] peer 200.1.1.1 group Remote98
```

7) 指定一个联盟体中包含了哪些子自治系统

confederation peer-as as-number-list

undo confederation peer-as [as-number-list]

〖视图〗

BGP 视图

〖参数〗

• as-number-list 为子自治系统号列表，在同一条命令中最多可配置 32 个子自治系统，表示方式为 as-number-list = as-number&<1-32>。其中，as-number 为子自治系统号，&<1-32>表示前面的参数可以输入 1～32 次。

confederation peer-as 命令用来指定一个联盟体中包含了哪些子自治系统。undo confederation peer-as 命令用来删除联盟体中指定的子自治系统。缺省情况下，未配置属于联盟的子自治系统。

在配置本命令之前，必须通过 confederation id 命令指定各子系统所属的联盟号，否则本命令配置不成功。

当 undo confederation peer-as 命令不带 as-number-list 参数时，表示删除联盟体中所有的子自治系统。

【例】配置属于联盟 10 的子自治系统号为 2000 和 2001。

```
<H3C> system-view
[H3C] bgp 100
[H3C-bgp] confederation id 10
[H3C-bgp] confederation peer-as 2000 2001
```

8）配置 BGP 与 IGP 路由同步

synchronization

undo synchronization

〖视图〗

BGP 视图

synchronization 命令用来配置 BGP 与 IGP 路由同步。undo synchronization 命令用来取消同步。缺省情况下，BGP 和 IGP 路由不同步。

使能同步特性后，如果一个 AS 由一个非 BGP 路由器提供转发服务，那么该 AS 中的 BGP 发言者不能对外部 AS 发布路由信息，除非该 AS 中的所有路由器都知道更新的路由信息。

BGP 路由器收到一条 IBGP 路由，缺省时只检查该路由的下一跳是否可达。如果设置了同步特性，该 IBGP 路由只有在 IGP 也发布了这条路由时才会被同步并发布给 EBGP 对等体，否则，该 BGP 路由将无法发布给 EBGP 对等体。

9）显示对等体组的信息

display bgp group [group-name]

〖视图〗

任意视图

〖参数〗

· group-name   对等体组的名称，为 1~47 个字符的字符串。

【例】显示对等体组 aaa 的信息。

```
<H3C> display bgp group aaa
BGP peer-group is aaa
Remote AS 200
Type : external
Maximum allowed prefix number: 4294967295
Threshold: 75%
Configured hold timer value: 180
Keepalive timer value: 60
Minimum time between advertisement runs is 30 seconds
Peer Preferred Value: 0
No routing policy is configured
Members:
 Peer        AS    MsgRcvd    MsgSent    OutQ    PrefRcv    Up/Down    State
 2.2.2.1     200      0          0         0        0       00:00:35   Active
```

10）显示 BGP 路由信息

display bgp routing-table

〖视图〗

任意视图

【例】查看 BGP 的路由信息，如表 6.9 所示。

```
<H3C> display bgp routing-table
Total Number of Routes: 1
BGP Local router ID is 10.10.10.1
```

```
Status codes: * - valid, ^ - VPNv4 best, > - best, d - damped,
             h - history, i - internal, s - suppressed, S - Stale
         Origin : i - IGP, e - EGP, ? - incomplete
    Network        NextHop      MED     LocPrf      PrefVal       Path/Ogn
 *> 40.40.40.0/24 20.20.20.1    0         0          200          300i
```

表 6.9　display bgp routing-table 命令显示部分信息描述表

字　段	描　述
Total Number of Routes	路由总数
BGP Local router ID	BGP 本地路由器标识符
Status codes	路由状态代码: 　*－valid 合法 　^－VPNv4 best VPNv4 优选路由 　＞－best 普通优选最佳路由 　d－damped 振荡抑制 　h－history 历史路由 　i－internal 内部路由 　s－suppressed 聚合抑制 　S－Stale 过期路由
Origin	i－IGP 网络层可达信息来源于 AS 内部 e－EGP 网络层可达信息通过 EGP 学习 ?－incomplete 网络层可达信息通过其他方式学习
Path	路由的 AS 路径(AS_PATH)属性,记录了此路由所经过的所有 AS 区域,可以避免出现路由环路
Ogn	路由的起源(ORIGIN)属性,表示路由相对于发出它的自治系统的路由更新起点,它有如下 3 种取值: • i－此路由是 AS 内部的。BGP 把聚合路由和用 network 命令定义的路由看作 AS 内部的,起点类型设置为 IGP • e－此路由是从 EGP(Exterior Gateway Protocol,外部网关协议)学习到的 • ?－此路由信息的来源为未知源,即通过其他方式学习到的。BGP 把通过其他 IGP 协议引入的路由的起点设置为 incomplete

6.6.3　3 个子自治系统配置 EBGP 与实践

　　某 ISP 的 AS 100 分为 3 个子自治系统:AS 1001、AS 1002、AS 1003。现在要为 3 个子自治系统配置 EBGP,并且 AS 100 通过路由器 C 连接 AS 200,这时还要配置 AS 100 和 AS 200 连通。网络拓扑图如图 6.11 所示。

　　实验设备:

　　路由器 5 台,二层交换机 1 台,标准网线若干。

　　说明:本实验路由器选择 RT-MSR2021-AC-H3。

　　实验步骤:

　　步骤 1

　　配置 Router A。

　　(1)配置以太网接口。

```
<H3C> system-view
```

```
[H3C] sysname RouterA
[RouterA] interface ethernet 0/0
[RouterA-Ethernet0/0] ip address 172.68.10.1 255.255.255.0
```

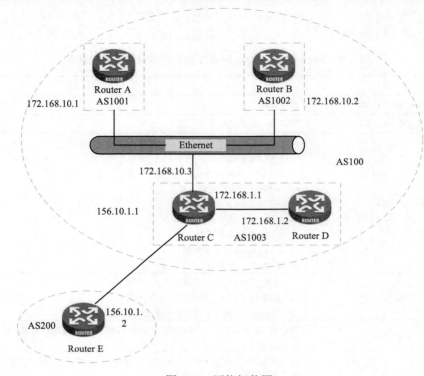

图 6.11　网络拓扑图

(2) 启用 BGP。

```
[RouterA] bgp 1001
```

(3) 配置 BGP 同盟。

```
# 配置联盟 ID
[RouterA-bgp] confederation id 100
# 指定一个联盟体中包含的子自治系统
[RouterA-bgp] confederation peer-as 1002 1003
# BGP 和 IGP 路由不同步
[RouterA-bgp] undo synchronization
```

(4) 创建的外部对等体组 confed1002。

```
[RouterA-bgp] group confed1002 external
# 指定对等体组的 AS 号
[RouterA-bgp] peer confed1002 as-number 1002
# 将 172.68.10.2(RouterB)加入对等体组
[RouterA-bgp] peer 172.68.10.2 group confed1002
```

(5) 创建的外部对等体组 confed1003。

```
[RouterA-bgp] group confed1003 external
# 指定对等体组的 AS 号
```

```
   [RouterA-bgp] peer confed1003 as-number 1003
# 将172.68.10.3(RouterC)加入对等体组
   [RouterA-bgp] peer 172.68.10.3 group confed1003
```

步骤2

配置 Router B。

(1)配置以太网接口。

```
<H3C> system-view
[H3C] sysname RouterB
[RouterB] interface ethernet 0/0
[RouterB- Ethernet0/0] ip address 172.68.10.2 255.255.255.0
```

(2)启用 BGP。

```
[RouterB] bgp 1002
```

(3)配置 BGP 同盟。

```
# 配置联盟 ID
   [RouterB-bgp] confederation id 100
# BGP 和 IGP 路由不同步
   [RouterB-bgp] undo synchronization
# 指定一个联盟体中包含的子自治系统
   [RouterB-bgp] confederation peer-as 1001 1003
```

(4)创建的外部对等体组 confed1001。

```
   [RouterB-bgp] group confed1001 external
# 指定对等体组的 AS 号
   [RouterB-bgp] peer confed1001 as-number 1001
# 将172.68.10.1(RouterA)加入对等体组
   [RouterB-bgp] peer 172.68.10.1 group confed1001
```

(5)创建的外部对等体组 confed1003。

```
   [RouterB-bgp] group confed1003 external
# 指定对等体组的 AS 号
   [RouterB-bgp] peer confed1003 as-number 1003
# 将172.68.10.3(RouterC)加入对等体组
    [RouterB-bgp] peer 172.68.10.3 group confed1003
```

步骤3

配置 Router C。

(1)配置以太网接口。

```
<H3C> system-view
[H3C] sysname RouterC
[RouterC] interface ethernet 0/0
[RouterC-Ethernet0/0] ip address 172.68.10.3 255.255.255.0
```

(2) 配置 BGP。

```
[RouterC] bgp 1003
```

(3) 配置 BGP 同盟。

```
[RouterC-bgp] confederation id 100
[RouterC-bgp] undo synchronization
[RouterC-bgp] confederation peer-as 1001 1002
```

(4) 创建的外部对等体组 confed1001。

```
[RouterC-bgp] group confed1001 external
[RouterC-bgp] peer confed1001 as-number 1001
[RouterC-bgp] peer 172.68.10.1 group confed1001
```

(5) 创建的外部对等体组 confed1002。

```
[RouterC-bgp] group confed1002 external
[RouterC-bgp] peer confed1002 as-number 1002
[RouterC-bgp] peer 172.68.10.2 group confed1002
```

(6) 创建的外部对等体组 ebgp200。

```
[RouterC-bgp] group ebgp200 external
# 将 156.10.1.2(RouterE)加入对等体组
[RouterC-bgp] peer 156.10.1.2 group ebgp200 as-number 200
```

(7) 创建的内部对等体组 ibgp200。

```
[RouterC-bgp] group ibgp1003 internal
# 将 172.68.1.2(RouterD)加入对等体组
[RouterC-bgp] peer 172.68.1.2 group ibgp1003
```

思考题

图 6.12 中 Router C 属于 AS 200，其他 3 台设备 Router A、Router B、Router D 在一个大 AS100 中配置了联盟，分别属于小 AS：AS65001、AS65002 以及 AS65003。为它们配置 BGP，解决全网连接的问题。

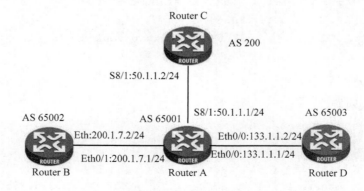

图 6.12　实验项目拓扑

6.7　IS-IS 配置

6.7.1　基本原理

1. IS-IS 简介

IS-IS(Intermediate System-to-Intermediate System ，中间系统到中间系统)最初是 ISO (International Organization for Standardization，国际标准化组织)为它的 CLNP(Connection-Less Network Protocol，无连接网络协议)设计的一种动态路由协议。为了提供对 IP 的路由支持，IETF(Internet Engineering Task Force，互联网工程任务组)在 RFC 1195 中对 IS-IS 进行了扩充和修改，使它能够同时应用在 TCP/IP 和 OSI 环境中，称为集成化 IS-IS (Integrated IS-IS 或 Dual IS-IS)。IS-IS 属于 IGP(Interior Gateway Protocol，内部网关协议)，用于自治系统内部。IS-IS 是一种链路状态协议，使用 SPF(Shortest Path First，最短路径优先)算法进行路由计算。

2. 基本术语

(1)IS(Intermediate System，中间系统)：相当于 TCP/IP 中的路由器，是 IS-IS 协议中路由和传播路由信息的基本单元。以下 IS 和路由器具有相同的含义。

(2)ES(End System，终端系统)：相当于 TCP/IP 中的主机系统。ES 不参与 IS-IS 路由协议的处理，ISO 使用专门的 ES-IS 协议定义终端系统与中间系统间的通信。

(3)RD(Routing Domain，路由域)：在一个路由域中多个 IS 通过相同的路由协议来交换路由信息。

(4)Area：区域，路由域的细分单元，IS-IS 允许将整个路由域分为多个区域。

(5)LSDB(Link State DataBase，链路状态数据库)：网络内所有链路的状态组成了链路状态数据库，在每一个 IS 中都至少有一个 LSDB。IS 使用 SPF 算法，利用 LSDB 来生成自己的路由。

(6)LSPDU(Link State Protocol Data Unit，链路状态协议数据单元)：简称 LSP。在 IS-IS 中，每一个 IS 都会生成 LSP，此 LSP 包含了本 IS 的所有链路状态信息。

(7)NPDU(Network Protocol Data Unit，网络协议数据单元)：是 OSI 中的网络层协议报文，相当于 TCP/IP 中的 IP 报文。

(8)DIS(Designated IS，指定中间系统)：广播网络上选举的指定中间系统，也可以称为指定 IS。

(9)NSAP(Network Service Access Point，网络服务接入点)：OSI 中网络层的地址，用来标识一个抽象的网络服务访问点，描述 OSI 模型的网络地址结构。

3. IS-IS 地址结构

1)NSAP

NSAP 由 IDP(Initial Domain Part)和 DSP(Domain Specific Part)组成，如图 6.13 所示。IDP 相当于 IP 地址中的主网络号，DSP 相当于 IP 地址中的子网号和主机地址。IDP 部分是 ISO 规定的，它由 AFI(Authority and Format Identifier)与 IDI(Initial Domain Identifier)组成，AFI

表示地址分配机构和地址格式，IDI 用来标识域。DSP 由 HO-DSP（High Order Part of DSP）、SystemID 和 SEL 组成。HO-DSP 用来分割区域，SystemID 用来区分主机，SEL 指示服务类型。IDP 和 DSP 的长度都是可变的，NSAP 总长最多 20 个字节，最少 8 个字节。

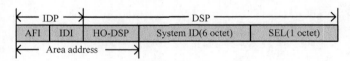

图 6.13　IS-IS 协议的地址结构示意图

2）区域地址

IDP 和 DSP 中的 HO-DSP 一起，既能够标识路由域，也能够标识路由域中的区域，因此，它们一起被称为区域地址。两个不同的路由域中不允许有相同的区域地址。一般情况下，一台路由器只需要配置一个区域地址，且同一区域中所有节点的区域地址都要相同。为了支持区域的平滑合并、分割及转换，一台路由器最多可配置 3 个区域地址。

System ID 用来在区域内唯一标识主机或路由器。它的长度固定为 48 位。在实际应用中，一般使用 Router ID 与 System ID 进行对应。假设一台路由器使用接口 Loopback0 的 IP 地址 168.10.1.1 作为 Router ID，则它在 IS-IS 使用的 System ID 可通过如下方法转换得到：

（1）将 IP 地址 168.10.1.1 的每一部分都扩展为 3 位，不足 3 位的在前面补 0。

（2）将扩展后的地址 168.010.001.001 重新划分为 3 部分，每部分由 4 位数字组成，得到的 1680.1000.1001 就是 System ID。实际 System ID 的指定可以有不同的方法，但要保证能够唯一标识主机或路由器即可。

3）SEL

SEL 有时也写成 N-SEL（NSAP Selector），它的作用类似 IP 中的"协议标识符"，不同的传输协议对应不同的 SEL。在 IP 中，SEL 均为 00。

4）路由方式

由于这种地址结构明确地定义了区域，Level-1 路由器很容易识别出发往它所在的区域之外的报文，这些报文是需要转交给 Level-1-2 路由器的。

（1）Level-1 路由器利用 SystemID 进行区域内的路由，如果发现报文的目的地址不属于自己所在的区域，就将报文转发给最近的 Level-1-2 路由器。

（2）Level-2 路由器根据区域地址进行区域间的路由。

4. IS-IS 区域

1）两级结构

为了支持大规模的路由网络，IS-IS 在路由域内采用两级的分层结构。一个大的路由域通常被分成多个区域（Areas）。一般来说，我们将 Level-1 路由器部署在区域内，Level-2 路由器部署在区域间，Level-1-2 路由器部署在 Level-1 路由器和 Level-2 路由器的中间。

2）Level-1 与 Level-2

（1）Level-1 路由器负责区域内的路由，它只与属于同一区域的 Level-1 和 Level-1-2 路由器形成邻居关系，维护一个 Level-1 的 LSDB，该 LSDB 包含本区域的路由信息，到区域外的报文转发给最近的 Level-1-2 路由器。

（2）Level-2 路由器负责区域间的路由，可以与同一区域或者其他区域的 Level-2 和 Level-1-2 路由器形成邻居关系，维护一个 Level-2 的 LSDB，该 LSDB 包含区域间的路由信息。所有 Level-2 路由器和 Level-1-2 路由器组成路由域的骨干网，负责在不同区域间通信，骨干网必须是物理连续的。

（3）同时属于 Level-1 和 Level-2 的路由器称为 Level-1-2 路由器，可以与同一区域的 Level-1 和 Level-1-2 路由器形成 Level-1 邻居关系，也可以与同一区域或者其他区域的 Level-2 和 Level-1-2 路由器形成 Level-2 的邻居关系。Level-1 路由器必须通过 Level-1-2 路由器才能连接至其他区域。Level-1-2 路由器维护两个 LSDB，Level-1 的 LSDB 用于区域内路由，Level-2 的 LSDB 用于区域间路由。

注意：属于不同区域的 Level-1 路由器不能形成邻居关系。Level-2 路由器是否形成邻居关系则与区域无关。

IS-IS 不论是 Level-1 还是 Level-2 路由，都采用 SPF 算法，分别生成最短路径树（Shortest Path Tree，SPT）。

3）路由渗透

通常情况下，区域内的路由通过 Level-1 的路由器进行管理。所有的 Level-2 路由器和 Level-1-2 路由器构成一个 Level-2 区域。因此，一个 IS-IS 的路由域可以包含多个 Level-1 区域，但只有一个 Level-2 区域。Level-1 区域必须且只能与 Level-2 区域相连，不同的 Level-1 区域之间并不相连。Level-1 区域内的路由信息通过 Level-1-2 路由器发布到 Level-2 区域，因此，Level-2 路由器知道整个 IS-IS 路由域的路由信息。但是，在缺省情况下，Level-1-2 路由器并不将自己知道的其他 Level-1 区域以及 Level-2 区域的路由信息发布到 Level-1 区域。这样，Level-1 路由器将不了解本区域以外的路由信息，Level-1 路由器只将去往其他区域的报文发送到最近的 Level-1-2 路由器，所以可能导致对本区域之外的目的地址无法选择最佳的路由。为解决上述问题，IS-IS 提供了路由渗透功能，使 Level-1-2 路由器可以将已知的其他 Level-1 区域以及 Level-2 区域的路由信息发布到指定的 Level-1 区域。

5. IS-IS 的网络类型

1）网络类型

根据物理链路不同，IS-IS 只支持两种类型的网络。

（1）广播链路：如 Ethernet、Token-Ring 等。

（2）点到点链路：如 PPP、HDLC 等。

注意：对于 NBMA（Non-Broadcast Multi-Access ）网络，如 ATM，需对其配置子接口，并将子接口类型配置为点到点网络或广播网络。IS-IS 不能在点到多点（Point to MultiPoint，P2MP）链路上运行。

2）DIS 和伪节点

在广播网络中，IS-IS 需要在所有的路由器中选举一个路由器作为 DIS。Level-1 和 Level-2 的 DIS 是分别选举的，用户可以为不同级别的 DIS 选举设置不同的优先级。DIS 优先级数值越高，被选中的可能性就越大。如果优先级最高的路由器有多台，则其中 SNPA（Subnetwork Point of Attachment，子网连接点）地址（广播网络中的 SNPA 地址是 MAC 地址）最大的路由器会被选中。不同级别的 DIS 可以是同一台路由器，也可以是不同的路由器。与 OSPF 的不同点如下：

(1)优先级为 0 的路由器也参与 DIS 的选举;

(2)当有新的路由器加入,并符合成为 DIS 的条件时,这个路由器会被选中成为新的 DIS,此更改会引起一组新的 LSP 泛洪。在 IS-IS 广播网中,同一网段上的同一级别的路由器之间都会形成邻接关系,包括所有非 DIS 路由器之间也会形成邻接关系,如图 6.14 所示。

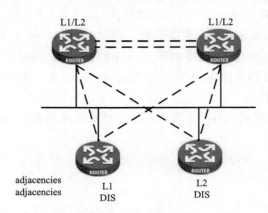

图 6.14　IS-IS 广播网的 DIS 和邻接关系

DIS 用来创建和更新伪节点(Pseudonodes),并负责生成伪节点的 LSP,用来描述这个网络上有哪些路由器。伪节点是用来模拟广播网络的一个虚拟节点,并非真实的路由器。在 IS-IS 中,伪节点用 DIS 的 SystemID 和一个字节的 CircuitID(非 0 值)标识。使用伪节点可以简化网络拓扑,减少 SPF 的资源消耗。

IS-IS 广播网络上所有的路由器之间都形成邻接关系,但 LSDB 的同步仍然依靠 DIS 来保证。

6. 报文分类

1)链路状态数据单元(Link State PDU)

它用来在区域中传播链路状态记录,分为两种:Level 1 Link State PDU 和 Level 2 Link State PDU,处在层次 1 的路由器产生 L1 LSP,处于层次 2 的路由器产生 L2 LSP,LSP 只会泛洪到自己的所属层次。1 层 LSP 中包含它都有什么邻居、它的接口都处在什么网段中等信息,只用于本地区域。2 层 LSP 中包含它都有什么邻居、通过它都能够到达什么网段等信息,即包含 IS-IS 里所有可到达前缀的信息。链路状态报文中含有一个路由器的所有信息,包括邻接、所连接的 IP 前缀、OSI 终端系统、区域地址等。

2)Hello 报文(IIH PDU)

它用于维护邻接。问候包(Hello)发送到组播 MAC 层地址,来确定其他系统是否在运行 IS-IS。在 IS-IS 里有 3 种问候包:一种是点对点接口的,一种是对 Level 1 路由器的,一种是对 Level 2 路由器的。发送到 Level 1 路由器和 Level 2 路由器的问候包给定了不同组播地址,所以,Level 1 路由器连接到与 Level 2 路由器驻留的地方,但看不到 Level 2 的问候,反过来也是一样。当链路初始化或从近邻接收问候包时,发送问候包,此时,初始化邻接。在从近邻接收到问候的基础上,路由器把问候包发送回近邻,表明路由器看到了问候。这时,就建立了双向联系。这就是邻接的在线状态(up state)。

3)全时序协议数据单元(Complete Sequence Numbers Protocol Data Unit,CSNP)

CSNP 分为两种:Level 1 CSNP 和 Level 2 CSNP。用于广播链路上的 LSPDB 同步。DIS

在广播接口上每 10 秒发送一次 CSNP。CSNP 包含了本地数据库里所有 LSP 的完整列表。正如前面所提到，CSNP 用于数据库同步。在串行线路上，只在第一次连接时发送 CSNP。

4）部分时序协议数据单元（Partial Sequence Number Protocol Data Unit，PSNP）

PSNP 分为两种：Level 1 PSNP 和 Level 2 PSNP。用于非广播链路时，类似于 P2P 链路上的 ACK，响应 LSP 报文。在广播链路上，PSNP 用于数据库同步。当路由器从近邻接收到 CSNP 时，注意到 CSNP 丢失了部分数据库，路由器发送 PSNP 请求新的 LSP。

7．IS-IS 协议的地址编码方式

IS-IS 协议地址称为 NET（Network Entity Title），可分成 3 部分：

（1）区域地址。该部分长度是可变的。区域地址标识区域的路由域长度，并在路由域里固定。

（2）System ID。长度为 6 个 8 位字节，在一个自治系统中值是唯一的。

（3）N 选择器。长度总是 1 个 8 位字节，用来指定上层协议。当 N 选择器设置成 0 时，用于 IP 网络。

所有的 IS-IS 地址必须遵从如下限制：

（1）一个中间系统（路由器）至少有一个 NET（实际中最多有 3 个，所有 NET 必须有相同的 System ID），不能有两个中间系统具有相同的 NET。

（2）一个路由器可以有一个或多个区域地址。多 NET 设置只有当区域需要重新划分时才需要使用，例如多个区域的合并或者将一个区域划分为多个不同的区域。这样在进行重新配置时仍然能够保证路由的正确性。

（3）IS-IS NET 地址至少需要 8 字节，1 字节的区域地址，6 字节的系统标识和 1 字节的 N 选择器。最多为 20 个字节。

6.7.2 命令介绍

在完成配置后，在任意视图下执行 display 命令，可以显示配置 IS-IS 后的运行情况，如表 6.10 所示。用户可以通过查看显示信息验证配置的效果。在用户视图下执行 reset 命令可以清除 IS-IS 的数据库信息，或者复位特定邻居的数据信息。

表 6.10 IS-IS 显示和维护命令

操　作	命　令
显示 IS-IS 的摘要信息	display isis brief [process-id | vpn-instance vpn-instance-name] [|{ begin | exclude | include } regular-expression]
显示 IS-IS 调试开关的状态	display isis debug-switches {process-id|vpn-instance vpn-instance-name} [|{begin|exclude| include } regular-expression]
显示 IS-IS 协议的 GR 状态	display isis graceful-restart status [level-1| level-2] [process-id | vpn-instance vpn-instance-name] [| { begin | exclude | include } regular-expression]
显示使能 IS-IS 功能接口的信息	display isis interface [statistics|[interface-type interface-number][verbose]][process-id|vpn-instance vpn-instance-name]|{begin|exclude | include } regular-expression]
显示 IS-IS 的链路状态数据库	display isis lsdb [[l1 | l2 | level-1 | level-2] | [lsp-id lspid | lsp-name lspname | local | verbose] * [process-id | vpn-instance vpn-instance-name]|[|{begin|exclude | include } regular-expression]
显示 IS-IS Mesh-Group 的配置信息	display isis mesh-group [process-id | vpn-instance vpn-instance-name]|[|{begin|exclude | include } regular-expression]

操　作	命　令
显示系统 ID 到主机名称的映射关系表	display isis name-table[process-id| vpn-instance vpn-instance-name] [| { begin | exclude | include } regular-expression]
显示 IS-IS 的邻居信息	display isis peer [statistics | verbose] [process-id | vpn-instance vpn-instance-name] [|{begin|exclude | include } regular-expression]
显示 IS-IS 的 IPv4 路由信息	display isis route[ipv4][[level-1 | level-2] | verbose] * [process-id |vpn-instance vpn-instance-name] [| { begin | exclude | include } regular-expression]
显示 IS-IS 进行 SPF 计算的日志信息	display isis spf-log [process-id | vpn-instance vpn-instance-name] [|{ begin | exclude | include } regular-expression]
显示 IS-IS 统计信息	display isis statistics [level-1 | level-1-2 | level-2] [process-id | vpn-instance vpn-instance-name] [| { begin | exclude | include } regular-expression]
清除所有 IS-IS 的数据结构信息	reset isis all [process-id | vpn-instance vpn-instance-name]
清除 IS-IS 特定邻居的数据信息	reset isis peer system-id [process-id|vpn-instance vpn-instance-name]

6.7.3 IS-IS 基本配置及实践

如图 6.15 所示，Router A、Router B、Router C 和 Router D 属于同一自治系统，要求它们之间通过 IS-IS 协议达到 IP 网络互连的目的。Router A 和 Router B 为 Level-1 路由器，Router D 为 Level-2 路由器，Router C 作为 Level-1-2 路由器将两个区域相连。Router A、Router B 和 Router C 的区域号为 10，Router D 的区域号为 20。

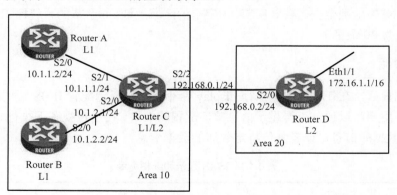

图 6.15　IS-IS 基本配置组网图

配置步骤如下：

（1）配置各接口的 IP 地址（略）。

（2）配置 IS-IS。

```
    # 配置 Router A
    <RouterA> system-view
    [RouterA] isis 1
    [RouterA-isis-1] is-level level-1
    [RouterA-isis-1] network-entity 10.0000.0000.0001.00
    [RouterA-isis-1] quit
    [RouterA] interface serial 2/0
```

```
[RouterA-Serial2/0] isis enable 1
[RouterA-Serial2/0] quit

# 配置 Router B
<RouterB> system-view
[RouterB] isis 1
[RouterB-isis-1] is-level level-1
[RouterB-isis-1] network-entity 10.0000.0000.0002.00
[RouterB-isis-1] quit
[RouterB] interface serial 2/0
[RouterB-Serial2/0] isis enable 1
[RouterB-Serial2/0] quit

# 配置 Router C
<RouterC> system-view
[RouterC] isis 1
[RouterC-isis-1] network-entity 10.0000.0000.0003.00
[RouterC-isis-1] quit
[RouterC] interface serial 2/0
[RouterC-Serial2/0] isis enable 1
[RouterC-Serial2/0] quit
[RouterC] interface serial 2/1
[RouterC-Serial2/1] isis enable 1
[RouterC-Serial2/1] quit
[RouterC] interface serial 2/2
[RouterC-Serial2/2] isis enable 1
[RouterC-Serial2/2] quit

# 配置 Router D
<RouterD> system-view
[RouterD] isis 1
[RouterD-isis-1] is-level level-2
[RouterD-isis-1] network-entity 20.0000.0000.0004.00
[RouterD-isis-1] quit
[RouterD] interface ethernet 1/1
[RouterD-Ethernet1/1] isis enable 1
[RouterD-Ethernet1/1] quit
[RouterD] interface serial 2/0
[RouterD-Serial2/0] isis enable 1
[RouterD-Serial2/0] quit
```

第 7 章　网络地址转换

本章介绍网络地址转换(Network Address Translation , NAT)技术，包括静态转换、动态转换、端口地址转换，以及 TCP 负载均衡等。

网络地址转换最初的目的是允许把私有 IP 地址映射到外部网络的合法 IP 地址，以缓解可用 IP 地址空间不足的压力。这样一方面可以节约大量公共 IP 地址，另一方面也增加了内部网络的安全性。

基本网络地址转换(Basic NAT)是一种将一组 IP 地址映射到另一组 IP 地址的技术，这对终端用户来说是透明的。网络地址端口转换(NAPT)是一种将群体网络地址及其对应 TCP/UDP 端口翻译成单个网络地址及其对应 TCP/UDP 端口的方法。这两种操作，即传统 NAT 提供了一种机制，将只有私有地址的内部领域连接到有全球唯一注册地址的外部领域。

7.1　静　态　转　换

7.1.1　基本概念

静态转换是指将内部网络的私有 IP 地址转换为公有 IP 地址，IP 地址对是一对一的，是一成不变的，某个私有 IP 地址只转换为某个公有 IP 地址。借助于静态转换，可以实现外部网络对内部网络中某些特定设备(如服务器)的访问。

例如，如果内部网络有 Email、WWW、FTP 服务器等可以为外部用户提供服务，那么这些服务器的 IP 地址必须采用静态地址转换，以便外部用户可以使用这些服务。

在图 7.1 中，内网服务器 10.0.0.2 被静态映射为外网 171.69.58.81，而内网主机 10.0.0.1 则被映射为外网 171.69.58.80。

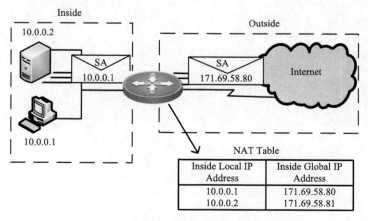

图 7.1　静态地址转换

7.1.2 静态转换的配置

(1)在内部本地地址和内部全局之间建立静态转换。

```
Router(config)#ip nat inside source static local -ip global -ip
```

(2)指明连接内部的接口。

```
Router(config)#ip nat inside
```

(3)指明连接外部的接口。

```
Router(config)#ip nat outside
```

静态转换的地址映射示例，如图 7.2 所示。

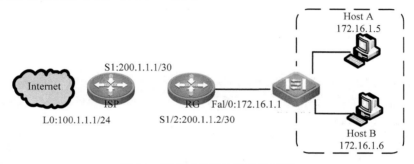

图 7.2　静态转换的地址映射示例

配置序列：

```
Interface seria 10/0
Ip address 192.168.1.1 255.255.255.0
Ip nat outside
Interface fastethernet 0/0
Ip address 10.1.1.1 255.255.255.0
Ip nat inside
Ip nat inside source static 10.1.1.2 192.168.1.2
```

7.1.3 利用静态转换实现内外地址的转换实践

(1)配置网络地址变换，提供到公司共享服务器的可靠外部访问。

(2)某 IT 企业因业务扩展，需要升级网络，他们选择 172.16.1.0/24 作为私有地址，并用 NAT 来处理和外部网络的连接。

(3)公司需要将 172.16.1.5 和 172.16.1.6 两台主机作为共享服务器，需要外网能够访问，考虑到包括安全在内的诸多因素，公司希望对外部隐藏内部网络。

实验的拓扑图，如图 7.3 所示。

实验设备：

路由器 2 台，交换机 1 台，PC 机 2 台。

预备知识：

路由器基本配置知识，IP 路由知识，NAT 原理。

实验原理：

在路由器上把 172.16.1.5、172.16.1.6 两台主机静态映射到外部，把内网隐藏起来。

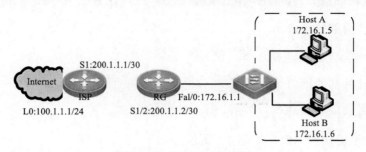

图 7.3　内外地址转换示例

实验步骤：

步骤 1

在路由器上配置 IP 路由选择和 IP 地址。

```
RG#config t
RG(config)#interface serial 1/2
RG(config-if)#ip address 200.1.1.2 255.255.255.252
RG(config-if)#clock rate 64000
RG(config)#interface FastEthernet 1/0
RG(config-if)#ip address 172.16.1.1 255.255.255.0
RG(config)#ip route 0.0.0.0 0.0.0.0 serial 1/2
```

步骤 2

配置静态 NAT。

```
RG(config)#ip nat inside source static 172.16.1.5 200.1.1.80
RG(config)#ip nat inside source static 172.16.1.5 200.1.1.81
```

步骤 3

指定一个内部接口和一个外部接口。

```
RG(config)#interface serial 1/2
RG(config-if)#ip nat outside
RG(config)#interface FastEthernet 1/0
RG(config-if)#ip nat inside
```

步骤 4

验证测试。

用 telnet 登录远程主机 100.1.1.1 来测试 NAT 的转换。

```
C:\>telnet 100.1.1.1
User Access Verification
Password:
RG#sh ip nat translations
Pro Inside global Inside local Outside local Outside global
tcp 200.1.1.80:1172 172.16.1.5:1172 100.1.1.1:23 100.1.1.1:23
```

```
tcp 200.1.1.81:1173 172.16.1.6:1173 100.1.1.1:23 100.1.1.1:23
RG#debug ip nat
RG#NAT: [A] pk 0x03f470e4 s 172.16.1.5->200.1.1.80:1172 [3980]
NAT: [B] pk 0x03f5b540 d 200.1.1.80->172.16.1.5:1172 [259]
NAT: [A] pk 0x03f4b3ac s 172.16.1.5->200.1.1.80:1172 [3981]
NAT: [B] pk 0x03f4a888 d 200.1.1.80->172.16.1.5:1172 [260]
NAT: [A] pk 0x03f478c8 s 172.16.1.5->200.1.1.80:1172 [3982]
NAT: [B] pk 0x03f4a6f4 d 200.1.1.80->172.16.1.5:1172 [261]
NAT: [A] pk 0x03f4bd24 s 172.16.1.5->200.1.1.80:1172 [3983]
NAT: [B] pk 0x03f498a8 d 200.1.1.80->172.16.1.5:1172 [262]
```

注意事项：

在做本实验前，一定要先配置好路由，要使用整个网络通信正常后再启用 NAT。

参考配置：

```
RG#sh run
Building configuration...
Current configuration : 692 bytes
!
version 8.4 (building 15)
hostname RG
enable secret 5 $1$yLhr$s2r9y51xyE7yFA12
!
no service password-encryption
!
interface serial 1/2
ip nat outside
ip address 200.1.1.2 255.255.255.252
clock rate 64000
!
interface serial 1/3
clock rate 64000
!
interface FastEthernet 1/0
ip nat inside
ip address 172.16.1.1 255.255.255.0
duplex auto
speed auto
!
interface FastEthernet 1/1
duplex auto
speed auto
!
interface Null 0
!
ip nat inside source static 172.16.1.3 200.1.1.80
!
ip route 0.0.0.0 0.0.0.0 serial 1/2
!
line con 0
line aux 0
```

```
line vty 0
login
password 7 013244
line vty 1 4
login
```

7.2 动态转换

7.2.1 基本概念

动态转换首先定义合法外部地址池，然后采用动态分配的方法映射到内部网络。动态转换是动态一对一的映射，所有被授权访问 Internet 上的私有 IP 地址可随机转换为任何指定的合法 IP 地址。动态转换必须保证有足够的外网 IP，以使得内部网络中发起 Internet 连接的每个用户能分配到合法 IP。

7.2.2 动态地址转换的配置

(1)定义一个全局地址池(可选)。

```
RG(config)# ip nat pool name start-ip end-ip{netmask netmask|prefix-length
    prefix-length }
```

(2)定义一个标准访问控制列表，来控制哪些内部地址可以被转换。

```
RG(config)#access-list access-list-number permit source[source-wildcard]
```

(3)利用事先建立的 ACL 列表建立动态的源地址转换。

```
RG(config) # ip nat inside source list access-list-number pool name
```

动态转换地址映射示例，如图 7.4 所示。

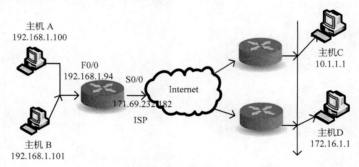

图 7.4 动态转换示例

配置序列如下：

```
Ip nat pool net-208 171.69.233.209 171.69.233.222 netmask 255.255.255.240
Ip nat iinside source list 1 pool net-208
Interface s0/0
Ip address 171.69.232.182 255.255.255.240
Ip nat outside
Interface fastethenet 0/0
```

```
Ip address 192.168.1.94 255.255.255.0
Ip nat inside
Access-list 1 permit 192.168.1.0 0.0.0.255
```

实验名称：

配置动态 NAT。

实验目的：

配置网络地址变换，为私有地址的用户提供到外部网络的资源的访问。

背景描述：

某 IT 企业因业务扩展，需要升级网络，他们选择 172.16.1.0/24 作为私有地址，并用 NAT 来处理和外部网络的连接。

需求分析：

ISP 提供商给 IT 企业的一段公共 IP 地址的地址段为 200.1.1.200~100.1.1.210，需要内网使用这段地址去访问 Internet。考虑到包括安全在内的诸多因素，公司希望对外部隐藏内部网络。

实验拓扑：

实验的拓扑图如图 7.5 所示。

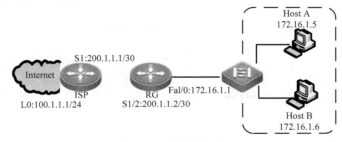

图 7.5 实验拓扑图

实验设备：

路由器 2 台，交换机 1 台，PC 机 2 台。

预备知识：

路由器基本配置知识，IP 路由知识，NAT 原理。

实验原理：

在路由器上定义内网与外网接口，利用 NAT 地址池实现内网对外网的访问，并把内网隐藏起来。

实验步骤：

步骤 1

在路由器上配置 IP 路由选择和 IP 地址。

```
RG#config t
RG(config)#interface serial 1/2
RG(config-if) #ip address 200.1.1.2 255.255.255.252
RG(config-if) #clock rate 64000
RG(config)#interface FastEthernet 1/0
RG(config-if) #ip address 172.16.1.1 255.255.255.0
RG(config)#ip route 0.0.0.0 0.0.0.0 serial 1/2
```

步骤 2

定义一个 IP 访问列表。

```
RG(config)#access-list 10 permit 172.16.1.0 0.0.0.255
```

步骤 3

配置静态 NAT。

```
RG(config)# ip nat pool ruijie 200.1.1.200 200.1.1.210 prefix-length 24
RG(config)#ip nat inside source list 10 pool ruijie
```

步骤 4

指定一个内部接口和一个外部接口。

```
RG(config)#interface serial 1/2
RG(config-if)#ip nat outside
RG(config)#interface FastEthernet 1/0
RG(config-if)#ip nat inside
```

步骤 5

验证测试。

用两台主机 telnet 登录远程主机 100.1.1.1 来测试 NAT 的转换。

```
C:\>telnet 100.1.1.1
User Access Verification
Password:
[root@lab ~]# telnet 100.1.1.1
Trying 100.1.1.1...
Connected to 100.1.1.1 (100.1.1.1).
Escape character is '^]'.
User Access Verification
Password:
RG#sh ip nat translations
Pro Inside global Inside local Outside local Outside global
tcp 200.1.1.201:1174 172.16.1.6:1174 100.1.1.1:23 100.1.1.1:23
tcp 200.1.1.204:1026 172.16.1.5:1026 100.1.1.1:23 100.1.1.1:23
RG#debug ip nat
RG#NAT: [A] pk 0x03f553ec s 172.16.1.6->200.1.1.201:1176 [4082]
NAT: [B] pk 0x03f56d44 d 200.1.1.201->172.16.1.6:1174 [363]
NAT: [A] pk 0x03f560a4 s 172.16.1.6->200.1.1.201:1174 [4083]
NAT: [B] pk 0x03f4d044 d 200.1.1.201->172.16.1.6:1174 [364]
NAT: [A] pk 0x03f50620 s 172.16.1.6->200.1.1.201:1174 [4084]
NAT: [B] pk 0x03f4f968 d 200.1.1.201->172.16.1.6:1174 [365]
NAT: [A] pk 0x03f55580 s 172.16.1.6->200.1.1.201:1174 [4085]
……
NAT: [A] pk 0x03f54d84 s 172.16.1.5->200.1.1.204:1026 [52337]
NAT: [B] pk 0x03f56238 d 200.1.1.204->172.16.1.5:1026 [372]
NAT: [A] pk 0x03f56888 s 172.16.1.5->200.1.1.204:1026 [52339]
NAT: [A] pk 0x03f56560 s 172.16.1.5->200.1.1.204:1026 [52341]
NAT: [B] pk 0x03f566f4 d 200.1.1.204->172.16.1.5:1026 [373]
```

```
NAT: [A] pk 0x03f5b6d4 s 172.16.1.5->200.1.1.204:1026 [52343]
NAT: [B] pk 0x03f51c50 d 200.1.1.204->172.16.1.5:1026 [374]
```

【参考配置】

```
RG#sh run
Building configuration...
Current configuration : 789 bytes
version 8.4 (building 15)
hostname RG
enable secret 5 $1$yLhr$s2r9y51xyE7yFA12
access-list 10 permit 172.16.1.0 0.0.0.255
no service password-encryption
!
interface serial 1/2
ip nat outside
ip address 200.1.1.2 255.255.255.252
clock rate 64000
!
interface FastEthernet 1/0
ip nat inside
ip address 172.16.1.1 255.255.255.0
duplex auto
speed auto
!
interface FastEthernet 1/1
duplex auto
speed auto
!
interface Null 0
ip nat pool ruijie 200.1.1.200 200.1.1.210 prefix-length 24
ip nat inside source list 10 pool ruijie
ip route 0.0.0.0 0.0.0.0 serial 1/2
line con 0
line aux 0
line vty 0
login
password 7 093d12
line vty 1 4
login
!
```

7.3　端口地址转换

7.3.1　基本概念

端口地址转换（Port Address Translation，PAT）是指改变外部数据包的源端口并进行端口转换，即端口复用采用端口多路复用方式。内部网络的所有主机均可共享一个合法外部 IP 地址，实现对 Internet 的访问，从而最大限度地节约 IP 地址资源。同时，又可隐藏网络内部的所有主机，有效避免来自 Internet 上的黑客的攻击。因此，目前网络中应用最多的就是端口多路复用方式，可实现上千个用户共用一个全球 IP 地址连接到 Internet。

7.3.2 端口地址转换的配置

（1）定义一个标准的 ACL 表以容许某些内部本地地址可以被转换。

```
Router(config)# access-list-number permit source source-wildcard
```

（2）利用事先已建立的 ACL 列表建立一个源地址的动态转换。

```
Router(config)# ip nat inside source list access-list-number interface
    interface overload
```

（3）对一个内部全局地址进行端口地址转换的实例，如图 7.6 所示。

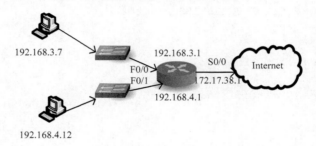

图 7.6　地址转换实例

配置序列如下：

```
Interface fastethernet 0/0
Ip address 192.168.3.1 255.255.255.0
Ip nat inside
Interface fastthernet 0/1
Ip address 192.168.4.1 255.255.255.0
Ip nat inside
Interface serial 0/0
Ip address 172.17.38.1 255.255.255.0
Ip nat putside
Ip nat inside source list 1 interface serial 0/0 overload
Ip route 0.0.0.0 0.0.0.0 serial 0/0
Access-list 1 permit 192.168.3.0 0.0.0.255
Access-list 1 permit 192.168.4.0 0.0.0.255
```

7.3.3 端口地址转换的配置及实践

实验名称：
端口地址转换的配置。

实验目的：
配置网络端口地址变换，为私有地址的用户提供到外网的访问。

背景描述：

公司因业务扩展需要升级网络，计划选择 192.168.1.0/24 作为私有地址，并用 NAT 来处理和外部网络的连接。

需求分析：

由于 IPv4 地址不足，所以 ISP 提供商只给该公司的广域网如下的端口 IP 地址，地址为 200.1.1.2/30，使得企业内部网都能用这个地址去访问 Internet。考虑到包括安全在内的诸多因素，公司希望对外部隐藏内部网络。

实验拓扑：

本例的拓扑结构如图 7.7 所示。

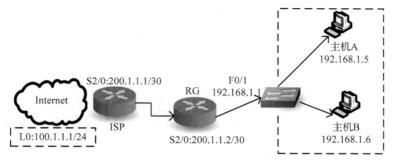

图 7.7　端口地址转换实验拓扑结构

实验原理：

在路由器上定义内部网络与外部网络接口，利用 PAT 实现内网对外网的访问，并把内部网络隐藏起来。

实验步骤：

步骤 1

(1)在远程主机 100.1.1.1 上建立用户和口令。

(2)在完成步骤 1 之后，验证整个网络连通性(必须确保连通)。

(3)查看 NAT 表。

```
# show ip nat translations
```

步骤 2

在路由器上配置 IP 路由选择和 IP 地址。

```
RG# config t
RG(config)# interface serial 2/0
RG(config-if)# ip address 200.1.1.2 255.255.255.252
RG(config-if)# clock rate 64000
RG(config)# interface fastethernet 0/1
RG(config-if)# ip address 192.168.1.1 255.255.255.0
RG(config)# ip route 0.0.0.0 0.0.0.0 serial 2/0
```

步骤 3

配置静态转换。

```
RG(config)# ip nat inside source list 10 interface serial 2/0 overload
```

步骤 4

指定一个内部网络端口和一个外部网络端口。

```
RG(config)# interface serial 2/0
RG(config)# ip nat outside
RG(config)# interface fastethernet 0/1
RG(config-if)# ip nat inside
```

步骤 5

验证测试。

(1)用两台主机 telnet 登录远程主机 100.1.1.1 来测试 NAT 的转换。

```
C:\> telnet 100.1.1.1
```

用步骤 1 建立的用户和口令登录，是否可以登录？

(2)查看地址转换的过程。

```
#debug ip nat
```

(3)查看 NAT 表。

```
#show ip nat translations
```

(4)抓取数据包，分析 telnet 时地址的转换情况。

7.4 TCP 负载均衡

7.4.1 基本概念

NAT 的另一个作用是 TCP 负载重分配(TCP Load Distributing)。负载均衡是把一个客户机或者服务器上的繁重任务分到多个客户机或者服务器上，然后通过制定一个虚拟的 IP 地址映射到服务器或者客户端。

负载均衡的工作过程是，外部主机向虚拟主机(定义为内部全局地址)发起通信时，NAT 接受外部主机的请求，并依据 NAT 表建立与内部主机的连接，然后将内部全局地址(目的地址)转换成内部局部地址并转发数据包到内部主机，内部主机接收包并做出响应。NAT 再使用内部局部地址和端口查询数据表，根据查询到的外部地址和端口做出响应。此时，如果同一主机再做第二个连接，NAT 将根据 NAT 表建立与另一虚拟主机的连接并转发数据。

7.4.2 配置 TCP 负载均衡

随着访问量的上升，当一台服务器难以胜任并发访问时，就必须采用负载均衡技术，将大量的访问合理地分配至多台服务器上。实现负载均衡的手段有多种，通过地址转换方式实现服务器的负载均衡是其中的一种方法。负载均衡的实现大多采用轮询方式实现，使每台服务器都拥有平等的被访问机会，以减轻每台服务器的访问压力。

NAT 负载均衡将一个外部 IP 地址映射为多个内部 IP 地址，对每次连接请求动态地址转换为一个内部服务器的地址，将外部连接请求引到转换得到地址的那个服务器上，从而达到负载均衡的目的。

NAT 负载均衡是一种比较完善的负载均衡技术，用于 NAT 负载均衡功能的设备一般处于内部服务器到外部网间的网关位置，如路由器、防火墙、四层交换机、专用负载均衡器等。均衡算法也比较灵活，如随机选择，根据最少连接数及响应时间来分配负载。

例如，内部网络有 3 个真实主机，IP 地址分别是 10.1.1.1、10.1.1.2、10.1.1.3，虚拟主机则只有一个，是 10.1.1.127。外部用户对内部的虚拟主机访问时，NAT 路由器会截获访问的数据包，以循环方式把目的地址转换为对应的真实主机，这样就可以完成内部真实主机(服务器)的 TCP 负载均衡。具体转换过程如下。

(1)外部网络用户主机 B(IP 地址为 172.20.7.3)发起与虚拟主机(内部全局地址)10.1.1.127 的连接。此时数据包中的源地址为外部全局地址 172.20.7.3，目的地址为虚拟主机地址 10.1.1.127。

(2)当路由器接收到连接请求的数据包时，创建一个内部网络中真实主机(如 10.1.1.1)进行关联的新的 NAT 转换条目。

(3)NAT 路由器把连接请求的数据包中的目的地址用真实主机的本地地址进行替换(源地址不变)，然后继续发送连接请求数据包。

(4)内部网络中真实主机(10.1.1.1)接收到这个连接请求数据包，并发出一个应答数据包。应答数据包中的源地址是内部真实主机本地地址(10.1.1.1)，目的地址为外部网络主机 B 的 IP 地址 172.20.7.3。

(5)当 NAT 路由器接收到这个应答数据包后，使用内部本地地址和端口号，以及外部地址和端口号作为关键字在 NAT 表中进行查找。找到后把应答包中的源地址转换成虚拟主机地址进行替换(目的地址不变)，继续转发应答数据包。直到外部网络用户收到应答数据包。

NAT 路由器一直重复这样的转换过程，只是下一次转换时虚拟主机所对应的内部主机本地地址可能不是 10.1.1.1，可能是 10.1.1.2 或者 10.1.1.3。显然这是一个动态 NAT 转换过程。

一般 TCP 负载均衡具体配置过程如下。

(1)做好路由器的基本配置，并定义各个接口在进行 NAT 时是内部接口还是外部接口。

(2)定义一个标准访问列表，用来标识要转换的合法 IP 地址。

(3)定义 NAT 地址池来标识内部 Web 服务器的本地地址，注意要用到关键字 rotary，表明要使用轮循环策略从 NAT 地址池中取出相应 IP 地址来转换合法 IP 报文。

(4)把目的地址为访问列表中 IP 的报文转换成地址池中定义的 IP 地址。

7.4.3　配置 TCP 负载均衡及实践

实验名称：
配置 TCP 负载分配。

实验目的：
配置网络地址变换，使用一个单地址，实现两台 Web 服务器负载平衡。

背景描述：
某 IT 企业因业务扩展，需要升级网络，他们选择 172.16.1.0/24 作为私有地址，并用 NAT 来处理和外部网络的连接，并要求实现内网中的两台 Web 服务器负载平衡。

需求分析：

企业网内部有两台 Web 服务器，希望把两台服务器发布出去，并要求实现两台服务器负载平衡。这两台服务器的 IP 地址为 172.16.1.5 和 172.16.1.6，虚拟服务器地址为 50.1.1.10。考虑到包括安全在内的诸多因素，公司希望对外部隐藏内部网络。

实验拓扑：

实验的拓扑图如图 7.8 所示。

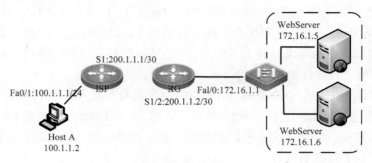

图 7.8　实验拓扑图

实验设备：

路由器 2 台，交换机 1 台，PC 机 1 台，Web 服务器 2 台。

预备知识：

路由器基本配置知识，IP 路由知识，NAT 原理，Web 知识。

实验原理：

在路由器上定义内网与外网接口，利用 TCP 负载功能实现两台服务器负载平衡。

实验步骤：

步骤 1

在路由器上配置 IP 路由选择和 IP 地址。

```
RG#config t
RG(config)#interface serial 1/2
RG(config-if) #ip address 200.1.1.2 255.255.255.252
RG(config-if) #clock rate 64000
RG(config)#interface FastEthernet 1/0
RG(config-if) #ip address 172.16.1.1 255.255.255.0
RG(config)#ip route 0.0.0.0 0.0.0.0 serial 1/2
```

步骤 2

通过一个虚拟主机许可声明来定义一个标准的 IP 访问列表。

```
RG(config)# access-list 50 permit host 50.1.1.10
```

步骤 3

为真实的主机定义一个 IP NAT 池，确保其为旋转式池。

```
RG(config)# ip nat pool webserver 172.16.1.5 172.16.1.6 prefix-length 24
    type rotary
```

步骤 4

定义访问列表与真实主机池之间的映射。

```
RG(config)# ip nat inside destination list 50 pool webserver
```

步骤 5

指定一个内部接口和一个外部接口。

```
RG(config)#interface serial 1/2
RG(config-if)#ip nat outside
RG(config)#interface FastEthernet 1/0
RG(config-if)#ip nat inside
```

步骤 6

验证测试。

在 Host 上用浏览器打开 http://50.1.1.10，如图 7.9 所示。

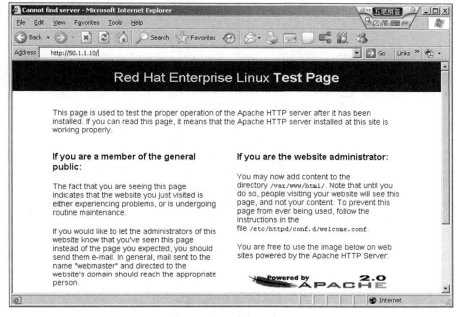

图 7.9　打开虚拟服务器

第8章 网络编程

在这一章里主要介绍网络编程的一些方法，并有编程实例。

8.1 套接字(Socket)

套接字是一个网络应用编程接口，是一种通信协议。套接字是由传输层提供的应用程序(进程)和网络之间的接入点。应用程序(进程)可以通过套接字访问网络。套接字可以用于多种协议，包括面向连接的 TCP 协议和无连接的 UDP 协议。套接字利用主机的网络层地址和端口号为两个进程建立逻辑连接。IP 地址指定主机，端口号指定应用程序(进程)。客户机可以通过端口号来访问服务器提供的服务。这一过程描述如图 8.1 所示。微软的 Socket 称为 Windows socket 或 Winsock。

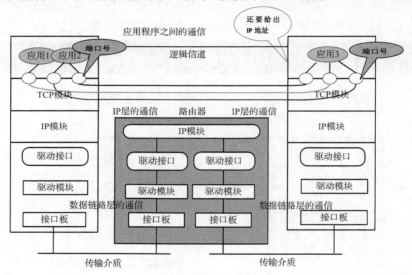

图 8.1 套接字的原理

8.1.1 Socket 编程原理：采用 C/S 结构

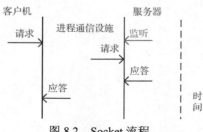

图 8.2 Socket 流程

客户和服务器通过请求响应方式可以进行双向数据传输；当结束数据传输时，需要关闭该连接。这种工作模式是有连接的客户/服务器模式(Client/Server)，这一过程如图 8.2 所示。

8.1.2 利用套接字建立逻辑信道

（1）通信的一方（被动方，称为服务器）监听某个端口。

（2）通信的另一方（主动方，称为客户端）试图对服务器端发送请求建立连接。该连接请求包含：（服务器 IP 地址，服务器端口号，客户 IP 地址,客户端口号）

由于客户端口号由客户端的系统（TCP 进程）自动选取一个当前未用的端口，这个四元组便可以在因特网中唯一标识一个逻辑连接。

如果服务器收到客户端来的连接请求后，便发出响应建立该连接，这样就建立了一条逻辑信道。

8.1.3 Winsock

如同文件描述符是对文件的抽象一般，套接字是对网络通信的抽象，是由操作系统创建并维护的一种数据结构。

（1）对文件操作：

```
CFile f = new CFile();
f.read();
f.write();
f.close();
f.open();
......
```

（2）对套接字操作：

```
Socket s = creat();
s.read();
s.write();
s.close();
s.bind();
......
```

8.1.4 套接字的数据结构

套接字的数据结构如图 8.3 所示。

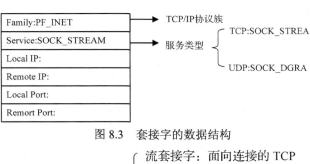

图 8.3 套接字的数据结构

套接字两种不同类型 { 流套接字：面向连接的 TCP
数据报套接字：无连接的 UDP

8.1.5 Socket 使用的地址结构

Socket 使用的地址结构如下：

```
Struct  sockaddr_in
{
    short  sin_family;                      //AF_INET 地址族
    unsigned short  sin_port;               //使用的端口，2 字节
    struct  in_addr  sinaddr;               //IP 地址，4 字节
    char  sinzero[8];                       //预留，8 字节
}
Struct sockaddr
{
    u_short  sa_family;                     //地址族
    char  sa_data[14];                      //地址
}
```

8.1.6 Socket 的主要函数

(1) 创建用于网络通信的描述符(即套接字)：socket()。
(2) 将本地 IP 地址和协议端口号绑定到套接字：bind()。
(3) 将套接字置入监听模式并准备接受连接请求：listen()。
(4) 接受客户端连接的准备：accept()。
(5) 连接远程对等实体(服务器)：connect()。
(6) 接收下一个传入的数据报文：read()。
(7) 发送外发的一个数据报文：write()。
(8) 终止通信并释放套接字占用的资源：close()。

8.1.7 Winsock 通信模式

Winsock 通信模式如图 8.4 所示。

图 8.4　Winsock 通信模式

1) Winsock 通信模式——初始化与结束
(1) 每个 Winsock 应用都必须加载 Winsock DLL 的相应版本(有 1.1、2.2 等版本)。
(2) 加载 Winsock 库是通过调用 WSAStartup() 函数实现的。

（3）如果调用 Winsock 之前，没有加载 Winsock 库，这个函数就会返回 SOCKET_ERROR，错误信息是 WSANOTINITIALISED。

（4）程序结束退出前，应该调用函数 WSACleanup()，释放对 Winsock 的使用。

2）Winsock 通信模式——错误检查和控制

（1）如果调用一个 Winsock 函数发生了错误，可用 WSAGetLastError 函数返回所发生的特定错误的完整代码。

（2）WSAGetLastError 函数返回的这些错误都已预定义常量值，根据 Winsock 版本的不同，这些值的声明如果不在 Winsock.h 文件中，就会在 Winsock2.h 文件中。

（3）WSAGetLastError 函数定义如下：

```
int WSAGetLastError(void );
```

8.2　客户和服务器工作模式分类

通常客户和服务器工作模式按下列分类。

（1）有状态和无状态：服务器是否记录客户的当前状态。

（2）有连接和无连接：客户和服务器之间是否先建立连接再传输数据。

（3）循环和并发：服务器对多客户请求的服务是采用循环方法还是并发程序方法。

8.3　面向连接的 Client/Server 模式

8.3.1　面向连接的服务器工作流程

工作流程如下：

（1）创建套接字。

```
SOCKET socket(int domain, int type, int protocol)
```

参数：协议簇，套接字类型，协议簇中的协议号。

返回：新创建的套接字句柄（以下称此套接字为监听套接字）。

domain：协议簇

• PF_INET 表示因特网。

• PF_UNIX 表示 UNIX 管道功能。

type：套接字类型

• SOCK_STREAM 表示基于连接的字节流方式（如 TCP）。

• SOCK_DGRAM 表示无连接的数据报方式（如 UDP）。

Protocol：协议簇中的协议号

可以说明为 UNSPEC(unspectified)。

domain 和 type 已经可以指定一个传输层协议，如：

```
TCP(domain=PF_INET, type=SOCK_STREAM)
UDP (domain=PF_INET, type=SOCK_ DGRAM )
```

(2)将本地 IP 地址和端口号绑定到所创建的套接字上。

```
int bind(SOCKET socket, struct sockaddr * address, int addr_len)
```

参数：套接字，本地地址，地址长度。

返回：0(无错时)，或错误码。

本地地址包括服务器端口号。

有一些端口号已成为标准端口号，如：80 一般作为 Web 服务器的端口号。

端口号也可以自己定义，一般使用 2000 以上的端口号。

建立半连接，需要明确 address 中关于主机的部分。

(3)套接字的监听(服务器端)。要求系统(TCP 进程)监听该套接字设置的端口，并为该端口建立客户请求连接等待队列。从客户来的连接请求将首先进入该等待队列，等待本进程的处理。

```
int listen(SOCKET socket, int backlog)
```

参数：监听套接字(已绑定但未连接的套接字)，指定正在等待连接的最大队列长度。

返回：0(无错时)，或错误码。

例如：listen(s,1)表示连接请求队列长度为 1，即只允许有一个请求，若有多个请求（因为服务器一般可以提供多个连接），则出现错误，给出错误代码 WSAECONNREFUSED。

(4)套接字等待连接，接受从客户端来的请求。若该端口的请求连接等待队列非空，则从请求连接等待队列中获得一个连接请求，若队列为空，则阻塞自己。

```
SOCKET  accept(SOCKET socket, struct sockaddr * address, int *addr_len)
```

参数：处于监听模式的套接字，接收成功后返回客户端的网络地址(若接受一个连接请求，该地址中将包括客户的 IP 地址和端口号)，网络地址长度。

返回：一个新的套接字(以下成为连接字)，或 INVALID_SOCKET。

accept()阻塞(缺省)等待请求队列中的请求。

client 也是一个 sockaddr_in 结构，连接建立时填入请求连接的套接口的半相关信息。

(5)发送和接收数据。

```
int send(SOCKET  socket, char *message, int msg_len,int flags)
```

参数：连接套接字，缓冲区起始地址，要发送字节数，数据发送标记。

socket：服务器端监听已经连接的套接字。

Message：指向待发送数据缓冲区的指针。

msg_len：发送数据缓冲区的长度。

Flags：数据发送标记，可为 0、MSG_DONTROUTE 或 MSG_OOB。

返回：实际发送的字节数(无错时)，或 SOCKET_ERROR。

注意：send()并不保证发送所有请求的数据。它实际发送的字节数由返回值指示。也许需要循环调用 send()来得到需要的结果。

简例：

```
#define BUFSIZE 4096
char buf[BUFSIZE];
```

```
    int  left = BUFSIZE;
    char* p = buf;
    // 给 buf 填充 4096 字节的待发数据
    // 假设 s 是已经连接的流式 Socket
    while (left > 0)
    {
        ret = send(s, p, left, 0);
        if (ret == SOCKET_ERROR)
        {       // 错误处理
        }
        left -= ret;
        p += ret;
    }
```

int recv（SOCKET   socket, char *message, int msg_len,int flags）

参数：连接套接字，缓冲区起始地址，缓冲区长度，标记。

socket   准备接收数据的套接字。

Message   准备接收数据的缓冲区（用来存储所接收数据的字符串）。

msg_len   准备接收数据缓冲区的大小（字符串的长度减 1，留下一个字节用于存放结束符）。

Flags   数据发送或接收标记，可为 0、MSG_PEEK 或 MSG_OOB。

·0   最常用的参数值，它将信息移到指定的字符串，并从缓冲区清除。

·MSG_PEEK   只查看数据而不将数据从缓冲区清除。

·MSG_OOB   用于 DECnet 协议。

返回：实际接收的字节数（无错时），或 SOCKET_ERROR。

（6）关闭连接套接字，释放所占有的资源。

```
    int closesocket (SOCKET  socket);
```

参数：socket，欲关闭的套接字。

（7）转（4）或结束。

Windows 服务器端流程（循环方式）如图 8.5 所示。

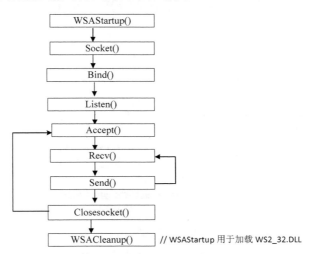

图 8.5   Windows 服务器端流程（循环方式）

8.3.2 面向连接的客户端工作流程

工作流程如下：

(1)创建套接字。

```
SOCKET  socket(int domain, int type, int protocol)
```

(2)发出连接请求。

```
int connect(SOCKET socket, struct sockaddr * address, int addr_len)
```

参数：套接字，地址，地址长度。

返回：0(无错)，或错误码。

调用前，参数"地址"需要给出服务器的 IP 地址和端口号。

系统自动获得客户端 IP 地址，并产生一个客户端当前未使用的端口号。

(3)发送和接收数据。

(4)关闭此连接的套接字。

Windows 客户端流程如图 8.6 所示。

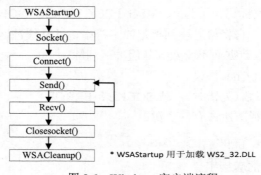

图 8.6 Windows 客户端流程

8.4 TCP 通信和 UDP 通信

8.4.1 TCP 通信

TCP 协议编程包括两部分，如图 8.7 所示。

· TCP 服务器端编程，例如 server.c。

· TCP 客户端编程，例如 client.c。

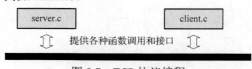

图 8.7 TCP 协议编程

服务器端(先启动，并根据请示提供相应服务)：

(1)打开一通信通道并告知本地主机，它同意在某一个公认地址上接受客户请求。

(2)等待客户请求到达该端口。

(3)接收到重复服务请求，处理该请求并发送应答信号。

(4)返回第 2 步，等待另一客户请求。

(5)关闭服务器。

客户端：

(1)打开一通信通道，并连接到服务器所在主机的特定端口。

(2)向服务器发送服务请求报文，等待并接收应答；继续提出请求。

(3)请求结束后关闭通信通道并终止。

TCP 客户端服务器建立连接的过程如图 8.8 所示。

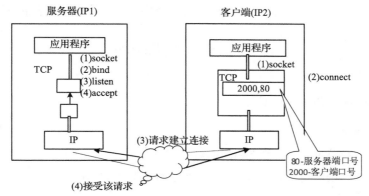

图 8.8　TCP 客户端服务器建立连接

服务器绑定并监听端口；客户端请求建立连接，服务器接受该请求。

其中，IP1 为服务器 IP 地址，IP2 为客户端 IP 地址。

建立逻辑连接(源 IP 地址，源端口号，目标 IP 地址，目标端口号)，如图 8.9 所示。

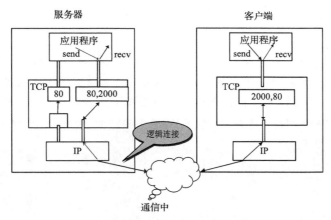

图 8.9　建立逻辑连接

8.4.2　UDP 通信

UDP 是典型的无连接协议，通信双方接收端可视为服务器，发送端可视为客户端。

1)接收端

(1)用 socket 或 WSASocket 建立套接字。

（2）通过 bind 函数把这个套接字和准备接收数据的接口绑定在一起。

（3）和面向会话不同的是，不必调用 listen 和 accept，相反，只需等待接收数据。

（4）由于它是无连接的，因此始发于网络上任何一台机器的数据报都可被接收端的套接字接收。

2）发送端

要在一个无连接的套接字上发送数据，最简单的一种方法便是建立一个套接字，然后调用 sendto 或 WSASendTo。

3）释放套接字资源

因为无连接协议没有连接，所以也不会有正式的关闭。在接收端或发送端结束收发数据时，只需在套接字句柄上调用 closesocket 函数，便释放了为套接字分配的所有相关资源。

8.5 C/S 编程实践

8.5.1 基于 Socket 的简单网络程序

实验目的与要求：

（1）初步掌握 TCP 和 UDP 方式的网络编程模式。

（2）能运用 Winsock 提供的 API 函数接口进行网络程序的编写。

实验设备与实验环境：

（1）连接到互联网上的 PC 机两台。

（2）计算机硬件要求：Intel Pentium5 处理器，256MB 以上内存，Ethernet 网卡，网线若干。

（3）计算机软件要求：MS Windows 9x/2000/XP 操作系统，TCP/IP 协议，Visual C++6.0/.net 系统。

实验内容与步骤：

1）工程的创建

在 VC6 中新建一个工程，选择 Win32 Console Application，输入工程名。具体方法：启动 VC6.0，进入【文件】→【新建】，然后在【新建工程】的对话框中选择：Win32 Console Application，输入一个工程名及保存路径，单击 OK 按钮，如图 8.10、图 8.11 所示。

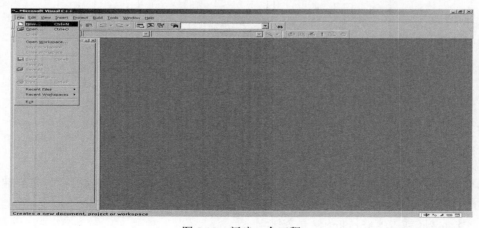

图 8.10 新建一个工程

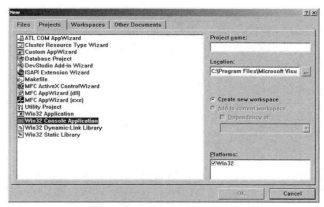

图 8.11　输入工程名及路径

2）Winsock 的初始化

在 Windows 环境下进行网络程序设计时，所有的 Winsock 函数都是从 ws2_32.dll 导出的，我们可以通过#pragma comment（lib, "ws2_32.lib"）语句链接到该库文件。但在使用 Winsock 函数之前还必须调用 WSAStartup 函数，对库资源进行初始化工作。使用完毕后，在退出程序之前，还必须调用 WSACleanup 函数来释放库资源。为了便于程序的设计，我们先设计一个 CInitSock 类来管理 WinSock 库。在工程中添加新类的过程步骤如下：

（1）在 VC6.0 环境中单击【Insert】→【New Class】菜单，如图 8.12 所示。

（2）在弹出的对话框中，选定 Class type 为 Generic Class，在 Name 输入框中输入类的名称 CInitSock，然后单击 OK 按钮即可，具体如图 8.13 所示。

图 8.12　新建一个类

在 InitSock.h 和 InitSock.cpp 中添加代码，详细代码如下所示：

```
///////////////////////////////////////////////////////////
//              initSock.h                                //
///////////////////////////////////////////////////////////
#if !defined(AFX_INITSOCK_H__70EFFE09_9598_4C98_A067_29100702ACE8__INC
    LUDED_)
#define AFX_INITSOCK_H__70EFFE09_9598_4C98_A067_29100702ACE8__INCLUDED_

#if _MSC_VER > 1000
#pragma once
#endif // _MSC_VER > 1000
```

```
#pragma comment(lib, "ws2_32.lib")
#include "winsock2.h"

class CInitSock
{
public:
    CInitSock();
    virtual ~CInitSock();
};
#endif
// !defined(AFX_INITSOCK_H__70EFFE09_9598_4C98_A067_29100702ACE8__
    INCLUDED_)

///////////////////////////////////////////////////////////////////////
//              InitSock.cpp: implementation of the CInitSock class.   //
///////////////////////////////////////////////////////////////////////

#include "InitSock.h"

///////////////////////////////////////////////////////////////////////
// Construction/Destruction
///////////////////////////////////////////////////////////////////////

CInitSock::CInitSock()
{
    WSADATA wsaData;
    WORD sockVersion = MAKEWORD(2, 2);
    if(::WSAStartup(sockVersion, &wsaData) != 0)
        exit(0);
}

CInitSock::~CInitSock()
{
    ::WSACleanup();
}
```

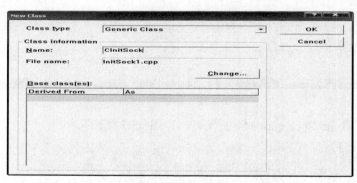

图 8.13　输入类名

　　然后我们在工程中新建一个.cpp 的源文件，在这个源文件中填写 main()主函数代码，并且在.cpp 源文件的开始部分包含如下头文件：initSock.h 和 stdio.h。还申明一个 CInitSock 类对象。具体代码如下所示：

```
#include "InitSock.h"
```

```
#include "stdio.h"
CInitSock initSock;        // 初始化 Winsock 库
```

3) 基于 TCP 的编程模式

服务器端：

函数具体说明请参考 MSDN 或者讲义或者教材。

(1) 创建 socket。

Socket 函数的原型如下：

```
SOCKET socket(int family, int type, int protocol);
```

创建一个流式套接字，如下所示：

```
SOCKET _socket=socket(AF_INET,SOCK_STREAM,0);
```

创建一个数据报式套接字，如下所示：

```
SOCKET _socket=socket(AF_INET,SOCK_DGRAM,0);
```

在面向 TCP 的应用中我们应该创建一个流式套接字。

(2) 绑定 bind。

bind 函数的原型如下：

```
int bind (SOCKET sockfd, const struct sockaddr *myaddr, socklen_t addrlen)
```

绑定是将一个套接字和一个套接字地址绑定在一起，在调用 bind 之前还必须设定服务器地址。如下可以设定一个服务器地址：

```
struct sockaddr_in _sockaddr_in;        //定义地址结构体
_sockaddr_in.sin_addr.S_un.S_addr=htonl(INADDR_ANY);    //服务器地址取本机
    任何可用的 IP 地址
_sockaddr_in.sin_family=AF_INET;
_sockaddr_in v.sin_port=htons(6000);        //服务器端口使用 6000
```

下面的语句将套接字与地址 addrSrv 绑定在一起：

```
bind(sockSrv, (SOCKADDR*)&addrSrv, sizeof(SOCKADDR));
```

htonl＝host to network long，就是把主机的字节顺序转化成网络上的字节顺序，参数为 long int 型。同理，htons＝host to network short，只不过参数为 short int 型。

地址族必须为 AF_INET，端口为 6000，INADDR_ANY 表示可以用本机的任何 IP 地址。

bind 命令绑定本地刚才创建好的 socket。格式如上。

(3) 监听 listen。

listen 函数的原型为：

```
int listen(SOCKET sockfd, int queue_length);
```

如下语句可以对一个套接字 sockSrv 进行监听：

```
listen(sockSrv,5);
```

(4) 接收连接 accept，接收/发送数据 send/recv。

```
struct sockaddr_in addrClient;
int len=sizeof(SOCKADDR);
```

```
    char sendBuf[] = "TCP Server Demo!\r\n";
    while(1){
    SOCKET sockConnect=accept(sockSrv, (SOCKADDR*)&addrClient, &len);  //
        接收客户端连接
    if(sockConnect == INVALD_SOCKET)
        {
            printf("Failed accept!");
            continue;
    }
    printf("接收到一个连接:%s", inet_ntoa(addrClient.sin_addr));   //显示客户端的 IP

    send(sockConnect,sendBuf,strlen(sendBuf)+1,0);

    //关闭连接套接字，终止通信
    closesocket(sockConnect);

    }
```

其中，inet_ntoa 函数转换 Internet 网络地址为点分十进制格式。

(5)关闭监听套接字，终止服务器。

```
    closesocket(sockSrv);
```

客户端：

(1)创建连接套接字。

```
    SOCKET sockClient=socket(AF_INET,SOCK_STREAM,0);
```

(2)设置通信地址。

```
    struct sockaddr_in addrSrv;
    addrSrv.sin_addr.S_un.S_addr=inet_addr("127.0.0.1");//表示连接本地 IP
    addrSrv.sin_family=AF_INET;
    addrSrv.sin_port=htons(6000);
```

(3)向服务器提出连接请求。

```
    int con;
    con = connect(sockClient,(SOCKADDR*)&addrSrv,sizeof(SOCKADDR));//连接服务器
    if(con != 0){   //连接服务器失败
        printf("cannot connect to server\n");
        return 0;
    }
```

(4)连接成功后，接收服务器端发送来的信息。

```
    char recvBuf[100];
    int nRecv;
    nRecv = recv(sockClient,recvBuf,100,0);   //接收服务端的数据
    if(nRecv > 0)
    {
        recvBuf[nRecv] = '\0';
        printf("接收到的数据: %s\n",recvBuf);
    }
```

(5)关闭套接字，终止通信。

```
closesocket(sockClient);
```

4) 基于 UDP 的编程模式

服务器端:

(1) 创建一个数据报套接字。

```
SOCKET sockSrv=socket(AF_INET,SOCK_DGRAM,0);
```

(2) 设置并绑定服务器地址。

```
struct sockaddr_in addrSrv;
addrSrv.sin_family=AF_INET;
addrSrv.sin_addr.S_un.S_addr=htonl(INADDR_ANY);
addrSrv.sin_port=htons(6000);
bind(sockSrv,(SOCKADDR*)&addrSrv,sizeof(addrSrv));
```

(3) 接收来自客户端的信息。

```
struct sockaddr_in addrClient;
int len=sizeof(SOCKADDR);
char recvBuf[1024];
while(1)
{
int nRecv = recvfrom(sockSrv, recvBuf, 100, 0, (SOCKADDR*)&addrClient,
    &len);//接收客户端的数据
    if(nRecv > 0)
    {
        recvBuf[nRecv] = '\0';
        printf("%s\n",recvBuf);
    }
}
```

(4) 关闭套接字，终止服务器。

```
closesocket(sockSrv);
```

客户端:

(1) 创建一个数据报套接字。

```
SOCKET sockClient=socket(AF_INET,SOCK_DGRAM,0);
```

(2) 设置远程的服务器地址。

```
sockaddr_in addrSrv;
addrSrv.sin_addr.S_un.S_addr=inet_addr("127.0.0.1");
addrSrv.sin_family=AF_INET;
addrSrv.sin_port=htons(6000);
```

(3) 向服务器发送信息。

```
char sendBuf[100];
strcpy(sendBuf,"Hello");
sendto(sockClient,sendBuf,strlen(sendBuf)+1,0,(SOCKADDR*)&addrSrv,size
    of(addrSrv));    //向服务端发送"Hello"
```

(4) 关闭套接字，终止通信。

```
closesocket(sockClient);
```

其中，inet_addr 函数转换点分十进制格式的 IP 地址为适合 IN_ADDR structure 的格式。

5) 实践题

在本机上测试通过的基础上，两台电脑测试连接对方的程序，IP 地址可以通过命令 ipconfig 获取。

实验总结：

(1) 掌握流式和数据报 Socket 的编程模式和实现。

(2) 能熟练使用 MSDN 在线帮助。

(3) 记住 Winsock 实现的函数名和该函数的作用，具体的格式可以查询 MSDN 或者教材。

8.5.2 数据报式套接字程序设计

实验目的与要求：

(1) 进一步掌握 TCP 和 UDP 方式的网络编程模式。

(2) 能运用 Winsock 提供的 API 函数接口进行网络程序的编写。

(3) 理解广播程序的工作原理，利用数据报式套接字编写一个广播发送与接收程序。

(4) 在局域网中实现广播。

实验设备与实验环境：

(1) 连接到互联网上的 PC 机两台。

(2) 计算机硬件要求：Intel Pentium5 处理器，256MB 以上内存，Ethernet 网卡，网线若干。

(3) 计算机软件要求：MS Windows 9x/2000/XP 操作系统，TCP/IP 协议，Visual C++6.0/.net 系统。

实验内容与步骤：

(1) 工程的创建（同 8.5.1 节）。

(2) Winsock 的初始化（同 8.5.1 节）。

(3) 广播程序的工作原理及实现过程。

1) 广播信息的发送端

(1) 创建一个数据报套接字用于发送广播信息。创建一个数据报式套接字，如下所示：

```
SOCKET s = socket(AF_INET, SOCK_DGRAM, 0);
```

(2) 设置广播选项，使 SO_BROADCAST 选项有效。

我们可以利用 setsockopt 函数来设置套接字选项,设置广播选项的具体级别与选项名称分别为：SOL_SOCKET、SO_BROADCAST。例如，设置一个套接字 sBroadCast 的广播选项。

```
BOOL bBroadcast = true;
setsockopt(sBroadCast,SOL_SOCKET,SO_BROADCAST,(char*)&bBroadcast,sizeo
    f(BOOL));
```

(3) 设置广播地址及广播端口号，这时的接收方地址应该设为地址 INADDR_BROADCAST。如下所示（另还需要设置其他域）：

```
SOCKADDR_IN bcast;
```

```
bcast.sin_addr.s_addr = INADDR_BROADCAST; // ::inet_addr("255.255.255.255");
```

(4)发送广播，调用 sendto 函数发送广播，程序如下所示：

```
printf(" 开始向网络中发送广播数据... \n \n");
char sz[] = "This is just a test. \r\n";
while(TRUE)
{
    sendto(s, sz, strlen(sz), 0, (sockaddr*)&bcast, sizeof(bcast));
    Sleep(5000);
}
```

(5)关闭套接字。

```
closesocket (s);
```

2)广播信息的接收端

(1)创建一个数据报套接字用于接收广播信息。

(2)绑定一个本地地址，指明广播端口号(与发送方设置端口号的相同)作为接收端口。

(3)接收广播。调用 recvfrom 函数接收广播。

```
printf("开始接收广播数据... \n\n");
SOCKADDR_IN addrRemote;
int nLen = sizeof(addrRemote);
char sz[256];
while(TRUE)
{
    int nRet = ::recvfrom(s, sz, 256, 0, (sockaddr*)&addrRemote, &nLen);
    if(nRet > 0)
    {
        sz[nRet] = '\0';
        printf(sz);
    }
}
```

(4)程序结束前，关闭套接字

```
closesocket (s);
```

3)实践题

在本机上测试通过的基础上，利用多台电脑，将其中一台电脑作为广播信息的发送端，其他电脑作为广播信息的发送端，以测试该广播程序。

实验总结：

(1)进一步熟悉掌握数据报 Socket 的编程模式和实现。

(2)进一步理解广播的工作原理。

(3)在 VC6.0 环境下实现广播程序的设计。

讨论：

在本次实验中，我们利用数据报套接字来发送和接收广播信息。试讨论：不利用数据报套接字而改用流套接字，我们是否也能实现广播信息的发送和接收？若能的话，应如何实现？

第9章 入侵检测与入侵防御

入侵检测系统(Intrusion-Detection System，IDS)是一种对网络传输进行即时监视，在发现可疑传输时发出警报或者采取主动反应措施的网络安全设备。与其他网络安全设备的不同之处在于，IDS 是一种积极主动的安全防护技术。IDS 最早出现在 1980 年 4 月。该年，James P. Anderson 为美国空军做了一份题为 *Computer Security Threat Monitoring and Surveillance* 的技术报告，在其中提出了 IDS 的概念。1980 年代中期，IDS 逐渐发展成为入侵检测专家系统(IDES)。1990 年，IDS 分化为基于网络的 IDS 和基于主机的 IDS，后又出现分布式 IDS。目前，IDS 发展迅速，已有人宣称 IDS 可以完全取代防火墙。

有一个形象的比喻：假如防火墙是一幢大楼的门卫，那么 IDS 就是这幢大楼里的监视系统。一旦小偷爬窗进入大楼，或内部人员有越界行为，实时监视系统就能发现情况并发出警告。

根据信息来源的不同和检测方法的差异 IDS 入侵检测系统可分为几类。根据信息来源可分为基于主机 IDS 和基于网络的 IDS，而根据检测方法可分为特征检测和异常检测。不同于防火墙，IDS 入侵检测系统是一个监听设备，没有跨接在任何链路上，无需网络流量流经它便可以工作。因此，对 IDS 的部署唯一的要求是：IDS 应当挂接在所有所关注流量都必须流经的链路上。在这里，"所关注流量"指的是来自高危网络区域的访问流量和需要进行统计、监视的网络报文。在如今的网络拓扑中，已经很难找到以前的 HUB 式的共享介质冲突域的网络，绝大部分的网络区域都已经全面升级到交换式的网络结构。因此，IDS 在交换式网络中的位置一般选择在尽可能靠近攻击源和尽可能靠近受保护资源的地方。这些位置通常是服务器区域的交换机上、Internet 接入路由器之后的第一台交换机上或重点保护网段的局域网交换机上。

IETF 将一个入侵检测系统分为 4 个组件：事件产生器(Event generators)。事件分析器(Event analyzers)。响应单元(Response units)。事件数据库(Event databases)。事件产生器的目的是从整个计算环境中获得事件，并向系统的其他部分提供此事件。事件分析器分析得到数据，并产生分析结果。响应单元则是对分析结果做出反应的功能单元，它可以做出切断连接、改变文件属性等强烈反应，也可以只是简单的报警。事件数据库是存放各种中间和最终数据的地方的统称，它可以是复杂的数据库，也可以是简单的文本文件。

该部分实验使用 Snort 进行，主要包括嗅探实验、数据包记录器实验、入侵行为检测实验、入侵检测规则编写实验、误报及漏报分析实验、异常行为检测实验、IPS 部署实验、IPS 自定义规则实验、IDS 与单台防火墙联动、NIDS 部署实验、企业级 NIDS 部署实验、蜜罐实验等。

早在 1998 年，Martin Roesch 开发了开放源代码(Open Source)的入侵检测系统 Snort。直至今天，Snort 已发展成为一个具有多平台(Multi-Platform)、实时(Real-Time)流量分析、网络 IP 数据包(Pocket)记录等特性的强大的入侵检测/防御系统(Network Intrusion/Prevention System)，即 NIDS/NIPS。Snort 基于 GNU 通用公共许可证(GPL)发布，用户可以通过免费下载获得 Snort，并且只需要几分钟就可以安装并开始使用它。

Snort 是一个开放源代码的网络入侵检测系统，采用无用检测技术，由 Martin Roesch 编写，并由世界各地的程序员共同维护和升级。Snort 是一个基于 Winpcap（或 Libpcap）的数据包嗅探器，同时是一个轻量级的网络入侵检测系统。所谓"轻量级"是指它在检测时尽可能低地影响网络的操作。它的工作原理是：在共享的网络上监测原始的网络数据，通过分析截获的数据包判断是否有入侵行为发生。从检测技术上讲，Snort 属于特征检测，它采用基于规则的方式，将数据包内容进行规则匹配来判断是否有攻击行为发生。Snort 具有实时报警功能。系统采用命令行开关选项的方式进行配置。系统检测引擎采用一种简单的规则语言进行编程，用于描述对每一个数据包进行的测试和对应的动作。

Snort 入侵检测系统主要由 4 部分组成：数据包嗅探器、预处理器、检测引擎和警报输出模块，系统体系结构如图 9.1 所示。

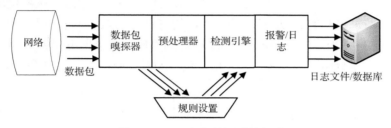

图 9.1　Snort 入侵检测系统组成

1. 数据包嗅探器

数据包嗅探器是一个并联在网络中的设备（可以是硬件，也可以是软件），它的工作原理和电话窃听很相似，不同的是电话窃听的是语音网络而数据包嗅探的是数据网络。

Snort 主要通过两种机制实现捕获数据的需要：

- 将网卡设置为混杂模式。
- 利用 libcap/winpcap 从网卡上捕获数据。

在 IP 数据包中包含了不同类型的协议，如 TCP、UDP、ICMP、IPSec 和路由协议等，因此很多数据包嗅探器还会做协议分析，并把分析结构展现出来。

Snort 捕获数据机制如图 9.2 所示。

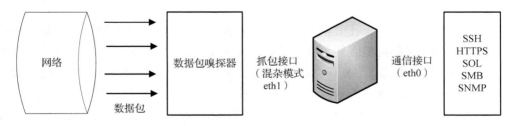

图 9.2　Snort 捕获数据机制

2. 预处理器

因为从网络上捕获的数据包采用的协议有多种，采集的数据也比较原始，预处理模块的主要作用就是针对捕获的数据进行预处理。预处理器用相应的插件检查原始的资料包，这些插件分析数据包，从中发现这些数据的"行为"——原始数据的应用层表现是什么。数据包经过预处理器处理后才传到检测引擎。

用插件的形式实现预处理器对 IDS 非常有用，可以根据实际环境的需要启动或停止一个预处理器插件。例如，如果我们觉得网络中没有 RPC 服务，就可以方便地停用 RPC 处理插件，这样可以提高 Snort 的效率，也可以根据需要写特定的预处理器插件。Snort 的预处理器如图 9.3 所示。

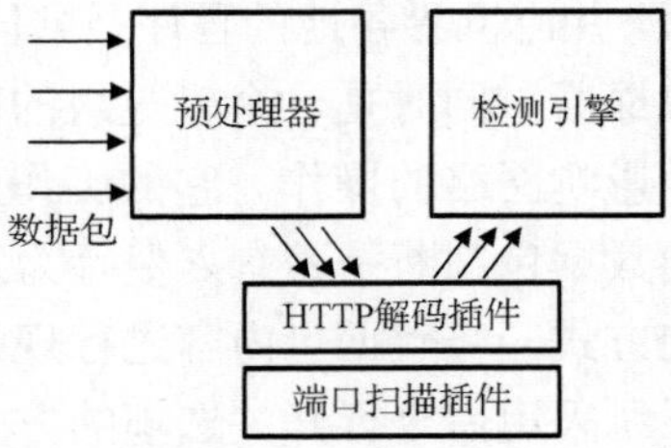

图 9.3　Snort 的预处理器

3. 检测引擎模块

检测引擎是 Snort 的核心模块。当数据包从预处理器里送过来后，检测引擎依据预先设置的规则检查数据包，一旦发现数据包的内容和某条规则相匹配，就通知报警模块。

Snort 是基于特征检测的 IDS。基于特征检测的 IDS 的功能实现依赖于各种不同的规则设置，检测引擎依据规则来匹配数据包。Snort 的规则很多，并根据不同类型(木马、缓冲区溢出、权限溢出等)做了分组，规则要经常升级。Snort 的规则机制如图 9.4 所示。

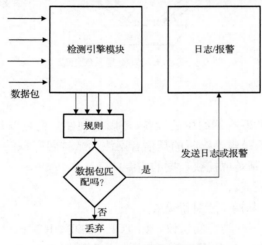

图 9.4　Snort 的规则机制

4. 报警日志模块

经检测引擎检查后的 Snort 数据需要以某种方式输出。如果检测引擎中的某条规则匹配，则会触发一条报警，这条报警信息会通过网络、UNIX Sockets、Windows Popup (SMB) 或 SNMP 协议的 Trap 命令发送日志。报警信息也可以记入 SQL 数据库，如 MySQL 或 Postgres 等。另外，还有各种专为 Snort 开发的辅助工具，如各种各样基于 Web 的报警信息显示插件。

Snort 的处理流程如图 9.5 所示。Snort 首先在网卡上捕获数据，然后进行数据包解码，调用解码程序中的 DecodeTCP 函数对报文进行分析。把数据包层剥开，确定该包属于何种协议，有什么特征，并标记到全局结构变量中。接着调用预处理模块，对解码后的数据包进行匹配前的先期处理，这些函数包括数据分片重组、代码转换等；然后进行规则匹配，即利用已经在内存中构造的规则树对数据报进行递归匹配；如果实现匹配，那么根据输出规则进行报警或记入日志。

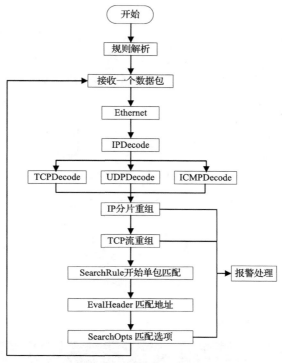

图 9.5　Snort 的处理流程

Snort 有 3 种工作模式：嗅探器、数据包记录器、网络入侵检测系统。嗅探器模式仅仅是从网络上读取数据包并作为连续不断的流显示在终端上。数据包记录器模式把数据包记录到硬盘上。网路入侵检测模式是最复杂的，而且是可配置的。我们可以让 Snort 分析网络数据流以匹配用户定义的一些规则，并根据检测结果采取一定的处理。

9.1　IDS 实践分析

Snort 所谓的嗅探器模式就是 Snort 从网络上读出数据包，然后显示在控制台上。如果只是把 TCP/IP 包头信息打印在屏幕上，只需要输入下面的命令：

```
./snort -v
```

使用这个命令将使 Snort 只输出 IP 和 TCP/UDP/ICMP 的包头信息。如果要看到应用层的数据，可以使用以下命令：

```
./snort -vd
```

这条命令使 Snort 在输出包头信息的同时显示包的数据信息。如果还要显示数据链路层的信息，就使用下面的命令：

```
./snort -vde
```

注意这些选项开关还可以分开写或者任意结合在一块。例如下面的命令就和上面最后的一条命令等价：

```
./snort -d -v -e
```

实验环境如图 9.6 所示。

Linux 实验台 IP 地址：以 172.20.4.32/16 为例，具体根据实际的网络环境进行配置。

本地主机（IDS 客户端）：Windows XP 操作系统、SimpleISES 系统客户端。

本地主机 IP 地址为 172.20.1.32/16，具体根据实际的网络环境进行配置。

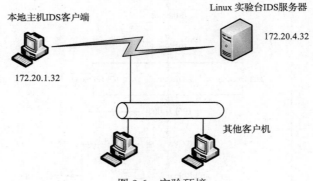

图 9.6　实验环境

1）启动 IDS 服务器

启动 Linux 实验台并登录，如图 9.7 所示。

```
CentOS release 5.2 (Final)
Kernel 2.6.18-92.el5 on an i686

localhost login: _
```

图 9.7　登录界面

2）连接 IDS 服务器，开始实验

启动实验客户端，选择"入侵检测与入侵防御"中的"嗅探实验"，打开实验实施面板，单击"连接"按钮 ▭。

连接成功后，实验实施面板显示终端画面，如图 9.8 所示。

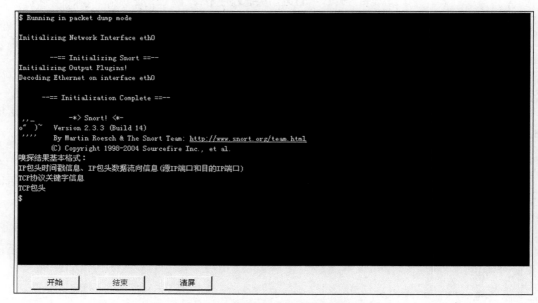

图 9.8　实施面板显示终端画面

单击"开始"按钮,观察实验台中终端画面。

可以看见终端画面显示出目前 Snort 抓取的各种数据包信息,如图 9.9 所示。

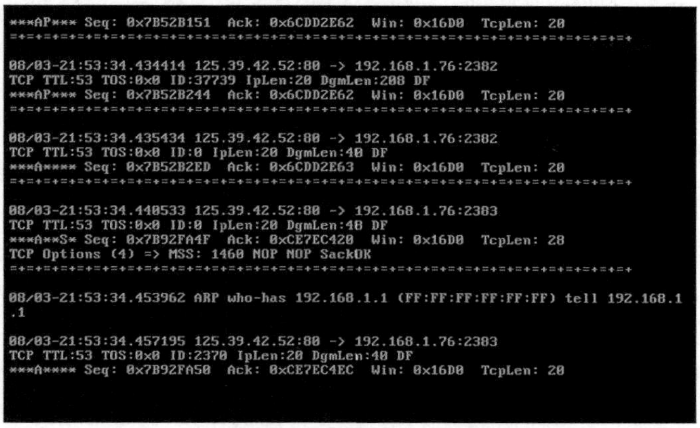

图 9.9　数据包信息

可按 Alt+F2 组合键切换到新的屏幕,登录后利用 ps-aux|grep snort 命令查看 Snort 进程,可发现其运行参数为 snort-v,按 Alt+F1 组合键可切换到初始的界面。

3)结束实验,查看实验结果

单击"结束"按钮,可以在实验实施面板看见本次嗅探实验中 Snort 抓取的各种数据包的统计信息,如图 9.10 所示。

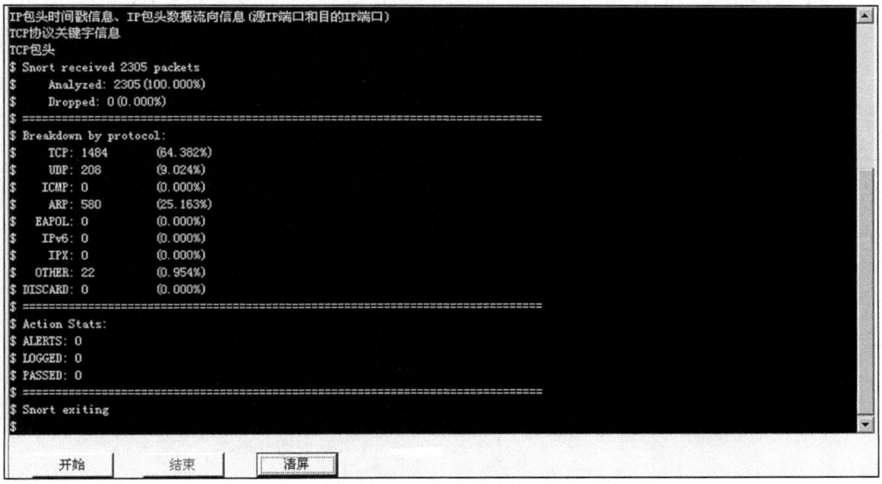

图 9.10　数据包的统计信息

9.2　数据包记录器实践分析

对于 Snort 的数据包记录器模式,如果要把所有的包记录到硬盘上,你需要指定一个日志目录,Snort 就会自动记录数据包,命令如下:

```
./snort -dev -l ./log
```

当然,./log 目录必须存在,否则 Snort 就会报告错误信息并退出。当 Snort 在这种模式下运行时，它会记录所有看到的包，并将其放到一个目录中，这个目录以数据包目的主机的 IP 地址命名，例如：192.168.10.1。如果你只指定了-l 命令选项，而没有设置目录名，Snort 有时会使用远程主机的 IP 地址作为目录名，有时会使用本地主机 IP 地址作为目录名。为了只对本地网络进行日志记录，可以给出本地网络：

```
./snort -dev -l ./log -h 192.168.1.0/24
```

这个命令告诉 Snort 把进入 C 类网络 192.168.1.0/24 的所有包的数据链路、TCP/IP 以及应用层的数据记录到目录./log 中。

如果网络速度很快，或者想使日志更加紧凑以便以后的分析，那么应该使用二进制的日志文件格式。所谓二进制日志文件格式就是 tcpdump 程序使用的格式。使用下面的命令可以把所有的包记录到一个单一的二进制文件中：

```
./snort -l ./log -b
```

注意，此处的命令行和上面的有很大的不同，无需指定本地网络，因为所有的数据都被记录到一个单一的文件中。也不必用冗余模式或者使用-d、-e 功能选项，因为数据包中的所有内容都会被记录到日志文件中。而且可以使用任何支持 tcpdump 二进制格式的嗅探器程序从这个文件中读出数据包，例如 tcpdump 或者 Ethereal。如果使用-r 功能开关，也能使 Snort 读出包内的数据，Snort 在所有运行模式下都能够处理 tcpdump 格式的文件。如果想在嗅探器模式下把一个 tcpdump 格式的二进制文件中的包打印到屏幕上，可以输入下面的命令：

```
./snort -dv -r packet.log
```

在日志包和入侵检测模式下，通过 BPF(BSD Packet Filter)接口，还可以使用许多其他方式维护日志文件中的数据。例如，如果只想从日志文件中提取 ICMP 包，可以输入下面的命令行：

```
./snort -dvr packet.log icmp
```

实验环境如图 9.11 所示。

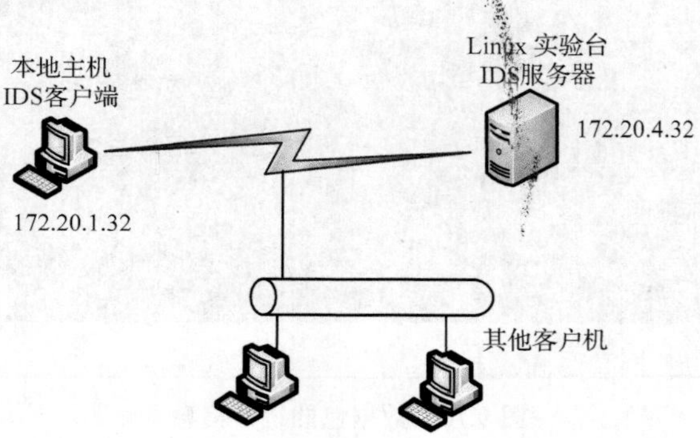

图 9.11   实验环境

Linux 实验台 IP 地址：以 172.20.4.32/16 为例，具体根据实际的网络环境进行配置。

本地主机(IDS 客户端)：Windows XP 操作系统、SimpleISES 系统客户端。

本地主机 IP 地址：以 172.20.1.32/16 为例，具体根据实际的网络环境进行配置。

1)启动 IDS 服务器

启动 Linux 实验台(如接着上一个实验，请用 reboot 重启系统)并登录，如图 9.7 所示。

2) 连接 IDS 服务器，开始实验

启动实验客户端，选择"入侵检测与入侵防御"中的"数据包记录器实验"，打开实验实施面板，单击"连接"按钮。

连接成功后，实验实施面板显示终端界面，如图 9.12 所示。

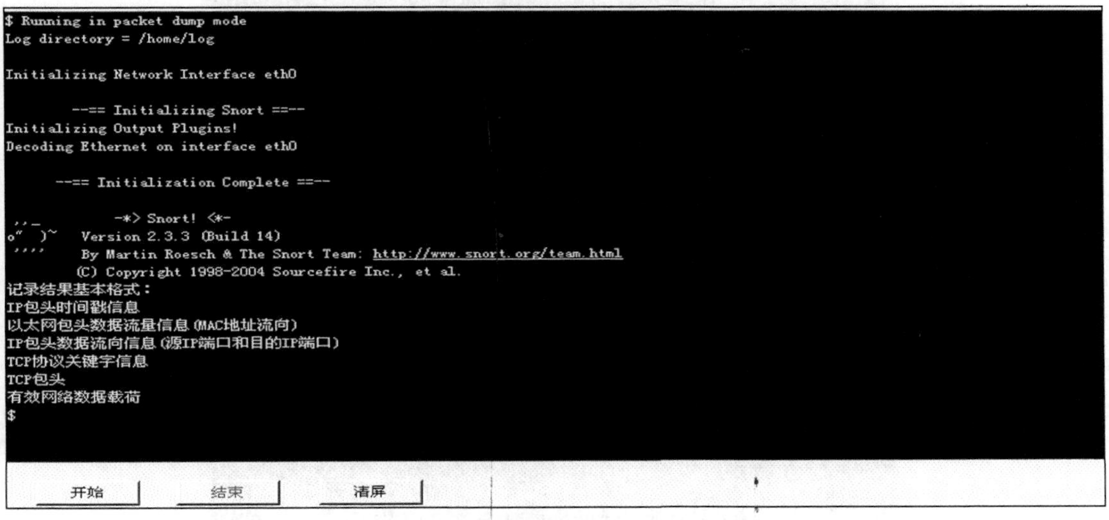

```
$ Running in packet dump mode
Log directory = /home/log

Initializing Network Interface eth0

        -==≡ Initializing Snort ==-
Initializing Output Plugins!
Decoding Ethernet on interface eth0

        -==≡ Initialization Complete ==-

            -*> Snort! <*-
o" )~    Version 2.3.3 (Build 14)
 ""      By Martin Roesch & The Snort Team: http://www.snort.org/team.html
          (C) Copyright 1998-2004 Sourcefire Inc., et al.
记录结果基本格式：
IP包头时间戳信息
以太网包头数据流量信息 (MAC地址流向)
IP包头数据流向信息 (源IP端口和目的IP端口)
TCP协议关键字信息
TCP包头
有效网络数据载荷
$
```

| 开始 | 结束 | 清屏 |

图 9.12 实施面板终端界面

单击"开始"按钮，观察实验台终端界面。

可以看见终端显示出目前 Snort 抓取的各种数据包信息，如图 9.13 所示。

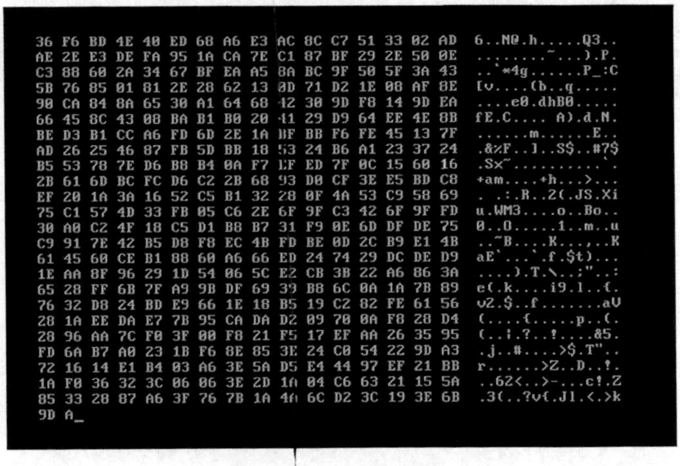

图 9.13 数据包信息

可按 Alt+F2 组合键切换到新的屏幕，登录后利用 ps -aux|grep snort 查看 Snort 进程，可发现其运行参数为 snort -vde -l /home/log。按 Alt+F1 组合键可切换到初始的界面。

3) 结束实验，查看实验结果

单击"结束"按钮，可以在实验实施面板看见本次实验中 Snort 抓取的各种数据包的统计信息，如图 9.14 所示。

图 9.14　数据包的统计信息

在 Linux 实验台终端，进入 "/home/log/" 目录，查看数据包记录日志文件，如图 9.15 所示。

图 9.15　数据包记录日志文件

根据主机 IP 目录，进入需要查看的主机 IP 的数据包信息界面，如图 9.16 所示。

图 9.16　数据包信息界面

9.3　入侵行为检测实践分析

Snort 最重要的用途还是作为网络入侵检测系统(NIDS)，使用下面命令行可以启动这种模式：

```
./snort -dev -l ./log -h 192.168.1.0/24 -c snort.conf
```

snort.conf 是规则集文件。Snort 会对每个包和规则集进行匹配，发现这样的包就采取相应的行动。如果不指定输出目录，Snort 就输出到/var/log/snort 目录。注意：如果想长期使用 Snort作为自己的入侵检测系统，最好不要使用-v 选项。因为使用这个选项，使 Snort 向屏幕上输出一些信息，会大大降低 Snort 的处理速度，从而在向显示器输出的过程中丢弃一些包。此外，在绝大多数情况下，也没有必要记录数据链路层的包头，所以-e 选项也可以不用。

```
./Snort -d -h 192.168.1.0/24 -l ./log -c snort.conf
```

在 NIDS 模式下，有很多的方式来配置 Snort 的输出。在默认情况下，Snort 以 ASCII 格式记录日志，使用 full 报警机制。如果使用 full 报警机制，Snort 会在包头之后打印报警消息。如果不需要日志包，可以使用-N 选项。

Snort 有 6 种报警机制：full、fast、socket、syslog、smb（winpopup）和 none。其中有 4 个可以在命令行状态下使用-A 选项设置。这 4 个具体如下。

（1）-A fast：报警信息包括一个时间戳（timestamp）、报警消息、源/目的 IP 地址和端口。

（2）-A full：默认的报警模式。

（3）-A unsock：把报警发送到一个 UNIX 套接字，需要有一个程序进行监听，这样可以实现实时报警。

（4）-A none：关闭报警机制。

使用-s 选项可以使 Snort 把报警消息发送到 syslog，默认的设备是 LOG_AUTHPRIV 和LOG_ALERT。可以修改 snort.conf 文件以修改其配置。

Snort 还可以使用 SMB 报警机制，通过 SAMBA 把报警消息发送到 Windows 主机。为了使用这个报警机制，在运行./configure 脚本时，必须使用--enable-smbalerts 选项。

下面是一些输出配置的例子。

（1）使用默认的日志方式（以解码的 ASCII 格式）并且把报警发给 syslog：

```
./snort -c snort.conf -l ./log -s -h 192.168.1.0/24
```

（2）使用二进制日志格式和 SMB 报警机制：

```
./snort -c snort.conf -b -M WORKSTATIONS
```

Snort 系统自带了一些行为检测规则，其中包括预处理模块（Preprocessor）规则和利用 rules文件写的配置规则，这样，无需管理员进行太多的配置，仅仅利用系统默认的规则文件，便可实现针对网络行为的检测。

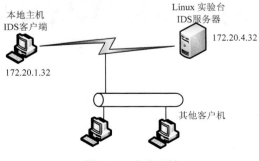

图 9.17　实验环境

实验环境如图 9.17 所示。

Linux 实验台 IP 地址：以 172.20.4.32/16 为例，具体根据实际的网络环境进行配置。

本地主机(IDS 客户端)：Windows XP 操作系统、SimpleISES 系统客户端、WinNmap 扫描工具。

本地主机 IP 地址：以 172.20.1.32/16 为例，具体根据实际的网络环境进行配置。

1)启动 IDS 服务器

启动 Linux 实验台(如接着上一个实验，请用 reboot 重启系统)并登录，如图 9.7 所示。

2)连接 IDS 服务器

启动实验客户端，选择"入侵检测与防御"中的"入侵行为检测实验"，打开实验实施面板，单击"连接"按钮。

连接成功后，实验实施面板显示如图 9.18 所示。

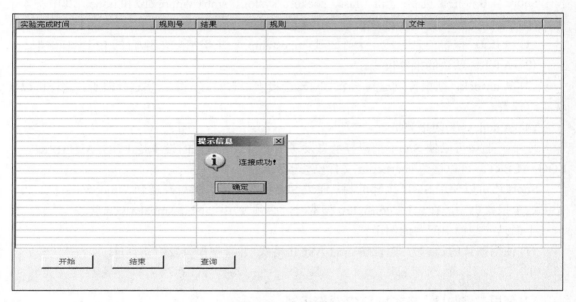

图 9.18　实施面板

单击"开始"按钮，则启动了 Linux 系统中的 Snort，如图 9.19 所示。

```
[root@localhost ~]# ps -aux|grep snort
Warning: bad syntax, perhaps a bogus '-'? See /usr/share/doc/procps-3.2.7/FAQ
root      2566  1.7 15.3  41052 39356 ?         S     17:15   0:00 snort -s -d -i
eth0 -c /usr/local/etc/snort.conf
root      2601  0.0  0.2   3904   664 tty2      R+    17:15   0:00 grep snort
[root@localhost ~]# _
```

图 9.19　查看 Snort 进程

3)发起攻击

利用 WinNmap 扫描工具或其他攻击工具，针对 Linux 系统或其他系统进行扫描(注意保证扫描攻击者主机的单 IP 环境)，如图 9.20 所示。

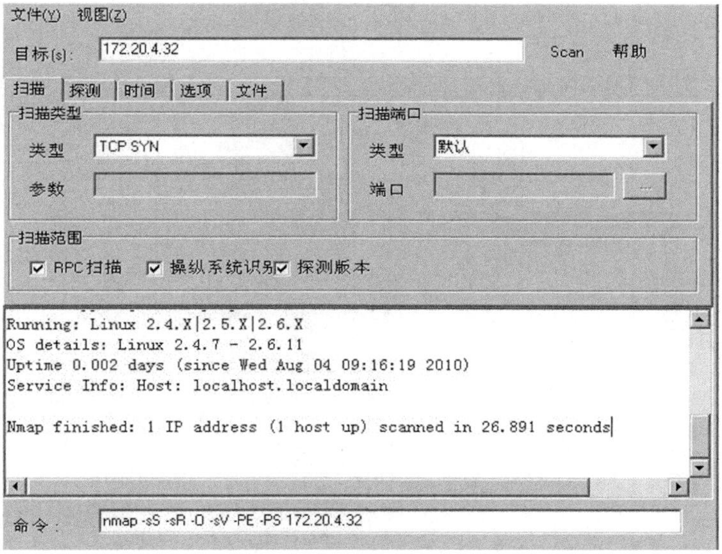

图 9.20　扫描设置

4）结束实验，查看实验结果

待 WinNmap 扫描结束后，再单击实验实施面板的"结束"按钮，实验完成。可看见实验实施面板中有各种日志，包含报警结果、对应的 Snort 系统自带规则、规则配置文件目录等信息，如图 9.21 所示。

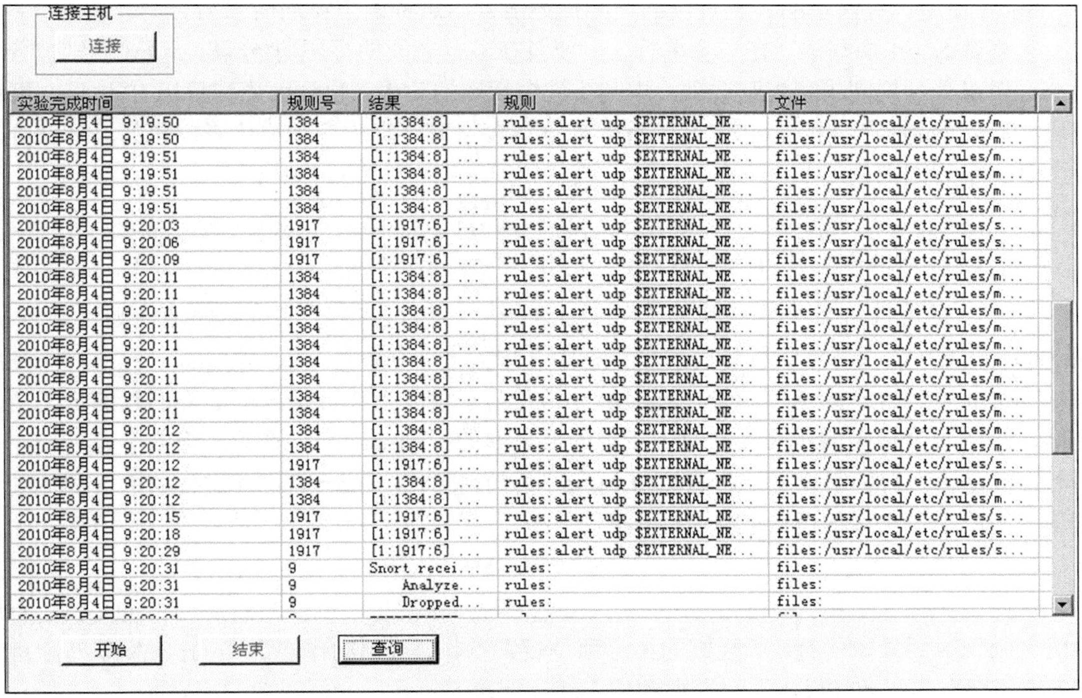

图 9.21　实验结果

单击"查询"按钮，选择实验的时间段，查看实验的结果日志，如图 9.22 所示。

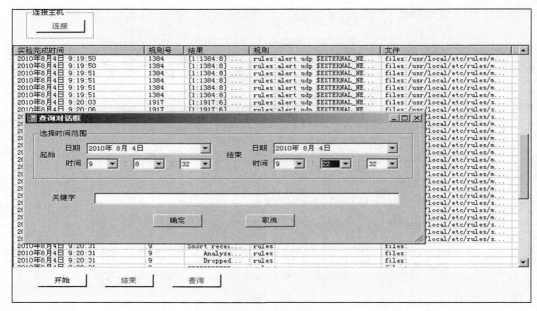

图 9.22　查询界面

9.4　入侵检测规则编写实践分析

Snort 使用一种简单的、轻量级的规则描述语言，这种语言灵活而强大。

大多数 Snort 规则都写在一个单行上，或者在多行之间的行尾用/分隔。Snort 规则被分成两个逻辑部分：规则头和规则选项。规则头包含规则的动作、协议、源和目标 IP 地址与网络掩码，以及源和目标端口信息；规则选项部分包含报警消息内容和要检查的包的具体部分。下面是一个规则范例：

```
alert tcp any any -> 192.168.1.0/24 111 (content:\"|00 01 86 a5|\"; msg:
    \"mountd access\";)
```

第一个括号前的部分是规则头（Rule Header），包含在括号内的部分是规则选项（Rule Options）。规则选项部分中冒号前的单词称为选项关键字（Option KeyWords）。注意，不是所有规则都必须包含规则选项部分，选项部分只是为了使要收集、报警或丢弃的包的定义更加严格。组成一个规则的所有元素对于指定的要采取的行动都必须是真的，当多个元素放在一起时，可以认为它们组成了一个逻辑与（AND）语句。同时，Snort 规则库文件中的不同规则可以认为组成了一个大的逻辑或（OR）语句。

1）规则动作

规则的头包含了定义一个包的 who、where 和 what 信息，以及当满足规则定义的所有属性的包出现时要采取的行动。规则的第一项是规则动作，规则动作告诉 Snort 在发现匹配规则的包时要干什么。在 Snort 中有 5 种动作：alert、log、pass、activate 和 dynamic。

- alert　使用选择的报警方法生成一个警报，然后记录（log）这个包。
- log　记录这个包。
- pass　丢弃（忽略）这个包。

- activate 报警并且激活另一条 dynamic 规则。
- dynamic 保持空闲直到被一条 activate 规则激活，被激活后就作为一条 log 规则执行。

2）协议

规则的下一部分是协议。Snort 当前分析可疑包的 IP 协议有 4 种：tcp 、udp、icmp 和 IP。将来可能会更多，例如 ARP、IGRP、GRE、OSPF、RIP、IPX 等。

3）IP 地址

规则头的下一个部分处理一个给定规则的 IP 地址和端口号信息，关键字"any"可以被用来定义任何地址。Snort 没有提供根据 IP 地址查询域名的机制，地址是由直接的数字型 IP 地址和一个 Cidr 块组成的。Cidr 块指示作用在规则地址和需要检查的进入的任何包的网络掩码，/24 表示 c 类网络，/16 表示 b 类网络，/32 表示一个特定的机器的地址。例如，192.168.1.0/24 代表从 192.168.1.1 到 192.168.1.255 的地址块。在这个地址范围的任何地址都匹配使用这个 192.168.1.0/24 标志的规则。这种记法给我们提供了一个很好的方法来表示一个很大的地址空间。

有一个操作符可以应用在 IP 地址上，它是否定运算符。这个操作符告诉 Snort 匹配除了列出的 IP 地址以外的所有 IP 地址。否定操作符用"!"表示。下面这条规则对任何来自本地网络以外的流都进行报警：

```
alert tcp !192.168.1.0/24 any -> 192.168.1.0/24 111 (content: \"|00 01 86
a5|\"; msg: \"external mountd access\";)
```

这个规则的 IP 地址代表任何源 IP 地址不是来自内部网络而目标地址是内部网络的 tcp 包。

可以指定 IP 地址列表，一个 IP 地址列表由逗号分隔的 IP 地址和 Cidr 块组成，并且要放在方括号内"[" "]"。此时，IP 列表可以不包含空格在 IP 地址之间。下面是一个包含 IP 地址列表的规则的例子。

```
alert tcp ![192.168.1.0/24,10.1.1.0/24] any -> [192.168.1.0/24,10.1.1.0/24]
    111 (content: \"|00 01 86 a5|\"; msg: \"external mountd access\";)
```

4）端口号

端口号可以有几种方法表示，包括"any"端口、静态端口定义、范围，以及通过否定操作符。"any"端口是一个通配符，表示任何端口。静态端口定义表示一个单个端口号，例如 111 表示 portmapper，23 表示 telnet，80 表示 http 等。端口范围用范围操作符":"表示，范围操作符可以有几种使用方法，如下所示：

```
log udp any any -> 192.168.1.0/24 1:1024
```

记录来自任何端口的，目标端口范围在 1 到 1024 的 udp 流。

```
log tcp any any -> 192.168.1.0/24 :6000
```

记录来自任何端口，目标端口小于等于 6000 的 tcp 流。

```
log tcp any :1024 -> 192.168.1.0/24 500:
```

记录来自任何小于等于 1024 的特权端口，目标端口大于等于 500 的 tcp 流。

端口否定操作符用"!"表示。它可以用于任何规则类型(除了 any，这表示没有)。例如，由于某个奇怪的原因需要记录除 x Windows 端口以外的所有一切，可以使用类似下面的规则：

```
log tcp any any -> 192.168.1.0/24 !6000:6010
```

5）方向操作符

方向操作符"→"表示规则所施加的流的方向。方向操作符左边的 IP 地址和端口号被认为是流来自的源主机，方向操作符右边的 IP 地址和端口信息是目标主机，还有一个双向操作符"<>"，它告诉 Snort 把地址/端口号对既作为源，又作为目标来考虑。这对于记录/分析双向对话很方便，例如 telnet 或者 pop3 会话。用来记录一个 telnet 会话的双向的流的范例如下：

```
log !192.168.1.0/24 any <> 192.168.1.0/24 23
```

6）activate 和 dynamic 规则

activate 规则除了类似一条 alert 规则外，当一个特定的网络事件发生时还能告诉 Snort 加载一条规则。dynamic 规则和 log 规则类似，但它是当一个 activate 规则发生后被动态加载的。把它们放在一起如下所示：

```
activate tcp !$HOME_NET any -> $HOME_NET 143 (flags: PA; content:
    "|E8C0FFFFFF|/bin"; activates: 1; msg: "IMAP buffer overflow!\";)
dynamic tcp !$HOME_NET any -> $HOME_NET 143 (activated_by: 1; count: 50;)
```

7）规则选项

规则选项组成了 Snort 入侵检测引擎的核心，既易用又强大还灵活。所有的 Snort 规则选项用分号";"隔开。规则选项关键字和它们的参数之间用冒号":"分开。按照这种写法，Snort 中有 42 个规则选项关键字。

- msg　在报警和包日志中打印一个消息。
- logto　把包记录到用户指定的文件中而不是记录到标准输出。
- ttl　检查 IP 头的 ttl 的值。
- tos　检查 IP 头中 TOS 字段的值。
- id　检查 IP 头的分片 ID 值。
- IPoption　查看 IP 选项字段的特定编码。
- fragbits　检查 IP 头的分段位。
- dsize　检查包的净荷尺寸的值。
- flags　检查 tcp flags 的值。
- seq　检查 tcp 顺序号的值。
- ack　检查 tcp 应答（acknowledgement）的值。
- window　测试 TCP 窗口域的特殊值。
- itype　检查 icmp type 的值。
- icode　检查 icmp code 的值。
- icmp_id　检查 ICMP ECHO ID 的值。
- icmp_seq　检查 ICMP ECHO 顺序号的值。
- content　在包的净荷中搜索指定的样式。

- content   list 在数据包载荷中搜索一个模式集合。
- offset   content 选项的修饰符，设定开始搜索的位置。
- depth   content 选项的修饰符，设定搜索的最大深度。
- nocase   指定对 content 字符串大小写字母不敏感。
- session   记录指定会话的应用层信息的内容。
- rpc   监视特定应用/进程调用的 RPC 服务。
- resp   主动反应（切断连接等）。
- react   响应动作（阻塞 Web 站点）。
- reference   外部攻击参考 ids。
- sid   snort 规则 ID。
- rev   规则版本号。
- classtype   规则类别标识。
- priority   规则优先级标识号。
- uricontent   在数据包的 URI 部分搜索一个内容。
- tag   规则的高级记录行为。
- IP_proto   IP 头的协议字段值。
- sameIP   判定源 IP 和目的 IP 是否相等。
- stateless   忽略流状态的有效性。
- regex   通配符模式匹配。
- distance   强迫关系模式匹配所跳过的距离。
- within   强迫关系模式匹配所在的范围。
- byte_test   数字模式匹配。
- byte_jump   数字模式测试和偏移量调整。

实验环境如图 9.23 所示。

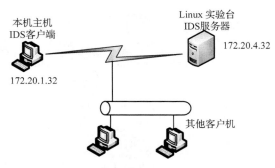

图 9.23   实验环境

Linux 实验台 IP 地址：以 172.20.4.32/16 为例，具体根据实际的网络环境进行配置。

本地主机（IDS 客户端）：Windows XP 操作系统、SimpleISES 系统客户端、Wireshark 抓包工具、网络协议编辑器等发包工具、WinNmap 扫描工具。

本地主机 IP 地址：以 172.20.1.32/16 为例，具体根据实际的网络环境进行配置。

1) 启动 IDS 服务器

启动 Linux 实验台（如接着上一个实验，请用 reboot 重启系统）并登录，如图 9.7 所示。

2) 连接 IDS 服务器

启动实验客户端，选择"入侵检测与入侵防御"中的"如前检测规则编写实验"，打开实验实施面板，单击"连接"按钮。

连接成功后，实验实施面板显示如图 9.24 所示。

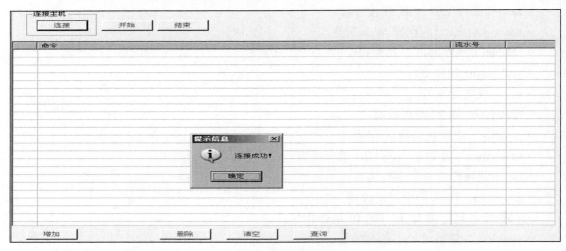

图 9.24　实施面板

3) 添加规则

单击"增加"按钮，弹出"增加对话框"，可选择输入框分字段录入规则，或者手动直接根据 Snort 规则格式输入规则。作为一个范例，可添加一条简单的规则，针对任何 TCP 协议数据包，内容包含"simple"字符串就报警，报警信息为"hahaha"，如图 9.25 所示。然后手工录入一条新规则用来对 URL 中含有"baidu"的数据包报警，如图 9.26 所示。

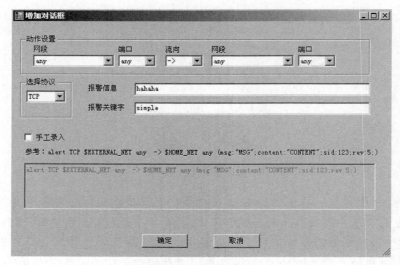

图 9.25　增加规则

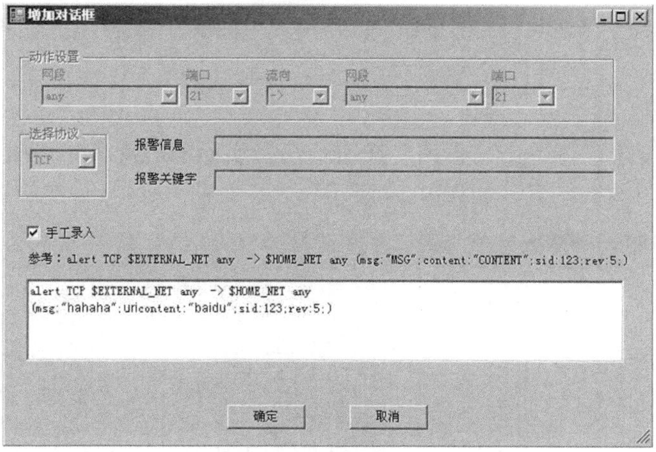

图 9.26　手动添加规则

添加规则后,单击"开始"按钮,则启动了 Linux 系统中的 Snort,可以通过命令查看到 Snort 进程,如图 9.27 所示。

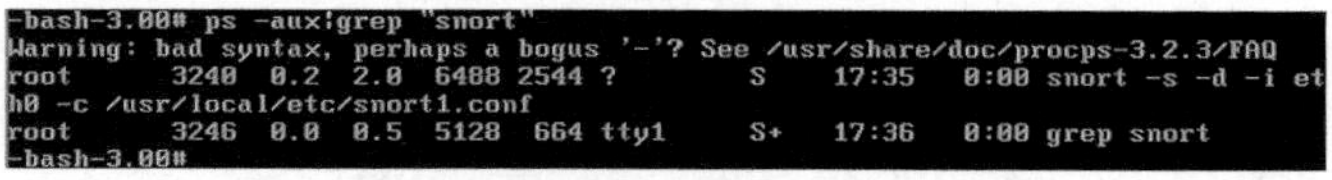

图 9.27　查看 Snort 进程

注意:自定义规则实验中,Snort 系统自带规则文件(rules 目录下)不生效,但 Snort 预处理模块等程序内部的报警规则还是有效,可能会产生相关的报警信息。

4) 发起攻击

启动网络协议编辑软件或利用其他发包软件,编辑一个 FTP 数据包(单击"添加"按钮,然后在数据包模块的下拉框中选择 FTP 协议模块),TCP 数据段(即 FTP 封装)设置为"simpleware"字符串(单击"命令"选择"数据编辑",在弹出的"编辑对话框"中输入即可,其他字段按实际情况自己编辑,可以从一个学生机发送到另一个学生机,需填写正确的 IP 地址和 MAC 地址)。单击"发送"按钮,将编辑的数据包循环发送若干次,如图 9.28 所示。

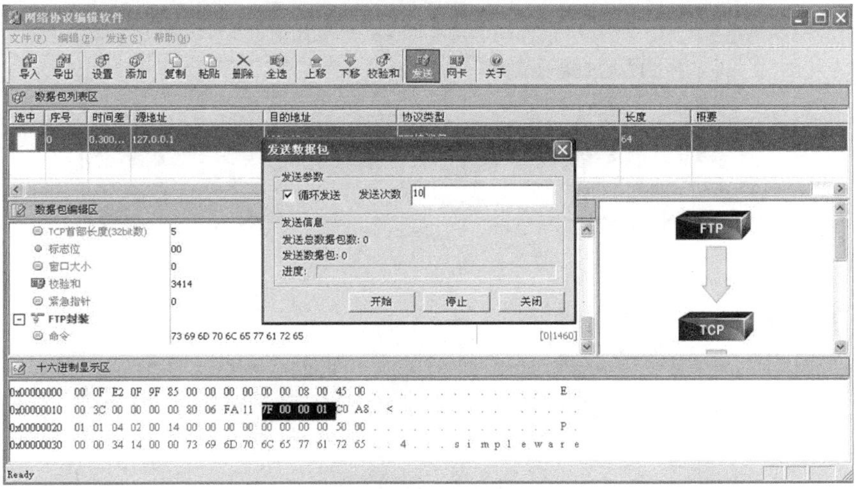

图 9.28　数据包发送

打开 IE 浏览器输入 www.baidu.com，然后搜索"simpleware"（无法接入互联网的话，可跳过这一步）。

5）查看实验结果

单击"结束"按钮，再单击"查询"按钮，选择实验的时间段，可查看实验的结果日志，包含了前面自定义的报警信息，如图 9.29 所示。

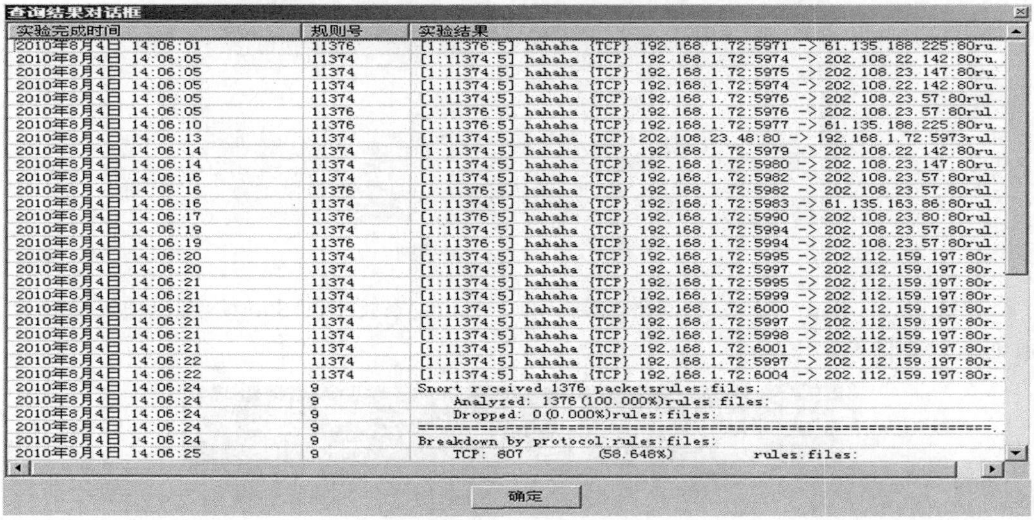

图 9.29　实验的结果日志

6）提取扫描特征并检测

首先打开 Wireshark 抓包工具，选择网卡开始抓包。然后运行 WinNmap 扫描工具（需保证扫描攻击方为单 IP 环境），填写扫描的目的主机为实验台的 IP 地址，选择 Xmas scans 方式，如图 9.30 所示；然后设定扫描延时为 100ms，如图 9.31 所示。开始扫描，大约半分钟后利用任务管理器将 nmap 进程关掉，停止 Wireshark 抓包。

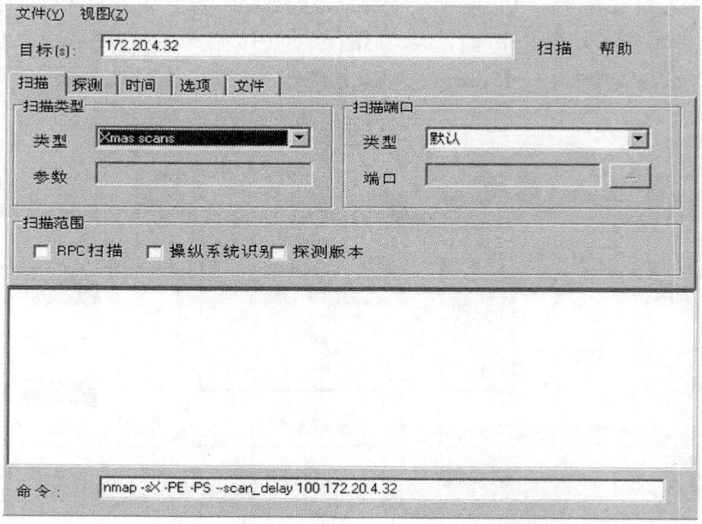

图 9.30　扫描类型

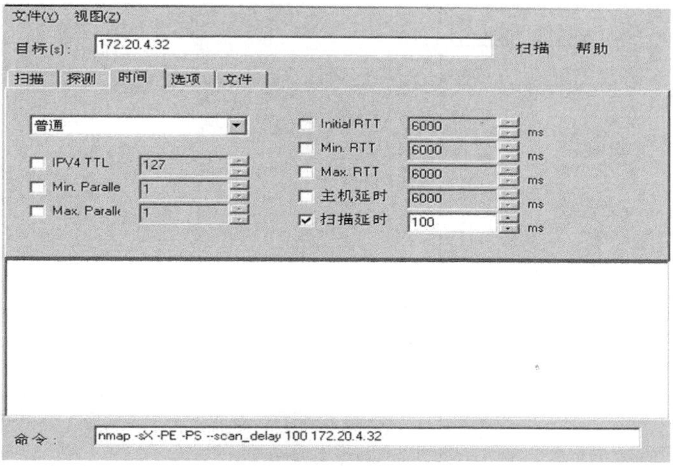

图 9.31　扫描延时设定

在 Wireshark 的 filter 栏输入 "tcp" 后按回车键，再单击下面数据包列表中的 "Destination" 标题，查看本机发往实验台的数据包，如图 9.32 所示。分析其特征；一个明显的特征是每一个包的 tcp 标志位都是 "FIN" "PSH" "URG"，这就是 Xmas 扫描的主要特征。

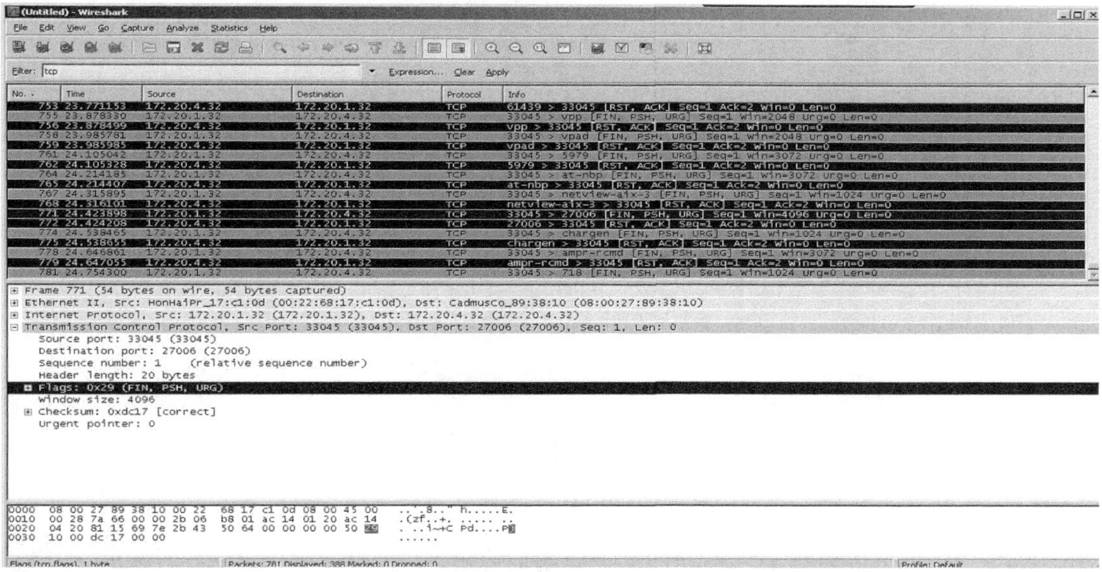

图 9.32　Wireshark 抓包分析

通过上面的分析可以手动增加以下规则：

"alert TCP any any -> any any (msg:"Xmas scan";flags:FPU;sid:…;rev:…)"

增加后如图 9.33 所示。

增加规则完成后单击 "开始" 按钮，然后将 WinNmap 扫描间隔设为 1000ms（1 秒）进行扫描，等待几分钟后关闭 nmap 进程，然后单击 "结束" 按钮停止 Snort。查询本时段的实验结果，如图 9.34 所示。可以看到对 Xmas scan 的警报。

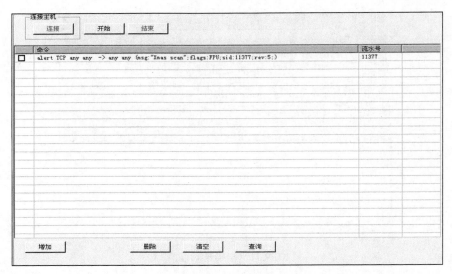

图 9.33　增加规则

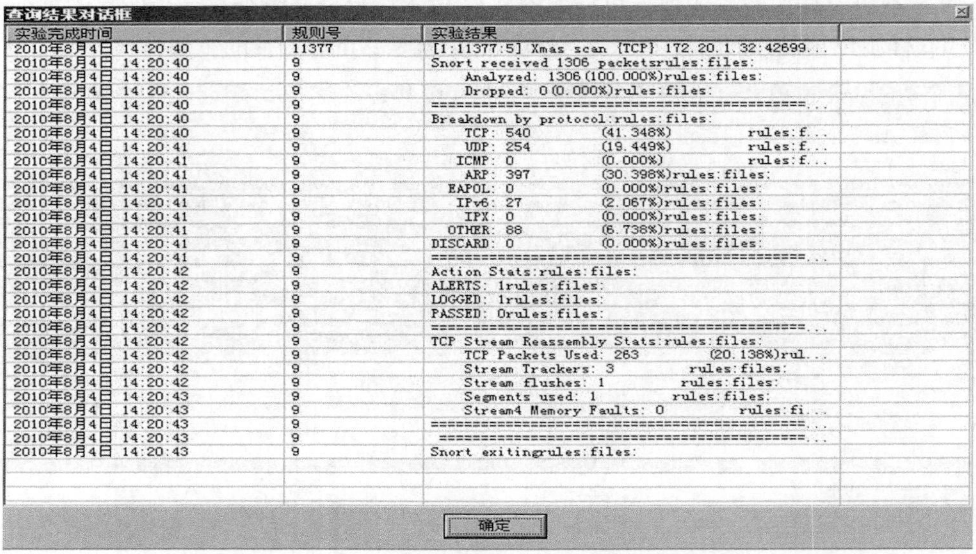

图 9.34　实验结果

注意：关闭 nmap 进程必须打开任务管理器来关闭。扫描时设定一定的扫描延时，以免增加网络负担。

9.5　误报及漏报实践分析

IDS 最大的两个问题是误报和漏报。所谓漏报（false negative）就是一个真实的攻击事件未被 IDS 检测到或被分析人员认为是无害的；所谓误报（false positive）是指没有这个攻击，但是入侵者让 IDS 拼命告警，使不断增长的告警日志塞满硬盘，以致翻滚的告警屏幕把管理者搞得眼花缭乱，这样真正的攻击就可以夹杂在数不清的虚假告警中蒙混过关了。

1. 误报

2001 年 3 月，国外网络安全产品评测人员 Coretez Giovanni 发现一种让 IDS 误报的入侵：快速地产生告警信息。它会抑制 IDS 的反应速度，以致使 IDS 失去反应能力，甚至让系统出现死机现象。当时，Coretez 编写了一个名为 Stick 的程序，作为 IDS 产品的测试用例。它的作用是可以读入 Snort 的规则，然后按照 Snort 的规则组包。由于 Snort 的规则涵盖了绝大多数的攻击种类，所以 IDS 一旦匹配了按 Snort 规则产生的攻击报文，即可发出告警信息。对于比较有名的 IDS，像 ISS Realscur 和 Snort，Stick 都能给它们造成 30 秒以上的停顿。

当网络入侵检测系统部署到网络后，网络管理员会发现系统产生大量的入侵误报信息，这些误报信息将给网络和管理员带来如下困扰：首先，网络管理员很难从大量的告警信息中发现真实的入侵事件，这样就会引起网络的入侵和信息泄漏；其次，给网络传输和日志存储带来严重的问题，可能使网络传输负载变大，也将使日志存储系统空间占满，导致真实的入侵事件无法进行审计。

误报原因主要有以下 4 种。

1）由网络结构引起的

网络结构，特别是路由结构的设计，在一些特殊情况下，比如路由不可达时，将产生大量的 ICMP Echo 请求，这时候网络入侵检测系统将产生 "ICMP Flood" 的入侵信息（该入侵方式就是攻击者发送大量的 ICMP Echo 请求，超过了协议堆栈所能处理的能力）。

2）由特殊设备引起的

一些特殊设备会产生特殊的、奇异的数据包，比如负载均衡设备。在一些情况下，如果发出的数据包和返回的数据包经过不同数据链路层设备，此时网络入侵检测系统将产生入侵告警。

3）由特殊应用协议引起的

在网络环境中，一些应用系统由于设计和实现时存在缺陷，比如 Client 同 Server 之间通信的协议在数据传输过程中，恰好包括了网络入侵检测系统模式匹配的特征串，此时网络入侵检测系统将产生误报告警。

4）由 NIDS 本身缺陷引起的

网络入侵检测系统软件可能由于设计的缺陷造成入侵误报。此时，只有通过厂商提供补丁代码方可解决。

2. 漏报

和 IDS 误报相比，漏报其实更危险。采用 IDS 技术就是为了在发现入侵时给出告警信息，如果入侵者入侵成功而 IDS 尚未告警，IDS 便失去存在的意义。好的 IDS 一般为了减少误报，会像现在一些高端的防火墙一样基于状态进行判断，而不是根据单个的报文进行判断。这样，上面谈到的 Stick 对这种 IDS 一般不起作用。

2001 年 4 月，出现了一个让 IDS 漏报的程序 ADMmutate，它可以动态改变 Shellcode。本来 IDS 依靠提取公开的溢出程序的特征码来报警，特征码变了以后，IDS 就报不出来了，但是程序还一样起作用，服务器一样被黑。不过，ADMmutate 只能对依靠检查字符串匹配告警的 IDS 起作用，如果 IDS 还依靠长度和可打印字符等综合指标，则 ADMmutate 将很容易被 IDS 监控到。

造成网络入侵检测系统漏报的原因大致可分成如下 6 类。

1）网络部署因素

由于网络入侵检测系统主要通过监听接口进行 Sniffer 的方式俘获数据包，如果由于交换机的原因，监听接口所监控的范围不能包括交换机所有端口，此时网络入侵检测系统将不能对该网络进行有效的入侵监控和防范，从而产生告警漏报现象。

2）加密网络环境部署

在加密网络环境中，如果在数据没有进行解密前被网络入侵检测系统捕获，此时的数据对于网络入侵检测系统没有任何意义；如果入侵数据包被网络中加密机设备加密，此时 NIDS 并不能检测到入侵。这些入侵数据包到达目的地后，经过对端的加密机设备解密后，就会对目标服务器造成入侵。

3）网络结构变更管理

如果网络管理员同内部网络使用者沟通不顺畅，导致内部网络使用者修改了自己的网络结构（比如修改了服务器的 IP 地址、更换服务器所在交换机端口等）。同时，网络结构的修改又没有及时通知给网络管理员，此时可能由于网络入侵检测系统策略没有及时修改，导致入侵的漏报事件。

4）未公开的入侵事件

对于未公开的入侵方法，网络入侵检测系统无法通过模式匹配的方式对未公开的入侵进行告警，只有通过网络入侵检测系统的制造商进行规则库的升级来解决问题。

5）NIDS 系统问题

有些网络入侵检测系统自身和配置上可能存在如下问题，导致漏报事件。

（1）为降低误报率，管理员设置了较大宽松范畴的规则。

（2）由于设备的性能问题，在流量很大的网络中，NIDS 无法去检测所有的网络流量。

（3）NIDS 系统的入侵告警信息描述不清晰，网络管理员无法通过告警信息了解入侵的原因。

6）NIDS 产品缺陷

如果 NIDS 系统本身存在缺陷，导致入侵事件的漏报，此时只有通过 IDS 制造商进行产品修改，方可解决问题。

IDS 的实现总是在漏报和误报中徘徊，漏报率降低了，误报率就会提高；同样误报率降低了，漏报率就会提高。一般，IDS 产品会在两者中取一个折衷，并且能够进行调整，以适应不同的网络环境。

实验环境如图 9.35 所示。

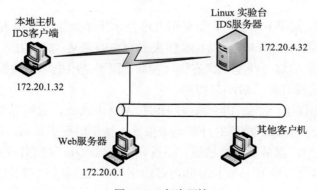

图 9.35 实验环境

Linux 实验台 IP 地址：以 172.20.4.32/16 为例，具体根据实际的网络环境进行配置。

本地主机(IDS 客户端)：Windows XP 操作系统、SimpleISES 系统客户端、IE 浏览器、ssnot 等相关攻击工具。

本地主机 IP 地址：以 172.20.1.32/16 为例，具体根据实际的网络环境进行配置；提供 Web 服务的计算机 IP：172.20.0.1。

1) 启动 IDS 服务器

启动 Linux 实验台(如接着上一个实验，请用 reboot 重启系统)并登录，如图 9.7 所示。

2) 连接 IDS 服务器

启动实验客户端，选择"入侵检测与防御"中的"误报及漏报分析实验"，打开实验实施面板，单击"连接"按钮。

连接成功后，实验实施面板显示如图 9.36 所示。

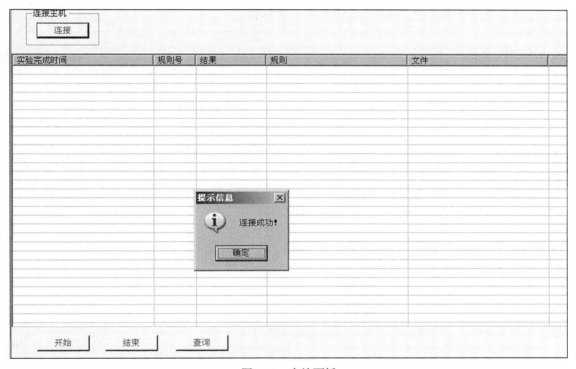

图 9.36　实施面板

单击"开始"按钮，则启动了 Linux 实验台中的 Snort，如图 9.37 所示。

```
[root@localhost ~]# ps -aux|grep snort
Warning: bad syntax, perhaps a bogus '-'? See /usr/share/doc/procps-3.2.7/FAQ
root      2571  2.4 15.3  41056 39344 ?        S    17:12   0:00 snort -s -d -i
eth0 -c /usr/local/etc/snort.conf
root      2608  0.0  0.2   3904   664 tty4     R+   17:12   0:00 grep snort
[root@localhost ~]# _
```

图 9.37　查看 Snort 进程

3) 发起攻击

启动 ssnot 攻击工具，对目标 IP 进行攻击(需要开放 80 端口的计算机)，如图 9.38 所示。

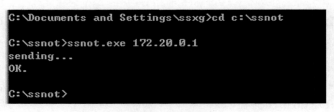

图 9.38　Snort 攻击

　　ssnot 攻击工具会瞬时产生大量数据包，有可能造成 Snort 崩溃，请谨慎使用。除了这类针对 Snort 本身的攻击工具，还可以通过正常的一些网络访问情况，查看 Snort 的报警信息。

　　4）结束实验，查看实验结果

　　单击实验实施面板的"结束"按钮，实验完成，实验结果如图 9.39 所示。可看到本次实验产生的大量报警信息，其实都是没有危害的误报警。

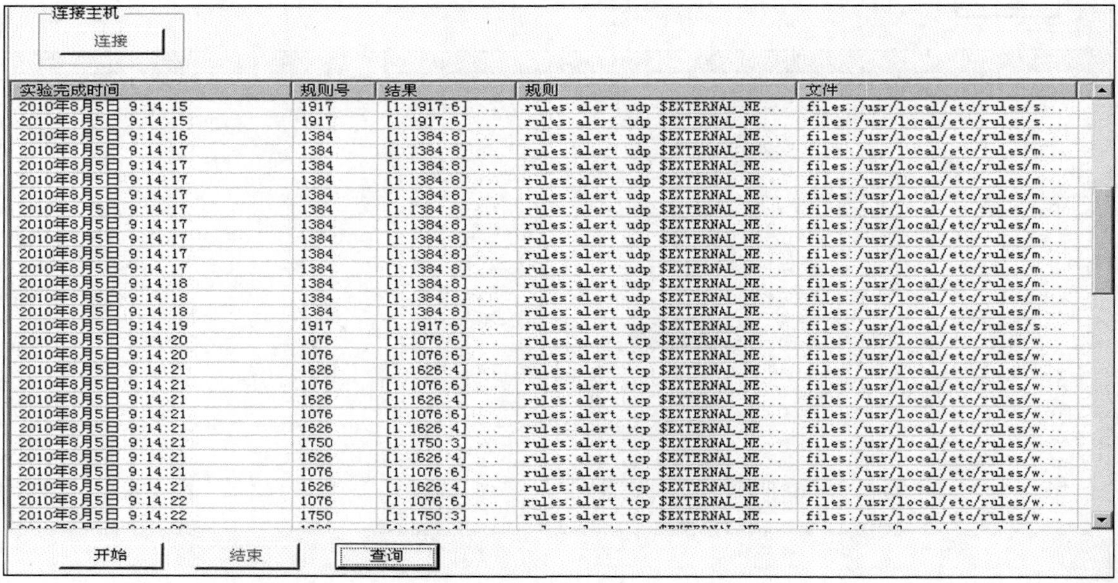

图 9.39　实验结果

　　5）发起正常攻击

　　等到"开始"按钮恢复，单击"开始"按钮启动 Snort。

　　打开 IE，多次打开网页地址：http://目标主机 IP/msadcs.dll。注意：目标主机需要开启 80端口，运行 IIS 服务器。

　　单击"结束"按钮，实验结果如图 9.40 所示。可看见本次 Snort 运行的报警日志。规则号为 1023 等检测 IIS 攻击行为，可查看对应的规则，系统规则文件为：/usr/local/etc/rules/web-iis.rules。

　　在 Linux 实验台中，用 ps 命令查看实验结束后 Snort 是否还在运行，如还在运行，则利用 kill 命令结束，如图 9.41 所示。

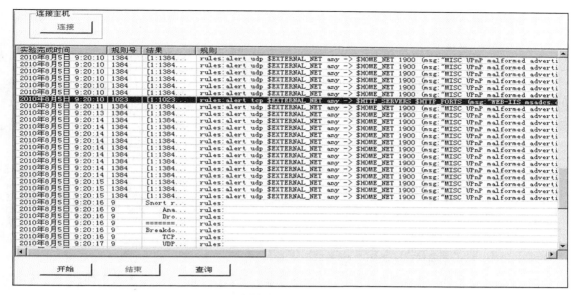

图 9.40　报警信息

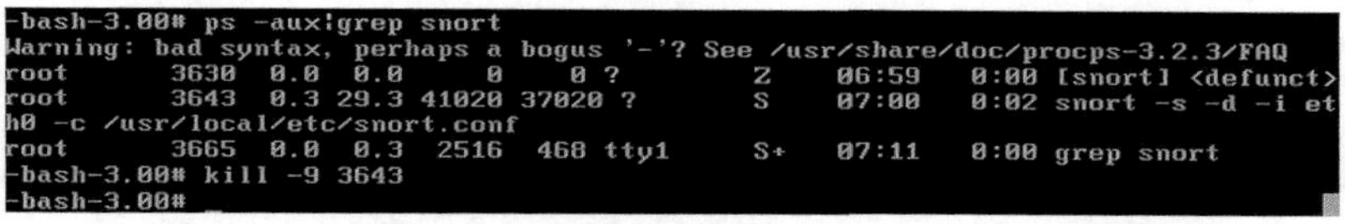

图 9.41　结束进程

6）发起绕过 IDS 攻击

再次单击"开始"按钮，打开 IE，多次打开网页地址：http://目标主机 IP \msadc\ msadcs.dll。单击"结束"按钮，可看见本次 Snort 运行的报警日志，并没有针对 msadcs.dll 攻击的报警信息。这是因为对于像微软的 IIS 这类 Web 服务器，"\"也可以像"/"一样作为路径分隔符。有些 IDS 在设置规则集文件时并没有考虑到非标准路径分隔符"\"。如果把"/msadc/msadcs.dll"改写为 "\msadc\msadcs.dll" 就可以逃过 Snort 的法眼了，因为 Snort 的规则集文件里没有"\msadc\ msadcs.dll"这一识别标志。

9.6　异常行为检测实践分析

进行异常检测的理论基础是认为入侵是异常活动的子集。异常检测系统通过监控用户的行为，将当前主体的活动情况和用户轮廓比较，而用户轮廓通常定义为各种行为参数及其阈值的集合，用于描述正常行为，当用户活动与正常行为有重大偏移时即被认为是入侵。

对于 Snort 来说，一些攻击是无法通过规则匹配或协议异常的方法检测的。一次端口扫描通常会探测多个端口或主机，否则几乎无法区分扫描和正常连接。比如一次对非 Web 服务器的 80 端口的访问可能是用户填错了域名或 IP 地址，或 DNS 域发生错误所致。但如果某个主机发出了 200 个访问不同目标主机 80 端口的包，且发包过程是按 IP 地址排序的，则几乎可以肯定这是一次扫描。两者之间的区别在于以下条件的组合：

- 目的主机数量
- 目的端口数量
- 发包频率

通过规则匹配或流重组无法对上面的条件进行综合判断，Snort 通过 portscan 预处理器对端口扫描攻击进行检测，思路是判断一个时间段内的探测包数量。portscan 预处理器的代码中警告道"……对扫描结束的报告信息常常是不准确的"，但一般来说，portscan 预处理器在报告发现扫描时是精确的，而在统计攻击者到底发出了多少探测包时则不太准确。

激活 portscan 预处理器可以在 conf 文件中加入下面这行：

```
Preprocessor portscan: <monitor network> <number of ports> <detection
    period> <file path>
```

monitor network 表示被保护的网络，number of ports 和 detection period 表示扫描端口数和检测间隔，file path 表示日志文件完整路径。

sfportscan 是另外一个检测端口扫描的预处理器，可以在 conf 文件中加入下面这行激活它：

```
Preprocessor sfportscan: proto { } scan_type { } sense_level { }……
```

实验环境如图 9.42 所示。

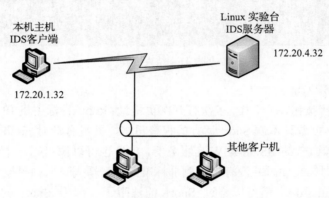

图 9.42　实验环境

Linux 实验台 IP 地址：以 172.20.4.32/16 为例，具体根据实际的网络环境进行配置。

本地主机（IDS 客户端）：Windows XP 操作系统、SimpleISES 系统客户端、WinNmap 扫描工具。

本地主机 IP 地址：以 172.20.1.32/16 为例，具体根据实际的网络环境进行配置。

1）启动 IDS 服务器

启动 Linux 实验台（如接着上一个实验，请用 reboot 重启系统）并登录，如图 9.7 所示。

2）连接 IDS 服务器

启动实验客户端，选择"入侵检测与防御"中的"异常行为检测实验"，打开实验实施面板，单击"连接"按钮。

连接成功后，实验实施面板显示如图 9.43 所示。

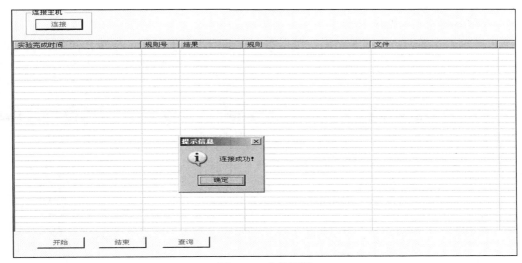

图 9.43　实施面板

3) 启动 Snort 并发起扫描

在实验台修改/usr/local/etc/snort2.conf（用命令 vi /usr/local/etc/snort2.conf），在文件中查找到"preprocessor portscan:（监听 IP 网段）50 1 /var/log/portscan.log"，将监听的 IP 网段改为实验台与客户端通用的网段，本例为 172.20.0.0/16。

单击"开始"按钮启动 Snort，可按 Alt+F2 组合键切换到新的屏幕，登录后利用 ps 查看 snort 进程，如图 9.44 所示。

```
[root@localhost ~]# ps -aux|grep snort
Warning: bad syntax, perhaps a bogus '-'? See /usr/share/doc/procps-3.2.7/FAQ
root      2653  0.7  1.8  6428  4628 ?         S    17:32   0:00 snort -s -d -i
eth0 -c /usr/local/etc/snort2.conf
root      2655  0.0  0.1  3880   412 tty4     R+    17:32   0:00 grep snort
[root@localhost ~]# _
```

图 9.44　查看 snort 进程

启动 WinNmap 或其他扫描工具对本网段的某台主机进行 tcp 扫描，一直到扫描结束（确保扫描攻击方的单 IP 环境）。WinNmap 的扫描设置如图 9.45 所示。

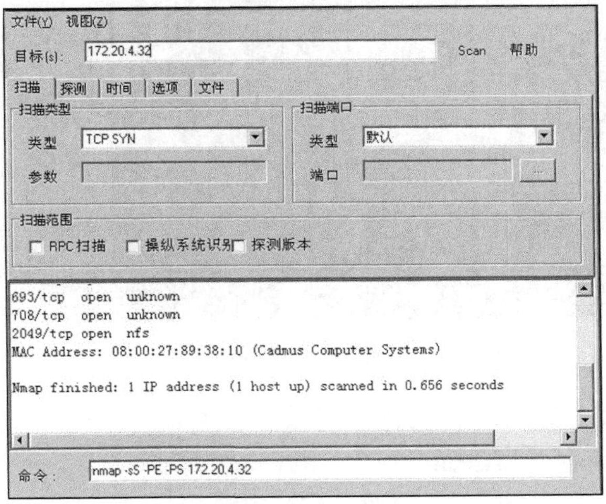

图 9.45　扫描设置

4) 查看结果

单击"结束"按钮查看实验结果，可以看到对扫描主机的报警，如图 9.46 所示。

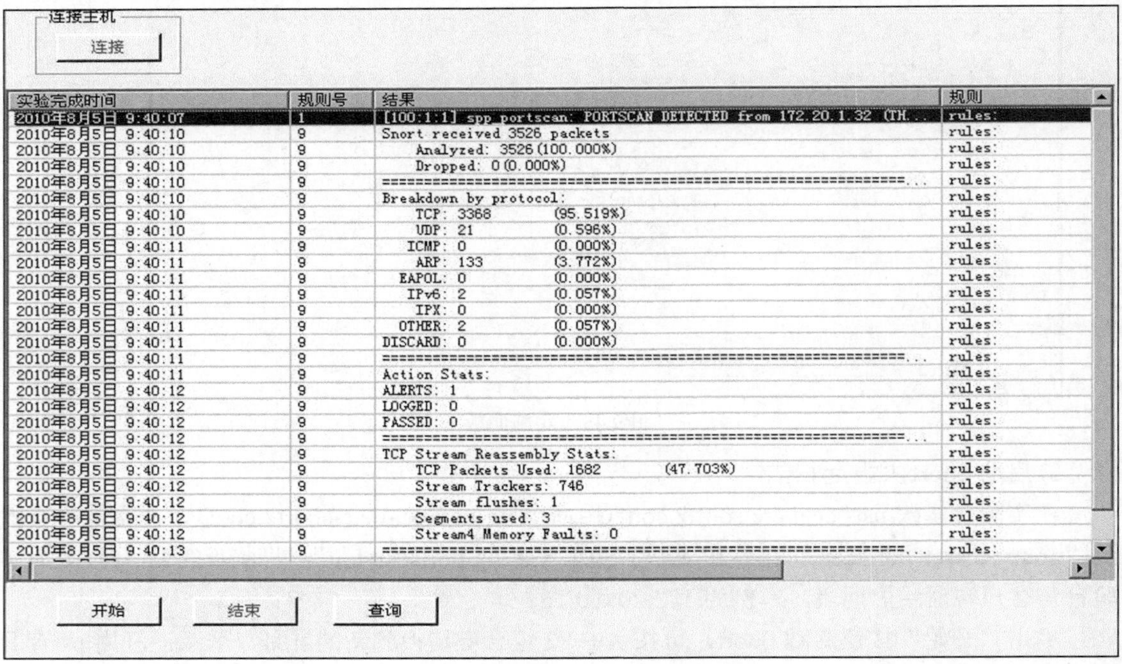

图 9.46 报警信息

在实验台中按 Ctrl+C 组合键回到命令提示符，运行"less /var/log/portscan.log"来查看产生的日志。然后，为了下一步实验，运行命令"rm/var/log/portscan.log"将日志删除。

5) 修改 conf 文件重新实验

在实验台中运行"cd /usr/local/etc"，然后再用"vi snort2.conf"编辑配置文件。在文件中查找到"preprocessor portscan: 172.20.0.0/16 50 1 /var/log/portscan.log"，将其中的端口数 50 改为较大的值(5000)，如图 9.47 所示，保存后退出。然后重复上面的 3)和 4)。

```
###############################################################
# Step #2: Configure preprocessors

preprocessor flow: stats_interval 0 hash 2


preprocessor frag2
preprocessor portscan: 172.20.0.0/16 5000 1 /var/log/portscan.log
#-------------------------------------------------------------

preprocessor stream4: disable_evasion_alerts
```

图 9.47 修改端口数

只要设置的阈值大于实际情况，实验将不会产生警报，日志文件也不会记录。

6) 修改 conf 文件启动 sfportscan

再次在实验台中编辑 snort2.conf 文件，在其中添加(注意空格)"preprocessor sfportscan:

proto 　{ all } memcap { 10000000 } sense_level { low }"，如图 9.48 所示。保存后退出 vi 编辑器。

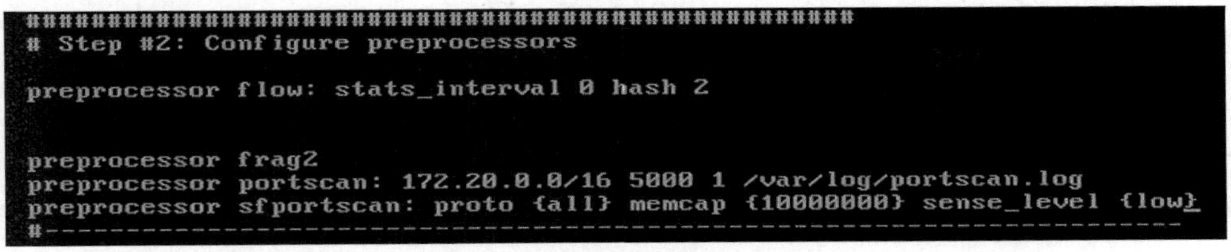

```
############################################################
# Step #2: Configure preprocessors

preprocessor flow: stats_interval 0 hash 2


preprocessor frag2
preprocessor portscan: 172.20.0.0/16 5000 1 /var/log/portscan.log
preprocessor sfportscan: proto {all} memcap {10000000} sense_level {low}
#-----------------------------------------------------------
```

图 9.48　添加 sfportscan 预处理器

重复 3)和 4)并查看结果和日志。

第10章 攻防系统

功防系统分为网络攻击和网络防御，网络攻击是网络安全所要应对的主要问题，了解网络攻击技术和原理达到知己知彼，才能实现有效、有针对性的防护。网络攻击的主要工作流程是：收集情报、远程攻击、远程登录、取得用户权限、取得超级用户权限、种植后门、清除痕迹等。网络攻击技术主要包括：网络信息采集、漏洞扫描及各种基于网络漏洞的技术。攻击者首先侦听网络获取网络信息，分析网络拓扑结构、目标主机的系统信息等；然后针对获得的信息试探一致的配置漏洞、协议漏洞、程序漏洞，试图发现目标网络中存在的突破口，攻击者通过编制攻击脚本，最终实施攻击。

该部分实验按照网络攻击的主要流程进行，并在实验中提供相应的防护措施。

10.1 采集信息——扫描实践

入侵者一般首先通过网络扫描技术进行网络信息采集，获取网络拓扑结构，发现网络漏洞，探查主机基本情况和端口开放程度，为实施攻击提供必要的信息。网络信息采集有多种途径，既可以使用诸如 ping、whois 等网络测试命令实现，也可以通过漏洞扫描、端口扫描和网络窃听工具实现。

10.1.1 端口扫描实践分析

实验目的：

(1)掌握端口扫描技术原理。

(2)熟悉各种常用服务监听端口号。

(3)掌握典型的端口扫描工具。

实验原理：

端口扫描就是通过连接到目标系统的 TCP 或 UDP 端口，来确定什么服务正在运行。一个端口就是一个潜在的通信通道，也就是一个入侵通道。从对黑客攻击行为的分析和收集的漏洞来看，绝大多数都是针对某一个网络服务，也就是针对某一个特定的端口的。对目标计算机进行端口扫描，能得到许多有用的信息。

1)全 TCP 连接

这是最基本的 TCP 扫描，实现方法最简单，直接连到目标端口并完成一个完整的 3 次握手过程（SYN、SYN / ACK 和 ACK）。Socket API 提供的 Connect()系统调用，用来与每一个感兴趣的目标计算机的端口进行连接。如果端口处于侦听状态，那么 Connect()就能成功。否则，这个端口是不能用的，即没有提供服务。这个技术的一个最大优点是不需要任何权限，系统中的任何用户都可以使用这个调用。另一个好处就是速度。如果对每个目标端口以线性的方式，使用单独的 Connect()调用，那么将会花费相当长的时间，可以通过同时打开多个套接字，从而加速扫描。这种扫描方法的缺点是很容易被目标系统检测到，并且被过滤掉。目前的系统会对连接进行记录，因此目标计算机的日志文件会显示大量密集的连接和连接出错的消息记录，并且能很快地使它关闭。如：TCP Wrapper 监测程序通常用来进行监测，可以对连接请求进行控制，所以它可以用来阻止来自不明主机的全连接扫描。针对这一缺陷，便产生了 TCP SYN 扫描，也就是通常说的半开放扫描。

2）TCP SYN 扫描

在这种技术中，扫描主机向目标主机的选择端口发送 SYN 数据段。如果应答是 RST，那么说明端口是关闭的，按照设定就侦听其他端口；如果应答中包含 SYN 和 ACK，说明目标端口处于侦听状态。由于在 SYN 扫描时，全连接尚未建立，所以这种技术通常被称为半打开扫描。SYN 扫描的优点在于即使日志中对扫描有所记录，但是尝试进行连接的记录也要比全扫描少得多。缺点是在大部分操作系统下，发送主机需要构造适用于这种扫描的 IP 包，并且在通常情况下必须有超级用户权限才能建立自己的 SYN 数据包。

3）TCP FIN 扫描

对某端口发送一个 TCP FIN 数据报给远端主机，如果主机没有任何反馈，那么这个主机是存在的，而且正在侦听这个端口；主机反馈一个 TCP RST 回来，那么说明该主机是存在的，但是没有侦听这个端口。由于这种技术不包含标准的 TCP 3 次握手协议的任何部分，所以无法被记录下来，从而比 SYN 扫描隐蔽得多，也称作秘密扫描。另外，FIN 数据包能够通过只监测 SYN 包的包过滤器。

这种扫描技术使用 FIN 数据包来侦听端口。当一个 FIN 数据包到达一个关闭的端口时，数据包会被丢掉，并且会返回一个 RST 数据包。否则，当一个 FIN 数据包到达一个打开的端口时，数据包只是简单地丢掉（不返回 RST）。这种方法和系统实现有一定的关系，有的系统不管端口是否打开，都回复 RST，如 Windows、CISCO。这种技术通常适用于 UNIX 目标主机。与 SYN 扫描类似，FIN 扫描也需要自己构造 IP 包。但是，也可以利用这个特点进行操作系统的探测。例如，如果使用 SYN 扫描发现有端口开放（回复了 SYN/ACK），而使用 FIN 扫描发现所有端口关闭的话（按照 FIN 方法，恢复 RST 表示端口关闭，但 Windows 全部回复 RST），则操作系统很可能是 Windows 系统。

但现在半开放扫描已经不是一种秘密了，很多防火墙和路由器都有了相应的防护措施。这些防火墙和路由器会对一些制定的端口进行监视，将对这些端口的连接请求全部进行记录，这样，即使是使用半开放扫描仍然会被防火墙或路由器记录到日志中。有些 IDS 也可以检测到这样的扫描。

4）TCP Xmas（圣诞树扫描）和 TCP Null（空扫描）

这两种扫描方式是 TCP FIN 扫描的变种，Xmas 扫描打开 FIN、URG、PUSH 标记，而 Null 扫描关闭所有标记。这些组合的目的是通过对 FIN 包的过滤。当一个这种数据包达到一个关闭的端口时，数据包会被丢掉并且返回一个 RST 数据包。如果是打开的端口则只丢掉数据包不返回 RST 包。这种方式的缺点与上面的类似，都是需要自己构造数据包，只适用于 UNIX 主机。

5）UDP ICMP 端口不可达扫描

由于 UDP 协议很简单，所以扫描变得相对比较困难。这是由于打开的端口对扫描探测并不发送一个确认，关闭的端口也并不需要发送一个错误数据包。幸运的是，许多主机在你向一个未打开的 UDP 端口发送一个数据包时，会返回一个 ICMP_PORT_UNREACH 错误。这样你就能发现哪个端口是关闭的。由于 UDP 协议是面向无连接的协议，这种扫描技术的精确性高度依赖于网络性能和系统资源。另外，如果目标主机采用了大量的分组过滤技术，那么

UDP 扫描过程会变得非常慢。比如大部分系统都采用了 RFC1812 的建议，限定了 ICMP 差错分组的速率，比如 Linux 系统中只允许 4 秒最多发送 80 个目的地不可达消息，而 Solaris 每秒只允许发送两个不可到达消息。然而微软仍保留了它一贯的做法，忽略了 RFC1812 的建议，没有对速率进行任何限制，因此，能在很短的时间内扫完 Windows 机器上所有 64K 的 UDP 端口。说到这里，大家都应该心里有数，在什么情况下可以有效地使用 UDP 扫描，而不是一味去埋怨扫描器的速度慢了。UDP 和 ICMP 错误都不保证能到达，因此这种扫描器必须还实现在一个包看上去是丢失的时候能重新传输。同样，这种扫描方法需要具有 root 权限。

实验环境：

本地主机(Windows XP)、Windows 实验台。

实验内容：

- TCP Connect()扫描
- TCP SYN 扫描
- FIN 数据包扫描、Xmas 扫描、空扫描
- UDP 扫描
- ACK 扫描

实验步骤：

本机 IP 地址为 172.20.1.178/16，Windows 实验台 IP 地址为 172.20.3.178/16(在实验中应根据具体实验环境进行实验)，实验工具 WinNmap 在实验工具箱中可下载。

不带任何命令行参数运行 nmap，显示命令语法，如图 10.1 所示。

图 10.1　不带任何命令行参数运行 nmap

扫描类型主要有以下几种。

- -sT 扫描 TCP 数据包以建立的连接 Connect()。
- -sS 扫描 TCP 数据包带有 SYN 数据的标记。
- -sP 以 ping 方式进行扫描。
- -sU   以 UDP 数据包格式进行扫描。
- -sF,-sX,-sN   以 Fin、Xmas、Null 方式扫描。

nmap 扫描试验中，由于扫描工具的本身的局限性不能在物理网卡上设置多个 IP 地址，请确保单 IP 环境，如图 10.2 所示。

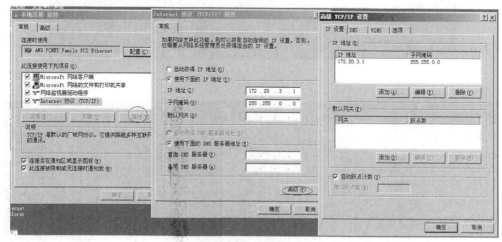

图 10.2　扫描实验设置

- nmap -sP 172.20.3.178

Nmap 给每个扫描到的主机发送一个 ICMP echo 和一个 ACK，主机对任何一种响应都会被 Nmap 得到。可用来检测局域网内有哪些主机正在运行。

运行结果分析：在局域网内有哪些机器正在运行，而且可以显示机器的 MAC 以及机器的品牌，如图 10.3 所示。

```
D:\测试环境需求\WinNmap-1.0hhh>nmap -sP 172.20.3.178

Starting Nmap 3.95 ( http://www.insecure.org/nmap ) at 2008-10-21 10:58 中国标准时间
Host 192.168.100.1 appears to be up.
MAC Address: 00:0C:29:AE:33:F6 (VMware)
Nmap finished: 1 IP address (1 host up) scanned in 0.500 seconds
```

图 10.3　-sP 参数

- nmap -sT 172.20.3.178

Nmap 将使用 Connect() 系统调用打开目标机上相关端口的连接，并完成 3 次 TCP 握手，如图 10.4 所示。

- nmap -sS 172.20.3.178

使用半开 SYN 标记扫描，在一定程度上可以防止被扫描目标主机识别和记录。-sS 命令将发送一个 SYN 扫描探测主机或网络。通过发送一个 SYN 包(是 TCP 协议中的第一个包)开始一次 SYN 的扫描。任何开放的端口都将有一个 SYN|ACK 响应。然而，攻击者发送一个 RST 替代 ACK，连接中止。3 次握手得不到实现，也就很少有站点能记录这样的探测。如果是关闭的端口，对最初的 SYN 信号的响应也会是 RST，让 Nmap 知道该端口不在监听，如图 10.5 所示。

```
C:\Tools\WinNmap>nmap  -sT 172.20.3.178

Starting Nmap 3.95 ( http://www.insecure.org/nmap ) at 2010-08-12 14:53 中国标准
时间
Failed to resolve given hostname/IP:  -sT.  Note that you can't use '/mask' AND
'[1-4,7,100-]' style IP ranges
Interesting ports on 172.20.3.178:
(The 1661 ports scanned but not shown below are in state: closed)
PORT     STATE SERVICE
21/tcp   open  ftp
23/tcp   open  telnet
53/tcp   open  domain
80/tcp   open  http
135/tcp  open  msrpc
139/tcp  open  netbios-ssn
445/tcp  open  microsoft-ds
1025/tcp open  NFS-or-IIS
1029/tcp open  ms-lsa
MAC Address: 08:00:27:E0:9D:B8 (Cadmus Computer Systems)

Nmap finished: 1 IP address (1 host up) scanned in 4.563 seconds
```

图 10.4　-sT 参数

```
D:\测试环境需求\WinNmap-1.0hhb>nmap -sS  172.20.3.178

Starting Nmap 3.95 ( http://www.insecure.org/nmap ) at 2008-10-21 10:42 中国标准时间
Interesting ports on 192.168.100.1:
(The 1661 ports scanned but not shown below are in state: closed)
PORT     STATE SERVICE
53/tcp   open  domain
80/tcp   open  http
135/tcp  open  msrpc
139/tcp  open  netbios-ssn
445/tcp  open  microsoft-ds
1025/tcp open  NFS-or-IIS
1029/tcp open  ms-lsa
1433/tcp open  ms-sql-s
3306/tcp open  mysql
MAC Address: 00:0C:29:AE:33:F6 (VMware)

Nmap finished: 1 IP address (1 host up) scanned in 2.000 seconds
```

图 10.5　-sS 参数

• nmap -sS -O 172.20.3.178

利用不同的系统对于 nmap 不同类型探测信号的不同响应来辨别系统，如图 10.6 所示。

```
D:\测试环境需求\WinNmap-1.0hhb>nmap -sS -O 172.20.3.178

Starting Nmap 3.95 ( http://www.insecure.org/nmap ) at 2008-10-21 10:44 中国标准时间
Interesting ports on 192.168.100.1:
(The 1661 ports scanned but not shown below are in state: closed)
PORT     STATE SERVICE
53/tcp   open  domain
80/tcp   open  http
135/tcp  open  msrpc
139/tcp  open  netbios-ssn
445/tcp  open  microsoft-ds
1025/tcp open  NFS-or-IIS
1029/tcp open  ms-lsa
1433/tcp open  ms-sql-s
3306/tcp open  mysql
MAC Address: 00:0C:29:AE:33:F6 (VMware)
Device type: general purpose
Running: Microsoft Windows NT/2K/XP|2003/.NET
OS details: Microsoft Windows 2003 Server, 2003 Server SP1 or XP Pro SP2

Nmap finished: 1 IP address (1 host up) scanned in 2.875 seconds
```

图 10.6　-sS -O 参数

• nmap -sS -P0 -D 172.20.1.178 172.20.3.178

伪造多个攻击主机同时发送对目标网络的探测和端口扫描，这种方式使得 IDS 告警和记录系统失效，如图 10.7 所示。

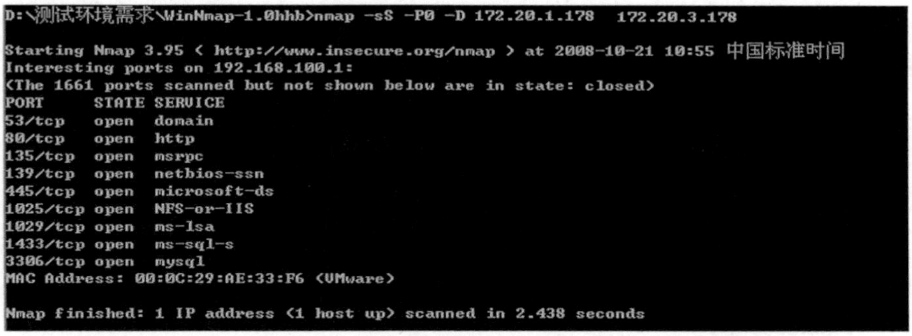

```
D:\测试环境需求\WinNmap-1.0hhb>nmap -sS -P0 -D 172.20.1.178  172.20.3.178

Starting Nmap 3.95 ( http://www.insecure.org/nmap ) at 2008-10-21 10:55 中国标准时间
Interesting ports on 192.168.100.1:
(The 1661 ports scanned but not shown below are in state: closed)
PORT      STATE SERVICE
53/tcp    open  domain
80/tcp    open  http
135/tcp   open  msrpc
139/tcp   open  netbios-ssn
445/tcp   open  microsoft-ds
1025/tcp open  NFS-or-IIS
1029/tcp open  ms-lsa
1433/tcp open  ms-sql-s
3306/tcp open  mysql
MAC Address: 00:0C:29:AE:33:F6 (VMware)

Nmap finished: 1 IP address (1 host up) scanned in 2.438 seconds
```

图 10.7　-sS -P0 -D 参数

实验思考：

提交采用两种 TCP 扫描方式的实验结果(截图)，并对报告中主机开放端口提供的服务进行简要描述。

10.1.2　综合扫描实践

实验目的：

(1)掌握漏洞扫描技术原理。

(2)了解常见的系统漏洞及防范方法。

(3)掌握典型的综合扫描工具。

实验原理：

漏洞扫描程序对于每个漏洞都有自己的探测程序，并以插件形式来调用，用户可以根据需要扫描的漏洞来调度相应的探测程序。探测程序的来源有两种：首先是提炼漏洞的特征码构造发送数据包；其次是直接采用一些安全站点公布的漏洞试探程序。其本质就是模拟黑客的入侵过程，但是在程度上加以限制，以防止侵害到目标主机。可以看出，要恰到好处地控制探测程度是非常关键并具有较大难度的。因为程度太浅就无法保证探测的准确性，程度太深就会变成黑客入侵工具。有效的探测程序不仅取决于漏洞特征码的提炼是否精确，而且受漏洞本身特性的影响。例如对缓冲区溢出漏洞的探测，黑客的攻击通常是发送精心构造的一串字符串到目标主机没有加以边界判别的缓冲区，作为探测程序，为了模拟这个过程，我们可以同样发送一串很长但没有任何意义的字符串，查看目标主机有没有报错应答。如果有报错应答，说明对该缓冲区的边界长度的越界做出了判断；但是如果没有回应，作为探测程序无法再继续发送精心构造的字符串来查看对方的应答，因为这样可能导致入侵的发生。其后的处理方式一种是认定对方存在这种漏洞，另一种是交给用户去判断，因为可能尽管目标主机没有报错，但是实际上已经进行了处理。

漏洞扫描的优点是非常明显的：首先它从每个漏洞的个体特征出发，尽可能地模拟入侵和细化探测的标准，从一定程度上提高了探测的准确性；其次，它能够保证扫描的全面性，例如如果对方的网络服务程序并没有运行在默认的端口(例如 Web 服务器的端口可以是除 80 和 8080 以外的端口)，该类型的漏洞扫描器不会忽略这个故意的“细节”，仍然会对其进行探测，因为只要是所选取的漏洞扫描插件，都会被执行一遍。

实验环境：

本地主机(Windows XP)、Windows 实验台

实验内容：

利用 X-Scan 工具进行以下实验。

(1)漏洞扫描：IPC、RPC、POP3、FTP、TELNET、Web。

(2)暴力破解：FTP、POP3、HTTP。

实验步骤：

本机 IP 地址为 192.168.1.46/24，Windows 实验台 IP 地址为 192.168.1.146/24(在实验中应根据具体实验环境进行实验)，实验工具 X-Scan 在实验工具箱中可下载。

1)设置 X-Scan 参数

(1)在本机打开运行界面进行设置，单击菜单栏"设置"中的"参数设置"，进入参数设置界面，如图 10.8、图 10.9 所示。

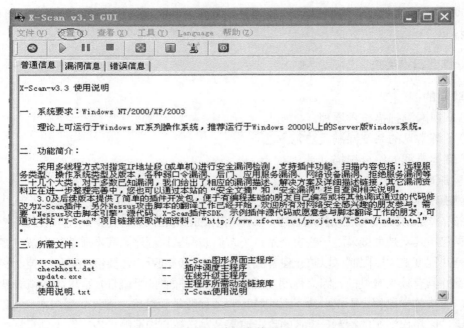

图 10.8　选择参数设置

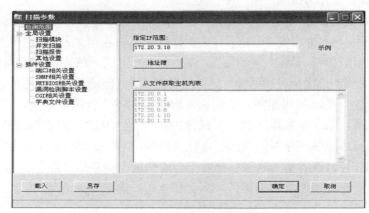

图 10.9　进入参数设置界面

(2)单击"载入"按钮可载入预先设置好的参数文件，"另存"按钮可将当前设置好的各个参数信息保存至一个文件内，以便下次应用时直接进行读取。"地址簿"按钮可将预先添加好的各个地址直接加入到 IP 地址内，如图 10.10 所示。

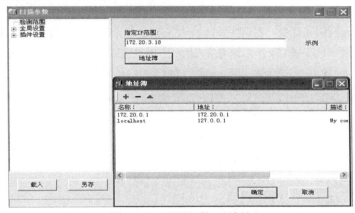

图 10.10　预置好的 IP 地址

　　(3)选择"从文件获取主机列表"可读取多台主机 IP 地址，并对多台主机同时实施操作，如图 10.11 和图 10.12 所示。

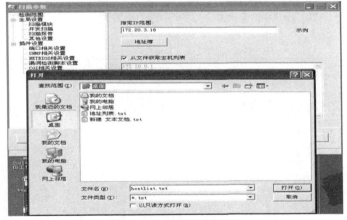

图 10.11　读取地址列表

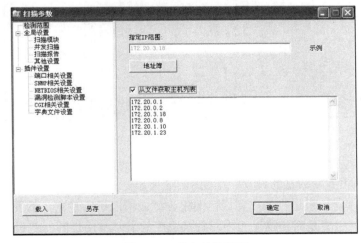

图 10.12　载入地址列表

2) 全局设置

此模块包含所有全局性扫描选项。

(1) 扫描模块：主要包含一些服务和协议弱口令等信息的扫描，根据字典探测主机各种服务的开启情况及相应的弱口令，对应到每一项都有相应的说明，如图 10.13 所示的"远程操作系统"。注：如选择"FTP 弱口令"选项的话，为保证扫描结果，应先在虚拟机中从 ftp 站点的"属性"窗口中设置其"安全账户"选项，如图 10.14 所示。

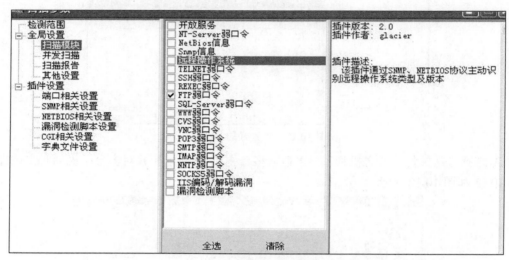

图 10.13　扫描模块

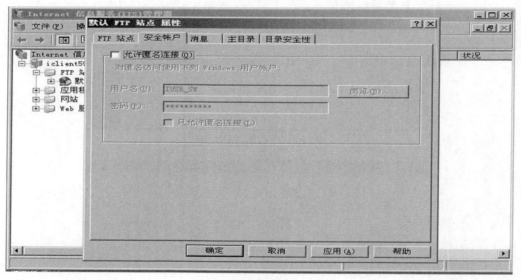

图 10.14　属性窗口

(2) 并发扫描：主要是对扫描的并发数量进行设置，包括最大并发主机数量、最大并发线程数量和各插件最大并发数量的设置，如图 10.15 所示。

(3) 扫描报告：对主机进行扫描完成后的报告生成情况进行设定，如图 10.16 所示。

(4) 其他设置：主要是对扫描过程中对扫描进度的显示和附加的一些设置，可根据教学需要进行设置，如图 10.17 所示。

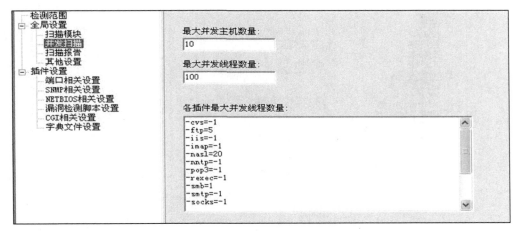

图 10.15　并发扫描设置

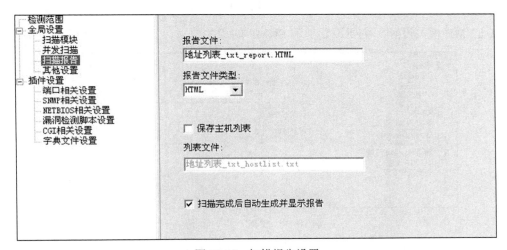

图 10.16　扫描报告设置

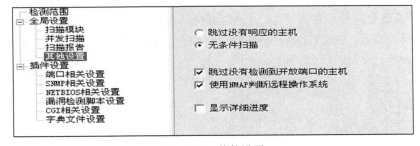

图 10.17　其他设置

3)插件设置

此模块包含各扫描插件的相关设置。

(1)端口相关设置：主要设置想要扫描的各个端口、检测方式和预设的各个服务协议的端口等内容，如图 10.18 所示。

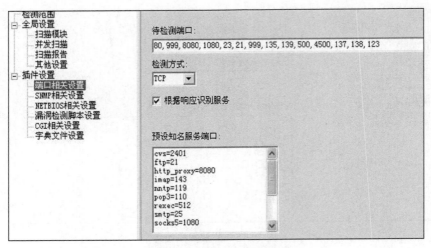

图 10.18　端口相关设置

（2）SNMP 相关设置：主要设置检测 SNMP 的相关信息，如图 10.19 所示。

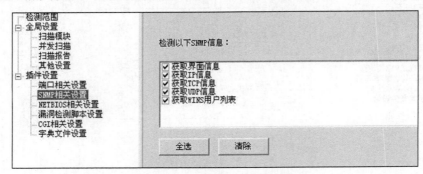

图 10.19　SNMP 相关设置

（3）NETBIOS 相关设置：主要设置检测 NETBIOS 的相关信息，如图 10.20 所示。

（4）漏洞检测脚本设置：主要是针对于各个漏洞编写的检测脚本进行筛选，选择需要利用的脚本。为方便起见一般设置为"全选"，也可格局自己需要选择，如图 10.21 所示。

（5）CGI 相关设置：对 CGI 的一些参数进行设置，如图 10.22 所示。

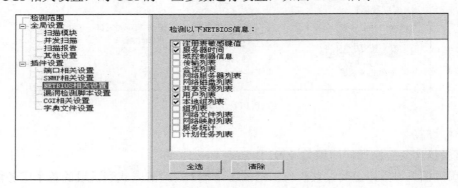

图 10.20　NETBIOS 相关设置

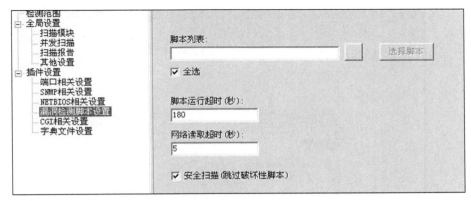

图 10.21　漏洞检测脚本设置

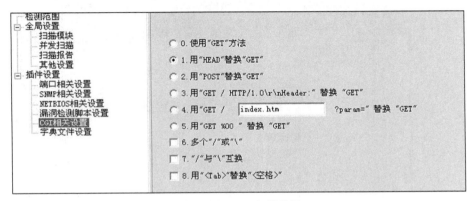

图 10.22　CGI 相关设置

(6)字典文件设置：主要是对扫描过程中所需要用到的字典进行选取，也可自己手动进行添加数据字典，如图 10.23 所示。

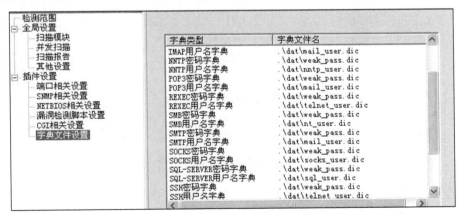

图 10.23　字典文件设置

4)进行扫描

(1)设置完成后单击绿色按钮或菜单中"文件"→"开始扫描"，进行探测扫描，此扫描的速度与网络环境情况和本机配置等有关，不尽相同，如图 10.24、图 10.25 所示。

图 10.24　扫描一

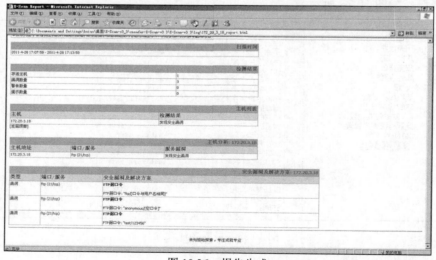

图 10.25　扫描二

(2)报告生成：扫描完成后，会根据报告设置中"自动生成报告项"生成报告，如图 10.26 所示。

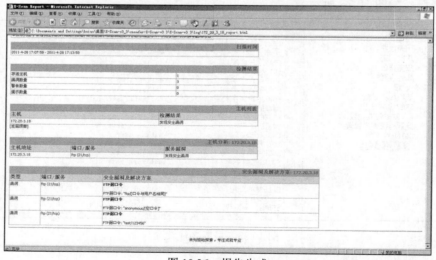

图 10.26　报告生成

(3)根据探测扫描报告取得的信息进行漏洞测试：检测到 FTP 弱口令漏洞，如图 10.27 所示。

		主机分析: 172.20.3.18
主机地址	端口/服务	服务漏洞
172.20.3.18	ftp (21/tcp)	发现安全漏洞

		安全漏洞及解决方案: 172.20.3.18
类型	端口/服务	安全漏洞及解决方案
漏洞	ftp (21/tcp)	**FTP弱口令**
		FTP弱口令: "ftp/[口令与用户名相同]"
漏洞	ftp (21/tcp)	**FTP弱口令**
		FTP弱口令: "anonymous/[空口令]"
漏洞	ftp (21/tcp)	**FTP弱口令**
		FTP弱口令: "test/123456"

图 10.27　检测到漏洞

(4) 进行漏洞攻击测试，如图 10.28 所示。

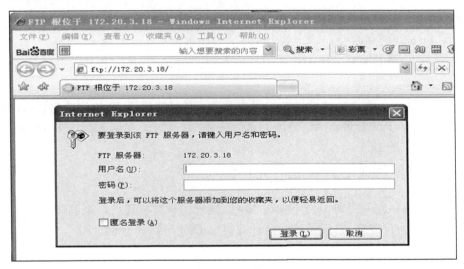

图 10.28　攻击测试

实验思考：

(1) 自己设计一些安全漏洞并用 X-Scan 进行漏洞抓取测试。

(2) 怎样设置能够扫描出更多的漏洞？

(3) 远程主机怎样设置才能防止漏洞发生？

10.2　采集信息——数据嗅探实践

网络窃听是指截获和复制系统、服务器、路由器防火墙等设备中所有的网络通信信息，不仅可以用于安全监控，也是攻击者用来截获网络信息的重要方式。用于网络窃听的数据嗅探器可以被安装在网络的任何地方，并很难被发现。通过将网卡设置成混杂模式，就可以探听和记录下同一网段上的所有数据包。攻击者会从众多数据包中提取他们感兴趣的特定信息，如登录名、口令等。

目前流行的网络窃听工具不仅能够获得网络数据，而且能够解释数据、重新建立被窃听主机的原始回话，甚至尝试对加密数据进行解密和解释。

10.2.1 ARP 欺骗

实验目的：

加深对 ARP 高速缓存的理解。

了解 ARP 欺骗在网络攻击中的应用。

实验原理：

ARP 欺骗是黑客常用的攻击手段之一。ARP 欺骗分为两种，一种是对路由器 ARP 表的欺骗；另一种是对内网 PC 的网关欺骗。

第一种 ARP 欺骗的原理是——截获网关数据。它通知路由器一系列错误的内网 MAC 地址，并按照一定的频率不断进行，使真实的地址信息无法通过更新保存在路由器中，结果路由器的所有数据只能发送给错误的 MAC 地址，造成正常 PC 无法收到信息。

第二种 ARP 欺骗的原理是——伪造网关。它的原理是建立假网关，让被它欺骗的 PC 向假网关发数据，而不是通过正常的路由器途径上网。在 PC 看来，就是上不了网了，"网络掉线了"。

ARP 表是 IP 地址和 MAC 地址的映射关系表，任何实现了 IP 协议栈的设备，一般情况下都通过该表维护 IP 地址和 MAC 地址的对应关系，这是为了避免 ARP 解析而造成的广播数据报文对网络造成冲击。

ARP 表的建立一般情况下是通过两个途径。

1）主动解析

如果一台计算机想与另外一台不知道 MAC 地址的计算机通信，则该计算机主动发 ARP 请求，通过 ARP 协议建立（前提是这两台计算机位于同一个 IP 子网上）。

2）被动请求

如果一台计算机接收到了一台计算机的 ARP 请求，则首先在本地建立请求计算机的 IP 地址和 MAC 地址的对应表。

因此，针对 ARP 表项，一个可能的攻击就是误导计算机建立正确的 ARP 表。根据 ARP 协议，如果一台计算机接收到了一个 ARP 请求报文，在满足下列两个条件的情况下，该计算机会用 ARP 请求报文中的源 IP 地址和源物理地址更新自己的 ARP 缓存。

（1）如果发起该 ARP 请求的 IP 地址在自己本地的 ARP 缓存中。

（2）请求的目标 IP 地址不是自己的。

可以举一个例子说明这个过程：假设有 3 台计算机 A、B、C，其中 B 已经正确建立了 A 和 C 计算机的 ARP 表项。假设 A 是攻击者，此时，A 发出一个 ARP 请求报文，该 ARP 请求报文这样构造：

（1）源 IP 地址是 C 的 IP 地址，源物理地址是 A 的 MAC 地址；

（2）请求的目标 IP 地址是 B 的 IP 地址。

这样计算机 B 在收到这个 ARP 请求报文后（ARP 请求是广播报文，网络上所有设备都能收到），发现 B 的 ARP 表项已经在自己的缓存中，但 MAC 地址与收到的请求的源物理地址不符，于是根据 ARP 协议，使用 ARP 请求的源物理地址（即 A 的 MAC 地址）更新自己的 ARP 表。

这样，B 的 ARP 缓存中就存在这样的错误 ARP 表项：C 的 IP 地址跟 A 的 MAC 地址对应。这样的结果是，B 发给 C 的数据都被计算机 A 接收到。

实验环境：

需要使用协议编辑软件进行数据包编辑并发送；IP 地址分配参考下表，此实验环境需要根据自己的真实环境来配置。

设备	IP 地址	MAC 地址后缀
GW	172.20.0.1 /16	00-22-46-07-d4-b8
HostA	172.20.0.3/16	00-22-46-04-60-ac
HostB	172.20.1.178/16	00-24-81-36-00-E8

设备连接如图 10.29 所示。

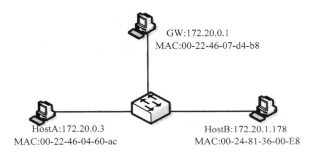

GW:172.20.0.1
MAC:00-22-46-07-d4-b8

HostA:172.20.0.3
MAC:00-22-46-04-60-ac

HostB:172.20.1.178
MAC:00-24-81-36-00-E8

图 10.29 设备连接

实验内容：

(1) 搭建网络实现 ARP 地址欺骗过程。

(2) 防范 ARP 地址欺骗。

实验步骤：

1) 设定环境(在实验中应根据具体实验环境进行实验)

(1) 根据环境拓扑图设定网络环境，并测试连通性。

(2) 需要使用协议编辑软件进行数据包编辑并发送。

2) 主机欺骗

(1) 启动 Windows 实验台，ping 网关。

(2) 在 HostB IP 为 172.20.1.178 的主机上使用 arp –a 命令查看网关的 ARP 的列表，如图 10.30 所示。

```
C:\Documents and Settings\Administrator>arp -a

Interface: 172.20.1.178 --- 0x2
  Internet Address      Physical Address      Type
  172.20.0.1            00-22-46-07-d4-b8     dynamic
  172.20.0.3            00-22-46-04-60-ac     dynamic
```

图 10.30 ARP 列表

通过上面命令可以看到，真实网关的 MAC 地址为 00-22-46-07-d4-b8，可以通过发送 ARP 数据包改变客户机的 ARP 列表，将网关的 MAC 地址改变 00-22-46-04-60-ac。

(3)从工具箱中下载工具，编辑 ARP 数据包，模拟网关路由器发送 ARP 更新信息，改变主机 IP 为 172.20.1.178 的主机的 ARP 列表。首先打开协议编辑软件(需要先安装 Wireshark 工具)，单击菜单栏"添加"按钮，如图 10.31 所示。

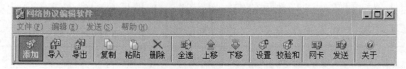

图 10.31　网络协议编辑

(4)添加一个"ARP 协议模板"，将时间差设置为 3 毫秒，单击"确认"按钮，如图 10.32 所示。

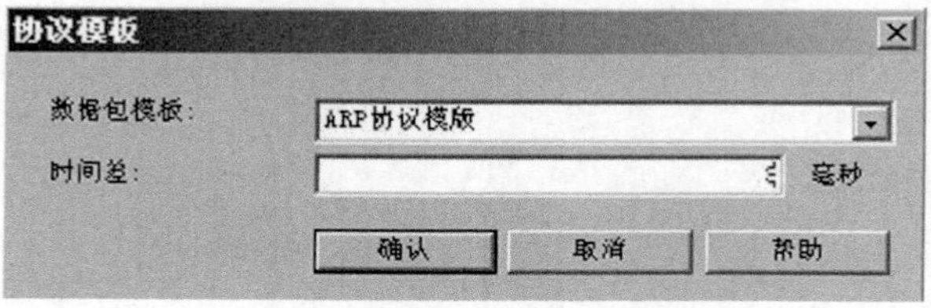

图 10.32　添加 ARP 模板

(5)修改协议模板的每个值。

Ethernet II 封装：

目标物理地址　FF-FF-FF-FF-FF-FF

源物理地址　00-24-81-36-00-E8

类型　0806

ARP 封装：

硬件类型　1

协议类型　800

硬件地址长度　6

协议地址长度　4

操作码　1

发送物理地址　00-22-46-04-60-AC

发送 IP 地址　172.20.0.1

目的物理地址　00-24-81-36-00-E8

目的 IP 地址　172.20.1.178

(6)编辑完成并经过校验的数据包，如图 10.33 所示。

(7)编辑并校验完成后，单击"开始"按钮，如图 10.34 所示。

(8)在 HostB 上使用命令 arp‐a 命令来查看 arp 表项，如图 10.35 所示。

此时，所有向外发送的数据包，都会被转发到攻击者的主机上，从而获得敏感信息。

用命令 arp–d 命令来清空 IP，以便后续实验的进行，如图 10.36 所示。

实验思考：

(1)如何防止 ARP 欺骗？

(2)如果受到了 ARP 欺骗，如何破解这种欺骗并保持正常网络环境？

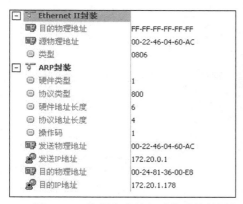

图 10.33　编辑完成并经过校验的数据包

图 10.34　开始发送

图 10.35　ARP 缓存表

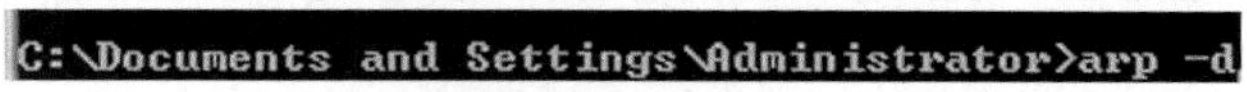

```
C:\Documents and Settings\Administrator>arp -d
```

图 10.36　清空 IP

10.2.2　FTP 连接与密码明文抓取

实验目的：

(1)掌握数据嗅探的原理。

(2)了解协议封装的过程。

(3)掌握典型的嗅探工具的使用。

实验原理：

FTP 协议在网络传输中采取明文的形式传输用户名和密码。攻击者利用该特性就可获得被攻击者的敏感信息，并进行进一步的攻击。

实验环境：

本地主机(Windows XP)、Windows 实验台。

实验内容：

(1)TCP、UDP 协议解析(端口、各标志字段、固定首部长度)。

(2)IP 协议解析(源、目的网络地址、各标志字段、分片标识、固定首部长度)。

(3)Ethernet 帧结构解析(源、目的 MAC 地址、帧长)。

(4)利用 FTP 明文传输特性，捕获用户名/密码对。

实验步骤：

本机 IP 地址为 172.20.1.178/16，Windows 实验台作为 FTP 服务器，IP 地址为172.20.3.178/16。在实验中应根据具体实验环境进行实验。

1)设置抓包参数

(1)运行 Wireshark，界面如图 10.37 所示。

(2)在 Capture 菜单项中设置抓包的相关参数，如图 10.38 所示。

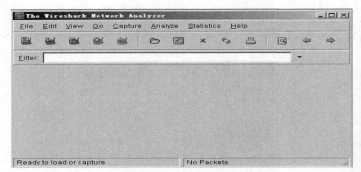

图 10.37　运行 Wireshark　　　　　　　　　　图 10.38　Capture 菜单项

(3)选择 Interfaces...选项，对话框显示可操作的网络适配器，如图 10.39 所示。

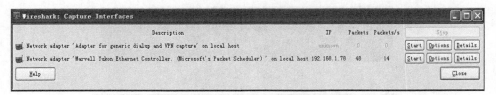

图 10.39　可操作的网络适配器

(4)通过 Options 选项，设置如抓包模式、过滤器、数据包限制字节、存档文件模式、停止规则、名字解析等参数，如图 10.40 所示。

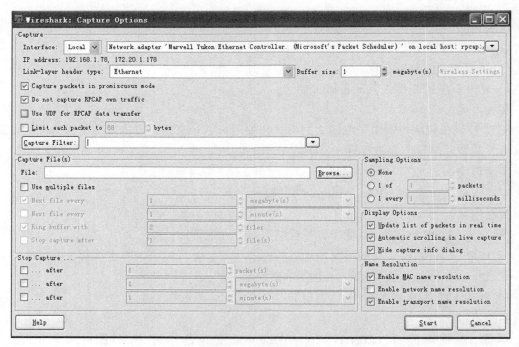

图 10.40　Options 选项

设置完毕，即可开始捕获网络数据包。

2)捕获 FTP 数据包，嗅探密码

(1)本步骤使用 LeapFTP，学生可自行使用其他 FTP 连接工具进行实验。软件访问

Windows 实验台 FTP 站点。四层网络结构，每层都有不同的功能，由不同的协议组成，如图 10.41 所示。

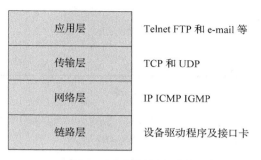

图 10.41　四层网络结构

(2) EthernetII 的帧结构为：目的 MAC 地址+源 MAC 地址+上层协议类型+数据字段+校验。如图 10.42 所示为 Wireshark 显示的协议解析，利用树形结构表示出来。

```
⊞ Frame 9971 (81 bytes on wire, 81 bytes captured)
⊞ Ethernet II, Src: CadmusCo_e0:9d:b8 (08:00:27:e0:9d:b8), Dst: 00:24:81:36:00:e8 (00:24:81:36:00:e8)
⊞ Internet Protocol, Src: 172.20.3.178 (172.20.3.178), Dst: 172.20.1.178 (172.20.1.178)
⊞ Transmission Control Protocol, Src Port: ftp (21), Dst Port: dlsrpn (2065), Seq: 1, Ack: 1, Len: 27
⊞ File Transfer Protocol (FTP)
```

图 10.42　EthernetII 的帧结构

·第 1 行为 Wireshark 添加、该帧的相关统计信息。包括捕获时间、编号、帧长度、帧中所含有的协议等。细节如图 10.43 所示。

```
⊟ Frame 9971 (81 bytes on wire, 81 bytes captured)
    Arrival Time: Aug 12, 2010 20:44:14.650432000
    [Time delta from previous captured frame: 0.000323000 seconds]
    [Time delta from previous displayed frame: 52.445264000 seconds]
    [Time since reference or first frame: 52.445264000 seconds]
    Frame Number: 9971
    Frame Length: 81 bytes
    Capture Length: 81 bytes
    [Frame is marked: False]
    [Protocols in frame: eth:ip:tcp:ftp]
    [Coloring Rule Name: TCP]
    [Coloring Rule String: tcp]
```

图 10.43　第 1 行

·第 2 行为链路层信息，包括目的 MAC 地址、源 MAC 地址、上层协议类型，如图 10.44 所示。

```
⊟ Ethernet II, Src: CadmusCo_e0:9d:b8 (08:00:27:e0:9d:b8), Dst: 00:24:81:36:00:e8 (00:24:81:36:00:e8)
  ⊞ Destination: 00:24:81:36:00:e8 (00:24:81:36:00:e8)
  ⊞ Source: CadmusCo_e0:9d:b8 (08:00:27:e0:9d:b8)
    Type: IP (0x0800)
```

图 10.44　第 2 行

·第 3 行为网络层信息，如此处为 IP 协议。细节包括版本、头部长度、总长度、标志位、源/目的 IP 地址、上层协议等，如图 10.45 所示。

```
⊟ Internet Protocol, Src: 172.20.3.178 (172.20.3.178), Dst: 172.20.1.178 (172.20.1.178)
    Version: 4
    Header length: 20 bytes
  ⊞ Differentiated Services Field: 0x00 (DSCP 0x00: Default; ECN: 0x00)
    Total Length: 67
    Identification: 0x23fe (9214)
  ⊞ Flags: 0x04 (Don't Fragment)
    Fragment offset: 0
    Time to live: 128
    Protocol: TCP (0x06)
  ⊞ Header checksum: 0x792a [correct]
    Source: 172.20.3.178 (172.20.3.178)
    Destination: 172.20.1.178 (172.20.1.178)
```

图 10.45　第 3 行

·第 4 行为传输层信息，包括源/目的端口、序列号、期望的下个序列号、确认号、头部长度、标志位、窗口长度、校验和等，如图 10.46 所示。

```
⊟ Transmission Control Protocol, Src Port: ftp (21), Dst Port: dlsrpn (2065), Seq: 1, Ack: 1, Len: 27
    Source port: ftp (21)
    Destination port: dlsrpn (2065)
    [Stream index: 562]
    Sequence number: 1     (relative sequence number)
    [Next sequence number: 28     (relative sequence number)]
    Acknowledgement number: 1     (relative ack number)
    Header length: 20 bytes
  ⊞ Flags: 0x18 (PSH, ACK)
    Window size: 64240
  ⊞ Checksum: 0xf3d8 [validation disabled]
  ⊞ [SEQ/ACK analysis]
```

图 10.46　第 4 行

·第 5 行为应用层信息，内容由具体的应用层协议决定，此处为 FTP 协议，显示的是响应内容，如图 10.47 所示。

```
⊟ File Transfer Protocol (FTP)
  ⊟ 220 Microsoft FTP Service\r\n
      Response code: Service ready for new user (220)
      Response arg: Microsoft FTP Service
```

图 10.47　第 5 行

3) 连接建立

(1) 设置实验台中 ftp 服务器的属性：打开 IIS 管理器，在"默认 FTP 站点"上右击，进入"属性"窗口，选择"安全账户"标签页，去掉"允许匿名连接"项的勾选，如图 10.48 所示。

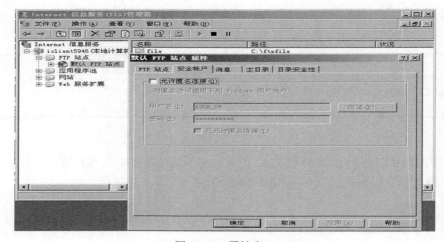

图 10.48　属性窗口

（2）在本主机的 IE 地址栏输入 ftp://172.20.3.178，请求与服务器建立连接；在地址栏输入地址按回车键后，弹出输入用户名、密码输入窗口，正确输入后即可访问，如图 10.49、图 10.50 所示。

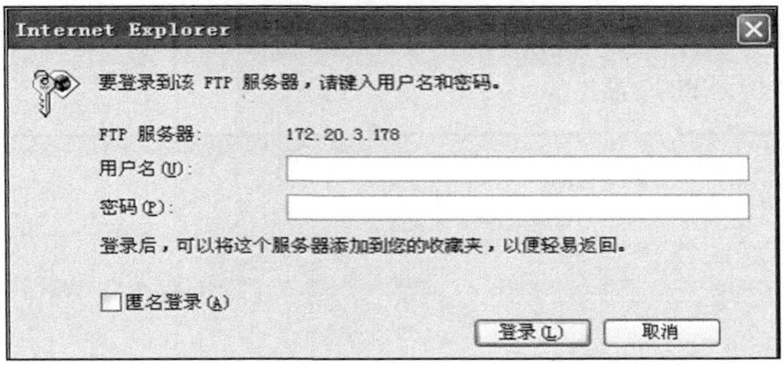

图 10.49　输入用户名和密码

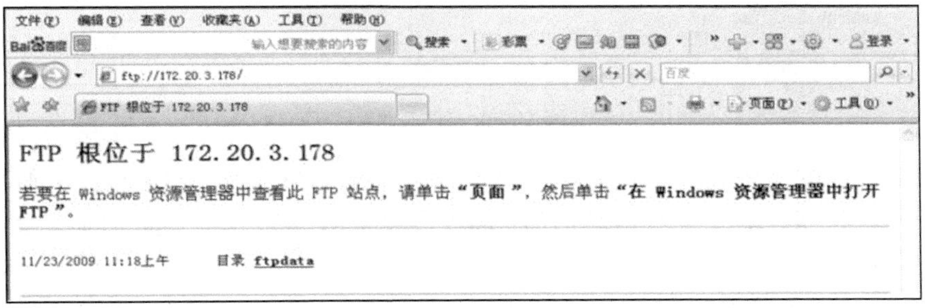

图 10.50　访问 FTP

实验台 ftp 默认登录用户名/密码：administrator/isesuser。此演示截图中的用户名/密码为 user/123，如图 10.51 所示。

图 10.51　连接建立

（3）客户端为 172.20.1.178（本地），目的服务器为 172.20.3.178，发送连接建立请求。条件设置为"TCP"，可观察到如图 10.52 所示的内容（查看第一个数据包的内容）。

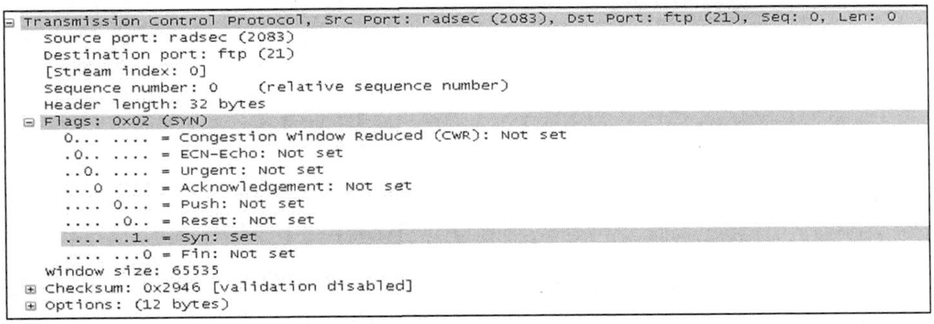

图 10.52　第一个数据包的内容

TCP 标志位仅 SYN 置 1，设置（相对）序列号为 0（此处的序列号并不是真正的数据流字节号，只表示在此次连接过程中的序号），请求与 FTP 服务器建立连接。本地的源端口号为 2083，目的端口号为 21（默认的 FTP 服务端口）。等待确认。

（4）服务器确认请求，如图 10.53 所示。

```
172.20.3.178        172.20.1.178        TCP        ftp > radsec [SYN, ACK] Seq=0 Ack=1 Win=64240 Len=0 MSS=1460 WS=0
```

图 10.53   服务器确认请求

(5)服务器 ftp.172.20.3.178 收到请求数据包后，若同意请求，则向客户端做出确认应答。可以看到如图 10.54 所示的内容。

```
Transmission Control Protocol, Src Port: ftp (21), Dst Port: radsec (2083), Seq: 0, Ack: 1, Len: 0
    Source port: ftp (21)
    Destination port: radsec (2083)
    [Stream index: 0]
    Sequence number: 0    (relative sequence number)
    Acknowledgement number: 1    (relative ack number)
    Header length: 32 bytes
    Flags: 0x12 (SYN, ACK)
        0... .... = Congestion Window Reduced (CWR): Not set
        .0.. .... = ECN-Echo: Not set
        ..0. .... = Urgent: Not set
        ...1 .... = Acknowledgement: Set
        .... 0... = Push: Not set
        .... .0.. = Reset: Not set
        .... ..1. = Syn: Set
        .... ...0 = Fin: Not set
    Window size: 64240
    Checksum: 0x7e70 [validation disabled]
    Options: (12 bytes)
    [SEQ/ACK analysis]
```

图 10.54   确认应答

服务器的响应报文中，ACK、SYN 标志位置 1，序列号为 0(理由同上)，确认号为 1(是请求报文的相对序列号加 1)。相应端口为：源 21，目的 2083。客户端收到确认报文后，通知上层应用进程，连接已经建立。

(6)客户端向服务器确认，如图 10.55 所示。

```
172.20.1.178        172.20.3.178        TCP        radsec > ftp [ACK] Seq=1 Ack=1 Win=256960 Len=0
```

图 10.55   客户端确认

(7)客户端收到服务器的确认后，向服务器给出确认报文。可以看到如图 10.56 所示内容。

```
Transmission Control Protocol, Src Port: radsec (2083), Dst Port: ftp (21), Seq: 1, Ack: 1, Len: 0
    Source port: radsec (2083)
    Destination port: ftp (21)
    [Stream index: 0]
    Sequence number: 1    (relative sequence number)
    Acknowledgement number: 1    (relative ack number)
    Header length: 20 bytes
    Flags: 0x10 (ACK)
        0... .... = Congestion Window Reduced (CWR): Not set
        .0.. .... = ECN-Echo: Not set
        ..0. .... = Urgent: Not set
        ...1 .... = Acknowledgement: Set
        .... 0... = Push: Not set
        .... .0.. = Reset: Not set
        .... ..0. = Syn: Not set
        .... ...0 = Fin: Not set
    Window size: 256960 (scaled)
    Checksum: 0xbf3b [validation disabled]
    [SEQ/ACK analysis]
```

图 10.56   确认报文

客户端的确认报文中，标志位仅 ACK 置 1，相对序列号为 1(请求报文序列号加 1)，确认号为 1(对服务器确认报文相对序列号加 1)。服务器收到客户端的确认报文后，也通知其上层应用进程，连接已经建立。至此，客户端与服务器之间完成了"3 次握手"过程，连接建立。

通过 Wireshark，我们能够了解到数据包中的全部明文信息，而且 Wireshark 还能通过序列号及确认号做出分析，判断该帧属于连接过程中的哪一阶段。

4)数据传输

此部分捕获用户名、密码，为重点内容。

（1）传输建立后，服务器的 FTP 进程做出响应，如图 10.57 所示。

```
172.20.3.178          172.20.1.178          FTP      Response: 220 Microsoft FTP Service
```

图 10.57　FTP 进程做出响应

"220" 表示"服务就绪"。后面为服务器返回的欢迎信息。具体内容如图 10.58 所示。

```
⊟ Transmission Control Protocol, Src Port: ftp (21), Dst Port: radsec (2083), Seq: 1, Ack: 1, Len: 27
    Source port: ftp (21)
    Destination port: radsec (2083)
    [Stream index: 0]
    Sequence number: 1    (relative sequence number)
    [Next sequence number: 28    (relative sequence number)]
    Acknowledgement number: 1    (relative ack number)
    Header length: 20 bytes
  ⊟ Flags: 0x18 (PSH, ACK)
      0... .... = Congestion Window Reduced (CWR): Not set
      .0.. .... = ECN-Echo: Not set
      ..0. .... = Urgent: Not set
      ...1 .... = Acknowledgement: Set
      .... 1... = Push: Set
      .... .0.. = Reset: Not set
      .... ..0. = Syn: Not set
      .... ...0 = Fin: Not set
    Window size: 64240
  ⊞ Checksum: 0x242f [validation disabled]
  ⊞ [SEQ/ACK analysis]
⊟ File Transfer Protocol (FTP)
  ⊟ 220 Microsoft FTP Service\r\n
      Response code: Service ready for new user (220)
      Response arg: Microsoft FTP Service
```

图 10.58　具体内容

　　服务器的响应报文中 ACK、PSH 标志位置 1，PSH 位置 1 表示服务器希望尽快得到客户端的响应。客户端接收到此报文后会尽快将此报文交付应用进程，而不是等到缓存堆满后交付。

　　（2）展开应用层信息分支，我们能看到服务器的响应报文内容。响应码为"220"，响应消息为 Microsoft FTP Service。如图 10.59 所示为响应内容的字节码显示。

```
0000   00 24 81 36 00 e8 08 00   27 e0 9d b8 08 00 45 00   .$.6.... '.....E.
0010   00 43 24 76 40 00 80 06   78 b2 ac 14 03 b2 ac 14   .C$v@... x.....
0020   01 b2 00 15 08 23 b6 7d   f9 58 98 8a 47 82 50 18   .....#.} .X..G.P.
0030   fa f0 24 2f 00 00 32 32   4d 69 63 72 6f 73   ..$/..22 0 Micros
0040   6f 66 74 20 46 54 50 20   53 65 72 76 69 63 65 0d   oft FTP  Service.
0050   0a                                                   .
```

图 10.59　响应内容的字节码显示

（3）客户端收到响应报文后，完成后续操作，如图 10.60 所示。

```
172.20.1.178          172.20.3.178          FTP      Request: USER user
```

图 10.60　客户端收到响应报文

（4）本地 FTP 提示用户输入用户名，报文内容为向服务器发送用户名请求，如图 10.61 所示。

```
⊟ Transmission Control Protocol, Src Port: radsec (2083), Dst Port: ftp (21), Seq: 1, Ack: 28, Len:
    Source port: radsec (2083)
    Destination port: ftp (21)
    [Stream index: 0]
    Sequence number: 1    (relative sequence number)
    [Next sequence number: 12    (relative sequence number)]
    Acknowledgement number: 28    (relative ack number)
    Header length: 20 bytes
  ⊟ Flags: 0x18 (PSH, ACK)
      0... .... = Congestion Window Reduced (CWR): Not set
      .0.. .... = ECN-Echo: Not set
      ..0. .... = Urgent: Not set
      ...1 .... = Acknowledgement: Set
      .... 1... = Push: Set
      .... .0.. = Reset: Not set
      .... ..0. = Syn: Not set
      .... ...0 = Fin: Not set
    Window size: 256932 (scaled)
  ⊞ Checksum: 0x1487 [validation disabled]
  ⊞ [SEQ/ACK analysis]
⊟ File Transfer Protocol (FTP)
  ⊟ USER user\r\n
      Request command: USER
      Request arg: user
```

图 10.61　发送用户名请求

从上一步服务器的响应报文中，我们能看到 TCP 传送下一段数据流的首字节序号将为 1。此时客户端发送报文中的确认序号为 1，可见此帧即为上一帧的应答。标志位中，ACK、PSH 置 1。

客户端 FTP 发送的内容为用户名请求。此时所用的用户名为 user。

(5) 服务器 FTP 返回应答，如图 10.62 所示。

```
172.20.3.178        172.20.1.178        FTP      Response: 331 Password required for user.
```

图 10.62　服务器 FTP 返回应答

"331"表示用户名正确，需要口令。服务器详细的响应内容如图 10.63 所示。标志位 ACK、PSH 置 1，响应码响应消息。

```
⊟ Transmission Control Protocol, Src Port: ftp (21), Dst Port: radsec (2083), Seq: 28, Ack: 12, Len: 33
    Source port: ftp (21)
    Destination port: radsec (2083)
    [Stream index: 0]
    Sequence number: 28    (relative sequence number)
    [Next sequence number: 61    (relative sequence number)]
    Acknowledgement number: 12    (relative ack number)
    Header length: 20 bytes
  ⊟ Flags: 0x18 (PSH, ACK)
      0... .... = Congestion Window Reduced (CWR): Not set
      .0.. .... = ECN-Echo: Not set
      ..0. .... = Urgent: Not set
      ...1 .... = Acknowledgement: Set
      .... 1... = Push: Set
      .... .0.. = Reset: Not set
      .... ..0. = Syn: Not set
      .... ...0 = Fin: Not set
    Window size: 64229
  ⊞ Checksum: 0xefa5 [validation disabled]
  ⊞ [SEQ/ACK analysis]
⊟ File Transfer Protocol (FTP)
  ⊟ 331 Password required for user.\r\n
      Response code: User name okay, need password (331)
      Response arg: Password required for user.
```

图 10.63　服务器响应内容

(6) 客户端收到交给本地 FTP 处理，用户键入口令，客户端向服务器发送请求，如图 10.64 和图 10.65 所示。

```
172.20.1.178        172.20.3.178        FTP      Request: PASS 123
```

图 10.64　客户端向服务器发送请求

```
⊟ Transmission Control Protocol, Src Port: radsec (2083), Dst Port: ftp (21), Seq: 12, Ack: 61, Len: 10
    Source port: radsec (2083)
    Destination port: ftp (21)
    [Stream index: 0]
    Sequence number: 12    (relative sequence number)
    [Next sequence number: 22    (relative sequence number)]
    Acknowledgement number: 61    (relative ack number)
    Header length: 20 bytes
  ⊟ Flags: 0x18 (PSH, ACK)
      0... .... = Congestion Window Reduced (CWR): Not set
      .0.. .... = ECN-Echo: Not set
      ..0. .... = Urgent: Not set
      ...1 .... = Acknowledgement: Set
      .... 1... = Push: Set
      .... .0.. = Reset: Not set
      .... ..0. = Syn: Not set
      .... ...0 = Fin: Not set
    Window size: 256900 (scaled)
  ⊞ Checksum: 0xbbee [validation disabled]
  ⊞ [SEQ/ACK analysis]
⊟ File Transfer Protocol (FTP)
  ⊟ PASS 123\r\n
      Request command: PASS
      Request arg: 123
```

图 10.65　发送请求

请求的内容为口令 PASS，消息为 123，此时，用户名、密码均已嗅探得到了。

(7) 用户已登录，如图 10.66 所示。

```
172.20.3.178        172.20.1.178        FTP    Response: 230 User user logged in.
```

图 10.66　用户已登录

5) 连接释放

(1) 客户端向服务器发送退出连接请求，如图 10.67 和图 10.68 所示。

```
172.20.1.178            172.20.3.178          FTP      Request: QUIT
```

图 10.67　发送退出连接请求

```
⊟ Transmission Control Protocol, Src Port: radsec (2083), Dst Port: ftp (21), Seq: 22, Ack: 87, Len:
    Source port: radsec (2083)
    Destination port: ftp (21)
    [Stream index: 0]
    Sequence number: 22    (relative sequence number)
    [Next sequence number: 28    (relative sequence number)]
    Acknowledgement number: 87    (relative ack number)
    Header length: 20 bytes
  ⊟ Flags: 0x18 (PSH, ACK)
      0... .... = Congestion Window Reduced (CWR): Not set
      .0.. .... = ECN-Echo: Not set
      ..0. .... = Urgent: Not set
      ...1 .... = Acknowledgement: Set
      .... 1... = Push: Set
      .... .0.. = Reset: Not set
      .... ..0. = Syn: Not set
      .... ...0 = Fin: Not set
    Window size: 256872 (scaled)
  ⊞ Checksum: 0x1725 [validation disabled]
  ⊞ [SEQ/ACK analysis]
⊟ File Transfer Protocol (FTP)
  ⊟ QUIT\r\n
      Request command: QUIT
```

图 10.68　抓包

应用进程的请求命令为 QUIT。实际操作是在 LeapFTP 菜单栏上选择"断开连接"。

(2) 服务器收到后响应，如图 10.69 和图 10.70 所示。

```
172.20.3.178            172.20.1.178          FTP      Response: 221
```

图 10.69　服务器收到响应

```
⊟ Transmission Control Protocol, Src Port: ftp (21), Dst Port: radsec (2083), Seq: 87, Ack: 28, Len: 7
    Source port: ftp (21)
    Destination port: radsec (2083)
    [Stream index: 0]
    Sequence number: 87    (relative sequence number)
    [Next sequence number: 94    (relative sequence number)]
    Acknowledgement number: 28    (relative ack number)
    Header length: 20 bytes
  ⊟ Flags: 0x18 (PSH, ACK)
      0... .... = Congestion Window Reduced (CWR): Not set
      .0.. .... = ECN-Echo: Not set
      ..0. .... = Urgent: Not set
      ...1 .... = Acknowledgement: Set
      .... 1... = Push: Set
      .... .0.. = Reset: Not set
      .... ..0. = Syn: Not set
      .... ...0 = Fin: Not set
    Window size: 64213
  ⊞ Checksum: 0x3177 [validation disabled]
  ⊞ [SEQ/ACK analysis]
⊟ File Transfer Protocol (FTP)
  ⊟ 221  \r\n
      Response code: Service closing control connection (221)
      Response arg:
```

图 10.70　抓包

"221"表示服务器关闭连接，现在，客户端与服务器已经断开了 FTP 连接。接下来要结束此次 TCP 传输连接。

（3）服务器在对客户端 FTP 断开连接请求做出响应后，向客户端发送 TCP 连接释放应答，如图 10.71 和图 10.72 所示。

```
172.20.3.178         172.20.1.178         TCP    ftp > radsec [FIN, ACK] Seq=94 Ack=28 Win=64213 Len=0
```

图 10.71　TCP 连接释放

```
⊟ Transmission Control Protocol, Src Port: ftp (21), Dst Port: radsec (2083), Seq: 94, Ack: 28, Len: 0
    Source port: ftp (21)
    Destination port: radsec (2083)
    [Stream index: 0]
    Sequence number: 94    (relative sequence number)
    Acknowledgement number: 28    (relative ack number)
    Header length: 20 bytes
⊟ Flags: 0x11 (FIN, ACK)
    0... .... = Congestion Window Reduced (CWR): Not set
    .0.. .... = ECN-Echo: Not set
    ..0. .... = Urgent: Not set
    ...1 .... = Acknowledgement: Set
    .... 0... = Push: Not set
    .... .0.. = Reset: Not set
    .... ..0. = Syn: Not set
    .... ...1 = Fin: Set
    Window size: 64213
⊞ Checksum: 0xbedd [validation disabled]
```

图 10.72　抓包

标志位 ACK、FIN 置 1，将终止此次连接。

（4）客户端做出响应，如图 10.73 和图 10.74 所示。标志位 ACK 置 1。

```
172.20.1.178         172.20.3.178         TCP    radsec > ftp [ACK] Seq=28 Ack=95 Win=256864 Len=0
```

图 10.73　客户端响应

```
⊟ Transmission Control Protocol, Src Port: radsec (2083), Dst Port: ftp (21), Seq: 28, Ack: 95, Len: 0
    Source port: radsec (2083)
    Destination port: ftp (21)
    [Stream index: 0]
    Sequence number: 28    (relative sequence number)
    Acknowledgement number: 95    (relative ack number)
    Header length: 20 bytes
⊟ Flags: 0x10 (ACK)
    0... .... = Congestion Window Reduced (CWR): Not set
    .0.. .... = ECN-Echo: Not set
    ..0. .... = Urgent: Not set
    ...1 .... = Acknowledgement: Set
    .... 0... = Push: Not set
    .... .0.. = Reset: Not set
    .... ..0. = Syn: Not set
    .... ...0 = Fin: Not set
    Window size: 256864 (scaled)
⊞ Checksum: 0xbeda [validation disabled]
⊞ [SEQ/ACK analysis]
```

图 10.74　抓包

客户端首先完成确认，不再接收服务器发送的数据。之后客户端不再向服务器发送数据，应用进程通知 TCP 释放连接，标志位 FIN、ACK 置 1。但实验时因未知原因，客户端此时的响应为标志位 ACK、RST 置 1，如图 10.75 和图 10.76 所示。

```
172.20.1.178         172.20.3.178         TCP    radsec > ftp [RST, ACK] Seq=28 Ack=95 Win=0 Len=0
```

图 10.75　确认

```
⊟ Transmission Control Protocol, Src Port: radsec (2083), Dst Port: ftp (21), Seq: 28, Ack: 95, Len: 0
    Source port: radsec (2083)
    Destination port: ftp (21)
    [Stream index: 0]
    Sequence number: 28     (relative sequence number)
    Acknowledgement number: 95     (relative ack number)
    Header length: 20 bytes
⊟ Flags: 0x14 (RST, ACK)
    0... .... = Congestion Window Reduced (CWR): Not set
    .0.. .... = ECN-Echo: Not set
    ..0. .... = Urgent: Not set
    ...1 .... = Acknowledgement: Set
    .... 0... = Push: Not set
    .... .1.. = Reset: Set
    .... ..0. = Syn: Not set
    .... ...0 = Fin: Not set
    Window size: 0
⊞ Checksum: 0xb9af [validation disabled]
```

图 10.76 抓包

两个客户端发出报文的确认号相同。正常连接释放过程中，服务器还将响应一个 ACK 报文。经 4 次握手后，整个连接完全释放。

参 考 文 献

冯登国. 2003. 网络安全原理与技术. 北京: 科学出版社

刘韵洁, 等. 2005. 下一代网络. 北京: 人民邮电出版社

王相林, 2009. IPv6 核心技术. 北京: 科学出版社

吴功, 2007. 计算机网络高级教程. 北京: 清华大学出版社

吴功宜, 2008. 计算机网络与互联网技术研究、应用和产业发展. 北京: 清华大学出版社

吴功宜, 2010. 计算机网络技术教程 自顶向下分析与设计方法. 北京: 机械工业出版社

吴功宜, 2010. 智慧的物联网——感知中国与世界的技术. 北京: 机械工业出版社

吴功宜, 等, 2007. 计算机网络高级软件编程技术. 北京: 清华大学出版社

吴功宜, 等, 2007. 网络安全高级软件编程技术. 北京: 清华大学出版社

谢希仁, 2008. 计算机网络教程. 5 版. 北京: 电子工业出版社

张建忠, 等, 2010. 计算机网络技术与应用. 北京: 机械工业出版社

CHAOUCHI H. 2010, The Internet of Things. Hoboken: John Wiley & Son

FOROUZAN B A, FEGAN S C, 2000. TCP/IP Protocol Suite. New York: McGraw Hill

GAST M S, 2005. 802.11 Wireless Networks: the Definitive Guide. Sebastopol: O'Reilly

HALL E A, 2000. Internet Core Protocols: The Definitive Guide. Sebastopol: O'Reilly

HALL E A, 2000. Internet Core Protocols: The Definitive Guide. Sebastopol: O'Reilly

KUROSE J K, ROSS K W, 2008. 计算机网络 自顶向下方法. 4 版. 陈鸣译. 北京: 机械工业出版社

LISKE A, 2003. CISSP: The Practice of Network Security. New York: Pearson

MONOLI D, 1997. Internet & Intranet Engineering. New York: McGraw Hill

MOORE D. 2002, Peer to Peer. New York: McGraw Hall

OSBORNE E, SIMHA A, 2003. 基于 MPLS 的流量工程. 张辉, 等译. 北京: 人民邮电出版社

STALLINGS W, 2000. Local & Metropolitan Area. 6 ed. London: Prentice Hall

STALLINGS W, BROWN L, 2008. 计算机安全原理与实践. 贾春福译. 北京: 机械工业出版社

TANENBAUM A S, 2011. Computer Networks. 5th ed. London: Prentice Hall

ZWICKY E D, 2000. Building Internet Firewalls. 2nd ed. Sebastopol: O'Reilly